高等学校心理学专业课教材

现代人格心理学

PERSONALITY PSYCHOLOGY

叶奕乾 / 编著

（第三版）

华东师范大学出版社
·上海·

图书在版编目(CIP)数据

现代人格心理学/叶奕乾编著. —3 版. —上海:华东师范大学出版社,2021
ISBN 978-7-5760-1626-0

Ⅰ.①现… Ⅱ.①叶… Ⅲ.①人格心理学 Ⅳ.①B848

中国版本图书馆 CIP 数据核字(2021)第 078796 号

现代人格心理学(第三版)

编　　著　叶奕乾
责任编辑　范美琳
责任校对　周跃新　时东明
装帧设计　俞　越

出版发行　华东师范大学出版社
社　　址　上海市中山北路 3663 号　邮编 200062
网　　址　www.ecnupress.com.cn
电　　话　021-60821666　行政传真 021-62572105
客服电话　021-62865537　门市(邮购)电话 021-62869887
地　　址　上海市中山北路 3663 号华东师范大学校内先锋路口
网　　店　http://hdsdcbs.tmall.com

印 刷 者　上海景条印刷有限公司
开　　本　787 毫米×1092 毫米　1/16
印　　张　18.5
插　　页　2
字　　数　389 千字
版　　次　2021 年 6 月第 1 版
印　　次　2025 年 7 月第 2 次
书　　号　ISBN 978-7-5760-1626-0
定　　价　49.00 元

出 版 人　王　焰

前言

《普通高等学校本科专业类教学质量国家标准》中对“心理学教学质量国家标准”提出了最新要求：心理学的研究对象兼具生物性和社会性，决定了心理学兼有自然科学和社会科学的双重属性。因此，心理学类专业具有文理融合的特点。

在当代心理学体系中，人格心理学从整体上探讨人的心理活动，它系统地、深入地揭示了人类心理活动的丰富内涵，具有广泛的理论和应用价值。

编者在华东师范大学心理与认知科学学院为大学生和研究生授课多年，本书是在授课讲稿的基础上，参考国内外人格心理学新的研究成果，以新换旧，修改而成。

近年来，人格心理学的研究突飞猛进，新的研究成果不断出现。本书力求将经典理论与当代研究成果相结合，紧扣主题，紧跟前沿，体系科学完备、行文通顺。主要修订内容如下。

1. 我国历史悠久，源远流长，在浩如烟海的典籍中有着极为丰富的人格心理学的论述；我国近年来更有大量的人格心理学的研究成果。本书编入了这些研究成果，使其具有中国特色。

2. 人格研究者都认为：人格心理学特征主要包括性格、智力和气质。三者相互联系、互相作用，构成完整的人格。本书除了有各大学派都主要论述的性格以外，还增设了智力和气质的新进展，使本书更具有完整性。

3. 本书增加了国际心理学研究中的两个热点：积极心理学和情绪智力。

4. 重点增加了人格心理学各学派（各大理论）的新的研究成果。

5. 心理测验设专章，修订时增加了相当多的测验工具和应用说明，供心理学研究者和心理咨询工作者参考。

6. 健康和人格特征密切相关。本书增加了人格与健康的关系等内容，以期对促进人类健康有所帮助。

本书可作高等学校教学用书和心理咨询工作者用书；也可供有关专业（心理、教育、管理、医学、哲学、人文和艺术）工作者和爱好者参阅。

本书在修订过程中得到了华东师范大学出版社的大力支持和帮助，出版社的编辑对本书进行了认真的审读和修改，对本书质量的提高作出了贡献。本书在修订过程中参阅了国内外许多专家、教授的专著和论文，在此，谨向他们表示深深的谢意。

本书虽耗费大量的精力修订，但限于编者的水平和经验，书中难免有不妥之处，敬请读者批评指正。

叶奕乾于华东师范大学

2021年2月8日

目录

第一章 总 论

法国作家雨果说过，世界上最浩瀚的是海洋，比海洋更浩瀚的是天空，比天空还要浩瀚的是人的心灵。人的心理活动丰富多彩，极其复杂。一般把人的心理活动相对地分为人格和心理过程两大部分。人格心理学就是以人格为研究对象，以人格的结构、动力、发展和测量等为主要研究内容的一门学科。美国著名的心理学家奥尔波特(G. W. Allport)宣称："我们已经进入了人格的时代。"人格心理学将在新时代得到更大的发展，为社会进步和人类幸福作出更大的贡献。

第一节 人格概述

一、人格的含义

人格是个体独特而相对稳定的心理行为模式。

《中国大百科全书·心理学》中写道："人格是个体特有的特质模式及行为倾向统一体，又称个性。"①

"人格"和"个性"从字源上讲都来源于英语的"personality"，而"personality"一词又来源于拉丁语"personā"。该词最初指演员的面具，即一个人的外部表现，现在不仅指一个人的外部表现，而且指一个人的内在特征。人格可以说明一个人的全部内外部特征。我国古语有云："蕴蓄于中，形诸于外"，可以作为人格的最好概括。

一般认为，"人格"与"个性"是同义词(图 1-1 中的中间圆)；狭义的"人格"指性格和气质(图 1-1 中的最小圆)；广义的"人格"不仅包括心理方面的特质，还包括身体方面的特质(图 1-1 中的最大圆)。

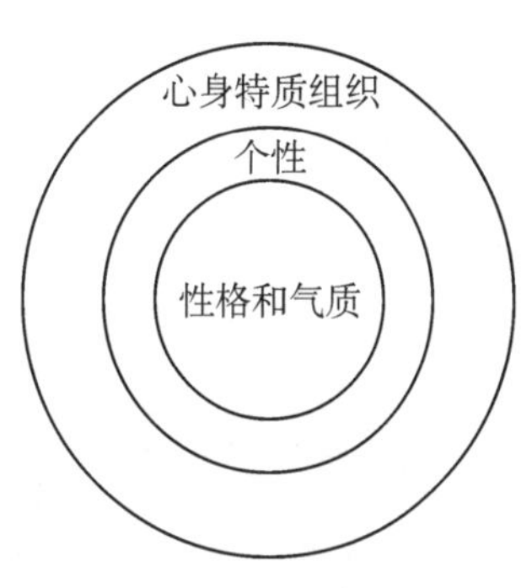

图 1-1 人格含义

本书采用"人格"与"个性"同义的观点。

从 20 世纪 90 年代开始，人格心理学迅速发展。一种综合性的研究已经开始。多学科取向的人格心理学研究与其他学科广泛渗透、相互结合。人格心理学从哲学、自然科学、数学和社会科学中广泛吸取养料，从而壮大自己。人格心理学从认知心理学中吸取了大量的概念和方法，人格的认知研究迅速开展起来了。当前人格心理学以其广博和跨学科的特点确立了自己的地位，屹立于世，人格心理学已经进入快速发展的阶段。

万晓霞 2009 年以美国出版的《科学引文索引》(SCI)为依据，检索了人格心理学文

---

① 中国大百科全书总编辑委员会《心理学》编辑委员会，中国大百科全书出版社编辑部. 中国大百科全书·心理学[M]. 北京：中国大百科全书出版社，1991：207.

献，结果如表 1－1 所示。

表 1－1 人格心理学 SCI 十年载文量统计①

年份	1999	2000	2001	2002	2003	2004	2005	2006	2007	2008	总计
文献量	69	61	89	207	169	185	188	223	268	282	1741
%	3.96	3.50	5.11	11.89	9.70	10.63	10.80	12.82	15.39	16.20	100.00

二、 人格的多种定义

（一）总和式定义

这种定义起源较早，常为心理学工作者使用。他们认为，人格是个人所有特质的总和。例如：沃伦（H. C. Warren）认为人格包括个人品性的各个方面，如气质、德行、智慧、技能等；普林斯（M. H. Prince）认为人格是人的各种属性的总和，包括与生俱来的属性以及由经验获得的属性和倾向。

这种定义有助于确定人格的外延，探讨人格应该包括的特性，对后来的人格特质理论有一定的启发作用。但是，这种定义是初步的、常识性的，因为人格并不是许多特质简单的总和，而是各种特质的有机整合；它主次不分，只是罗列各种特质，有可能扩大人格概念的外延。目前，这种定义在国际上已经不流行了。

（二）整合式定义

这种定义强调人格各种属性的组织性和整体性。人格的各种属性只是构成整个人格的元素，人格由这些元素组成。例如：卡迈克尔（L. Carmichael）认为人格是一个人在各个发展阶段的全部组织；麦柯迪（J. T. MacCurdy）认为人格是使有机体的行为具有个人特有倾向的整合。这种定义比总和式定义前进了一大步。

（三）层次性定义

这种定义把人格的各种属性（特征）看作是有组织的，并按一定层次结构排列，使人格特征层次分明，具有内在的统一性。美国心理学家詹姆斯（W. James）在相同意义上使用自我和人格这两个概念，他于 1892 年指出："不管在想什么，我多少对自己有些知晓，所谓我自己，就是我的人格或人性的存在。"他把自我（实际上指人格）分为四个内在统一的层次：第一层是物质自我，包括人的身体、财产和朋友等；第二层是社会自我，即别人对自己的看法和印象；第三层是精神自我，它的功能是把不同层次的自我统一起来，尽可能排除人格各部分之间的不协调；第四层是纯粹自我（纯我），即对自我进行反

① 万晓霞. 近 10 年 SCI 人格心理学研究文献计量分析[J]. 心理科学进展，2009，17(06)：1281—1286.

省的自我，也就是自我的自我。他重视纯粹自我，认为前三种自我是变动的，而纯粹自我是主动的，它犹如圆的中心，它是一切心理内容和品质的接受者和所有者。它接受不同的感觉和情绪，而且是意志的源泉。詹姆斯的纯粹自我，就是被称为灵魂的东西。这种分法扩大了自我（人格）的概念，把自我经验中凡属于"我"以及与"我"有关的一切事物都看作自我的内容，混淆了意识和物质的界限，把许多意识的东西看作物质的东西。

（四）适应性定义

这种定义的提出是受达尔文进化论的影响，把人格看作是个体在适应环境中形成的独特的适应方式。例如，肯普夫（E. J. Kempf）把人格定义为人在对环境进行独特适应中具有的那些习惯系统的综合。这种定义着眼于个体与环境的关系以及人格的适应功能，是有意义的，但是它把人格局限于适应（甚至社会适应）是不全面的，人不仅能适应环境，而且能改造环境。这种定义强调人格的功能，没有指出人格的内在特性和本质。

（五）区别性定义

这种定义强调个体人格的独特性。例如，舍恩（M. Schoen）认为人格是习惯、倾向和情操有组织地、系统起作用的整体或同一体，而这些习惯、倾向和情操是区别一群人中任何一个成员不同于其他成员的特征。人格具有独特性，但不等同于个体差异。

上述定义虽然都指出了人格的某些特征，但都不够全面。美国人格心理学家奥尔波特在总结前人定义的基础上，对人格提出了较为全面的定义。他于 1961 年指出："人格是个体内部心身系统的动力组织，决定人的行为和思想的独特性。"这个定义包括了上述五种定义的基本观点，比较全面，为西方国家的多数学者所认同。1999 年珀文（L. A. Pervin）等人认为："奥尔波特定义并系统化了人格研究领域。"米歇尔（W. Mischel）等人的《人格导论（第七版）》中仍然引述和探讨了奥尔波特的定义。

（六）当代百科全书和主要教科书中的人格定义

1.《中国大百科全书·心理学》中的定义

人格是个体特有的特质模式及行为倾向的统一体，又称个性……较为综合的界说可称个体内在的行为上的倾向性，表现一个人在不断变化中的全体和综合，是具有动力一致性和连续性的持久自我，是个人在社会化过程中给人以特色的身心组织。

2.《中国大百科全书·教育》中的定义

人格（个性）是个人的心理面貌或心理"格局"，即个人的一些意识倾向与各种稳定而独特的心理特性的总和。……心理学研究人格（个性）的心理特性（能力、性格等）的实质和规律。

3.《简明不列颠百科全书》中的定义

"人格"一词的含义有很多,没有一个公认的定义,但有一个共同的核心意义,即个体独具的各种特质或特点的总体,是每个人特有的心理—生理性状(或特征)的有机结合……

4.《心理学百科全书》(艾森克等人主编)中的定义

在定义方面,仍然很少有一致的看法……人格与一个人动机倾向的稳固组织有关……通常主要指情感——意动的特质。

5.《人格科学》(L. A.珀文主编)中的定义

人格是认知、情感和行为的复杂组织,它赋予个人生活的倾向和模式(一致性)。它像身体一样,包含结构和过程,并反映天性(基因)和教养(经验)。另外,它还包含过去的影响以及对现在和未来的建构,过去的影响包含对过去的记忆。这个定义强调认知机能、情感机能和行为机能的相互联系。编者认为,个体差异仅仅是人格领域的一部分,因此,应该从整体的机能系统来定义人格。正如 1976 年西克雷斯特(L. Sechrest)指出的,常见的人格定义强调个体差异,已经有害于理论和研究的进展。这一定义还指出了人格形成的因素是天性和教养,包括过去的影响以及对现在和未来的建构。我们对未来的看法能够决定现在(对未来具有积极图式者与对未来具有消极图式者,其行为和感知会非常不同)。这个定义比较全面地阐述了人格的内涵。

6.《人格心理学》(黄希庭著)中的定义

人格(personality)是个体在行为上的内部倾向,它表现为个体适应环境时在能力、情绪、需要、动机、兴趣、态度、价值观、气质、性格和体质等方面的整合,是具有动力一致性和连续性的自我,是个体在社会化过程中形成的给人以特色的心身组织。

7. 范德(Funder)的人格定义

人格是个体思维、情感和行为的特异性模式,以及在这些模式之下能够或不能够被观察到的心理机制。

8. 德莱加(V. Derlega)的人格定义

人格是个体持久的和内在的特征系统,它促进了个体行为的统一性。

当前虽没有为心理学工作者一致认可的人格定义。范德和德莱加所提出的定义包含了人格的内在特点和外在特点,而且比较简洁。

三、人格的心理结构

一般把人格的心理结构划分为相互联系的两个方面:人格倾向性和人格心理特征。

(一)人格倾向性

人格倾向性是人格结构中最活跃的因素,它是一个人进行活动的基本动力。人格倾向性决定着人对现实的态度,决定着人对认识活动的对象的趋向和选择。

人格倾向性主要包括需要、动机、兴趣、理想、信念和世界观。它较少受生理因素的影响,主要是在后天的社会化过程中形成的。人格倾向性的各个成分并不是孤立的,而是相互联系、相互影响和相互制约的。其中,需要又是人格倾向性乃至整个人格积极性的源泉,只有在需要的推动下,人格才能形成和发展。动机、兴趣和信念等都是需要的表现形式。世界观居于最高层次,它制约着一个人的思想倾向和整个心理面貌,它是人的言论和行为的总动力和总动机。人格倾向性是以人的需要为基础的动机系统。

(二) 人格心理特征

人格心理特征是指一个人身上经常而稳定地表现出来的心理特点。它是人格心理结构中的另一个重要的组成部分,是人的多种心理特点的一种独特的结合。因此,它集中地反映了人的心理面貌的独特性。

人格心理特征主要包括能力、气质和性格,在个体的发展过程中,这些心理特征形成较早,并且在不同程度上受生理因素的影响,构成人格心理结构中比较稳定的成分。

人格是一个统一的整体结构。人格倾向性和人格心理特征之间也不是彼此孤立的,而是相互渗透、相互影响,错综复杂地交织在一起的。人格心理特征受人格倾向性的调节,人格心理特征的变化也会在一定程度上影响人格倾向性。

四、 人格的基本特征

(一) 人格的整体性

人格是一个统一的整体结构,每个人的人格倾向性和人格心理特征并不是各自孤立的,它们相互联系、相互制约,构成一个统一的整体结构。现代心理学家把人格看作是由各个密切联系的成分所构成的,多层次、多水平的统一整体。德国心理学家斯腾(L. W. Stern)反对传统的元素主义心理学,注重研究整体的人。他认为,人身上集中了各种心理的机能,心理学研究的对象应该是整体的人,而不是各种单项的机能。在心理学史上,有些心理学工作者如沃伦和普林斯等人在人格中罗列了许多特征,把人格看作个人的许多特征的简单总和。许多心理学家强调人格的组织性和整体性。奥尔波特指出,人格是一种有组织的整合体。在这个整合体中各个成分相互作用、相互影响、相互依存,如果其中一部分发生变化,其他部分也将发生变化。1955 年,他还提出“统我”(proprium)一词。他认为,“统我”是人格统一的根源,是人格特质的统帅。后来,人格研究引进了结构的概念和系统的观点,把人格看成完整的构成物。

(二) 人格的稳定性和可塑性

人格是一个人比较稳定的心理倾向和心理特征的总和。个人在行为中偶然表现出来的心理倾向和心理特征不能表征他的人格,只有比较稳定的、在行为中经常表现出来的心理倾向和心理特征才能表征他的人格。例如，一个处世谨慎稳重的人，偶然表现出冒险、轻率的举动，不能由此说他具有轻率的性格特征。人格具有经常性、稳定性的特点。“江山易改，本性难移”形象地说明了人格的稳定性。心理学家潘菽教授指出：“心理过程是指心理的一时动态表现；……个性指的就是一个人（或每个人）所有心理静态或较稳定的状况的全部内容。忽视了这一点，个性心理问题无论如何都说不清楚。”他还分析了心理过程与个性的关系。他指出：“心理同个性心理之间只能有过程（或动态）和状态（或静态）的区别……先有动态后才能有静态，动态方面改变了才有静态方面的相应改变。两方面的动态和静态还可以互相转化。”①

人格的稳定性是相对的，人格具有可塑性。人格是在主客观条件相互作用下发展起来的，同时又在主客观条件的相互作用下发生变化。儿童的人格还不稳定，受环境影响较大，成年人的人格则比较稳定。自我调节对个性的改变起着重要作用，当代社会认知心理学家米歇尔指出，我们的行为虽然受到外界条件的控制，但也受自己确定的目标和达到目标的计划的调节和支配。例如，逆境可以使人消沉，但通过自我调节，个体也可以使自己变得更坚强。因此，人是一个高度的自我调节系统，人格是稳定性和可塑性的统一。

（三）人格的独特性

每一个人的人格都由独特的人格倾向性和人格心理特征所组成。人格的独特性被认为是人格最显著的特征。即使是同卵双生子，他们在遗传方面可能是完全相同的，但人格也会有所区别，因为人格是在遗传、环境、成熟和学习等许多因素的影响下发展起来的。这些因素及其之间的相互关系不可能是完全相同的，所以每个人的人格都有自身的特点。人心不同，各如其面。

人格的独特性并不是说人与人之间在个性上毫无相同之处。把人格和个别差异等同起来是不妥当的，因为人格指一个人整个的心理面貌，它既包括人与人之间在心理面貌上相同的方面（共同性），也包括人与人之间在心理面貌上不同的方面（差异性）。人格中包含人类共同的心理特点、民族共同的心理特点和集团共同的心理特点，还包含每个人与其他人不同的心理特点。

（四）人格的社会性和生物性

人的社会性和生物性、遗传和环境、先天和后天的关系问题历来是哲学家和心理学家共同关心的重要问题。我国古代哲学家和教育家孟轲提出性善说，认为人的本性是天赋的，人天生就是善良的。墨翟则重视环境的作用，他用染丝作为例子来说明个性受环境的影响而变化。他说：“染于苍则苍，染于黄则黄，所入者变，其色亦变。”②

---

① 潘菽.潘菽心理学文选[M].南京：江苏教育出版社，1987：574—575.

②《墨子·所染》。

苏联的心理学家在理解人格中生物因素和社会因素的作用上也曾经存在着不同的观点。列昂节夫(А. Н. Леонтъев)等人认为,人格只能是社会关系的反映,人格只能包括由社会关系带来的特性,而不能包括由生物性所制约的个人特征。鲁宾斯坦(С. Л. Рубинщтейн)等人则认为,人格既包括在个体发展中由社会活动和社会关系所决定的社会特性,还包括在人类历史发展过程中所形成的生物特性。他认为,人格是社会性和生物性的统一。

研究表明,儿童生下来只是一个生物实体,还谈不上社会性,社会性是在生物实体上形成和发展起来的,社会性是“依附”在一定的生物实体上的。在人格的形成和发展中,既不能排除社会因素的作用,也不能排除生物因素的作用,如果只把其中的一个因素作为人格形成和发展的原因,那是片面的。但是,也不能把这两种因素在人格形成和发展中的作用等量齐观。一个人如果离开了人类,离开了社会,他的正常心理就无法形成,更谈不上人格的发展。生物因素只给人格发展提供可能性,社会因素才能使这种可能性转变为现实。人在社会交往中,逐渐形成和发展自己的人格,对人格形成和发展起决定作用的是社会生活条件。

第二节 人格心理学的意义

一、理论意义

人的本质长期以来得不到科学的说明,甚至受到唯心主义和形而上学的影响。对人格的科学论述,有助于对人的本质进行科学的说明。它的研究成果丰富了辩证唯物论和历史唯物论。特别是对人的科学解释。

人格心理学是心理学的一个重要分支。普通心理学和人格心理学之间相互联系,相互渗透。普通心理学长期以来以研究认识过程为主,对人格心理的研究较少。在普通心理学教材中,论述人格问题往往是蜻蜓点水,一掠而过,有些问题则没有提及。当前,人格心理学研究有较大的发展,在普通心理学教材中,人格心理学所占的比例也有所增加。人格心理学的研究成果可以加强对人的心理活动整体性的认识,有助于克服心理学中的机能主义和元素主义的影响。人格心理学研究的成果丰富了普通心理学的内涵,从而使普通心理学建立起更完备的体系。

人格心理学在心理科学中占有特殊的地位,它是唯一把人的心理活动作为整体来研究的心理学。赫根汉(B. R. Hergenhan)指出:“在把人作为一个整体来研究的心理学中,人格理论家处于独特的地位。绝大多数其他分支的心理学家往往只深入研究人的某一方面。……只有人格理论家才企图描绘出关于人的完整性的画面。”[①]人格心理

---

① 赫根汉.现代人格心理学历史导引[M].文一,郑雪,郑敦淳,等,编译.石家庄:河北人民出版社,1988.

学的研究成果，除了给心理科学提供了辩证的思维，也为其他学科提供了反对形而上学和单因素决定论的工具。

二、实践意义

一切实践活动都是人参加的活动，都是在人格的调节下进行的。人格心理学对实践活动的意义是多方面的。人格心理学着重研究人的心理活动的整体性，研究人的整个心理面貌，从而使心理学更加接近人的现实社会生活。这对于充分调动人的积极性、为国家建设发掘人力资源具有重大的现实意义。人格心理学对于教育、医学和管理等方面都具有重大意义。人格心理学有助于提高人的素质、提高人的健康水平。有助于学生的人格全面发展，人格的全面发展是我国教育的目标。

（一）教育

掌握人格心理学的原理，有助于因材施教，培养青少年健全的人格，使青少年的人格获得充分发展。俗话说，一把钥匙开一把锁，优秀的教师能根据学生不同的人格特点，采取不同的教育方法。例如，全国模范教师斯霞，要求一个性急如火的男孩做一些非细心和耐心就不能做好的工作，以培养他的坚韧、持久和细致等个性品质；对几个胆小的女孩，则给她们看战斗的故事片，讲英雄的故事，以培养她们勇敢、顽强的人格品质。在知识教育上，教师同样要根据学生的人格特点进行教学，例如，有些学生可以在短时间内接受较多的知识，有些则要求“少吃多餐”等。针对学生的人格特点进行教学，能够提高教学的效果和质量。尊重学生的人格，开展因材施教，促进学生人格全面发展，是时代的要求。

（二）医学

人格心理学与医学的关系十分密切。欧洲临床医学的发展促进了人格结构与人格类型的研究，催眠与神经症的早期研究的思想倾向，则孕育了精神分析等人格理论体系。珀文指出，一个人格理论，或者至少半个人格理论都是在临床治疗中发展起来的。人格心理学的研究也推动了医学的发展。心脏病、高血压、癌症是当前人类死亡率较高的三种疾病，它们都和人格特点有关。塔克（Tucker）等人的研究表明，高血压患者往往具有时间紧迫感，还具有雄心大志，要求事情做得尽善尽美，甚至有自命不凡等人格特点。班森（Bahnson）等人的研究表明，癌症患者往往具有情绪压抑、对人表现出敌意等人格特点。现在，人们已越来越重视病人的人格特征。美国心身医学创始人之一邓巴（F. Dunbar）分析了1600多例患者的心理资料，初步形成了某些疾病与人格特点和生活方式相关的理论。我国学者宋维真研究员编制的《易感性格量表》，可用来测查某些心身疾病与某些人格特征之间的内在关系。医务工作者了解了病人的人格特点，就能大大提高医疗的效果。

根据世界卫生组织的统计:“心理障碍占全球疾病的10.5%(中低收入国家)和23.5%(高收入国家)。”①

在当代心理咨询和心理治疗中,人格心理学起着极其重要的作用。几乎每一种人格学派都有一种治疗心理问题的方法。如精神分析法、认知疗法、行为主义疗法和个人中心疗法等。

(三) 管理

用人格心理学原理指导管理行为,有助于合理使用人才。领导要全面了解人的人格特点,知人善任,根据各人不同的特点,安排不同的工作,做到扬长避短,人尽其才。一般地说,以安排外向的人从事公关、采购、推销等工作为宜;内向的人则以安排他们从事秘书、打字、会计、机械、工程等工作为宜。英国心理学家艾森克(H. J. Eysenck)特别指出,外向的人不能很好地担任警戒任务。在他看来,雷达管理员等工作应该由内向的人担任。

另外,群体人格特征配置问题也是管理中的一个重要问题。管理者要从人格特征方面考虑群体内部人员是否能够亲密相处,互相协调,共同做好工作。苏联心理学家罗萨诺夫(B. M. Русалов)的研究表明,在协同活动中,两个气质类型不同的人配合比两个气质类型相同的人配合所取得的成绩更大。皮卡洛夫(И. X. Ликалов)的研究表明,气质特征相反的两个人合作,不仅合作效果好,而且更有利于团结。

(四) 职业选择

在职业选择方面,学习人格心理学有助于选择与自己人格类型相符合的工作,激发出高度的积极性和创造性。美国职业指导专家霍兰德(J. L. Holland)提出人格类型—职业匹配理论,将人格分为六种类型,与456种职业进行匹配。如果匹配协调,个人会感到有兴趣和满足并做好工作;如果匹配不协调,个人对职业毫无乐趣并不能胜任工作。

(五) 文艺

在文艺方面,学习人格心理学有助于抓住人物的人格特征,形象地塑造出典型人物,将一个栩栩如生、活灵活现的人物展现在读者或观众面前。例如,曹雪芹笔下的贾宝玉形象和吴承恩笔下的孙悟空形象等。

(六) 社会需求

随着社会迅速发展,人们对心理咨询的需要日益增加,我国各医疗单位和大学开展了心理咨询工作,建立了许多心理咨询门诊部和心理咨询工作室。在心理咨询工作中,

---

① 赵静波. 人格与健康[M]. 北京:人民卫生出版社,2009:5.

人格心理学的理论和方法被广泛地应用，我国也积极地开展培训活动并培养各级心理咨询师，出版心理咨询方面的图书和问卷。

第三节 人格心理学的历史渊源

德国心理学家艾宾浩斯(H. Ebbinghaus)有一句名言："心理学有一长期的过去，但仅有一短期的历史。"人格心理学的历史则更短，大约只有80多年。一般认为，1937年美国心理学家奥尔波特的《人格：心理学的解释》(*Personality: A Psychological Interpretation*)和1938年美国心理学家默瑞(H. Marray)的《人格研究》(*Explorations in Personality*)的出版，标志着现代人格心理学的诞生。人格心理学的历史虽然短暂，但是人们对人格问题的关心和探究却可以追溯到久远的年代，正如美国心理学家墨菲(G. Murphy)所指出的那样，人格的研究是从戏剧和传记素描开始的。从印度古梵语叙事诗中的英雄人物罗摩和悉多，到希腊荷马史诗中的"天神般的阿基里斯"和"诡计多端的奥德修斯"，这些形象都是作为典型文学人物形象出现的，代表着一群具有某种共同点的人。① 西奥菲拉斯塔(Theophrastus)在其流传至今的一本描写当时雅典人人格的著作《性格》中，简短而有力地刻画了30个具有各种反面性格的典型人物。此书可谓现今所知最早的一本人格研究专著。几千年来，这种描写典型人物人格的文学的方法已成为人们探索人格奥秘的一个重要方法。

此外，历史上还产生过一些推测人格的方法，如观相学、颅相学和笔迹学。

观相学(physiognomy)又称观相术，是一种通过人的外貌特征(面貌或躯体结构)来推测心理特征的方法。亚里士多德著有最早的观相学论文《形相学》。他通过人与动物的类比，提出面貌特征像某种动物的人具有类似此动物的气质，例如，斗牛士式的面颌表示顽强等。18世纪末19世纪初，瑞士学者拉瓦特(J. K. Lavater)著有《形相学拾零》三大册，评述了各类形相特征及其相关的人格。但是，也有很多研究表明，面相和心理品质之间并无联系。但亦有证据表明某些躯体特征确与心理功能有关。医学实践中已积累了大量为人们所熟知的有鉴别意义的体相特征，如精神发育不全、呆小病、艾迪生氏病、甲状腺功能亢进等都有其躯体表现。许多有关体型与人格，以及表情和姿态等方面的研究也都与观相学有关。

颅相学(phrenology)是一种通过分析人的头颅轮廓来推测气质、才能等心理特征的方法，为18世纪末维也纳医生高尔(F. J. Gall)所创，并由其门生斯帕津姆(J. K. Spurzheilm)大力宣传加以发展，风行一时。颅相学以头颅轮廓来推测人格和才能，虽然它对脑生理学亦有一定的贡献，但现在人们已不承认其为科学。

---

① G·墨菲(Gardner Murphy)，柯瓦奇(Joseph K. Kovach). 近代心理学历史导引[M]. 北京：商务印书馆，1980:581.

笔迹学(graphology)是一种通过分析人的笔迹推测人格特征或鉴定笔迹的方法。1622年,意大利学者鲍多(G. Baldo)著有一本迄今为止最早的论述笔迹和性格关系的著作(也有人认为笔迹学开始于观相学者拉瓦特)。1871年,法国学者米乔恩(J. H. Michon)著《笔迹学体系》一书,始创"笔迹学"一词,他也因此而享有"笔迹学之父"之称。其后,许多德国学者对笔迹学的发展起到了很大的推动作用。克拉格斯(L. Klages)和比纳(A. Binet)的研究表明,笔迹作为人的运动的表现,是了解人格的重要线索,它反映了不同的人格特征。例如,字迹流畅而不间断表明书写人精神活动活跃,想得快写得也快;字迹的粗细是由笔压引起的,可以反映书写人能量的大小;字迹的大小则反映了书写人精神活动的热情程度。因此,通过分析笔迹的流畅度、笔压,字的大小、倾斜以及组合等特征,便可以了解书写人的人格特征。现代笔迹学研究已取得了一定进展,手段亦愈加先进,已发展成一个专门的研究领域。

一般认为,对人格心理学产生直接影响的是欧洲临床医学和心理测量学。

19世纪欧洲临床医学对精神病的人格障碍开展了一系列的研究。法国医生皮内尔(P. Pinet)、夏科(J. M. Charcot)、让内(P. Janet)等对此都有独创的理论和方法。德国精神病学家克雷佩林(E. Kraepelin)开创了实验心理学的诊断法,进行了精神作业量(作业曲线)、药物和疲劳等方面的研究。著名精神病学家、心理学家弗洛伊德(Sigmund Freud)将精神障碍和正常心理联系起来,建立了独特的精神分析人格理论,对现代人格心理学产生了广泛而重大的影响。

始于个别差异研究的心理测量学的发展使心理学的研究兴趣从知觉和学习问题转向人格。1884年,英国学者高尔顿(F. Galton)在伦敦建立了人类测量实验室,对感觉、知觉和运动机能进行了测量。1890年,美国心理学家J·M·卡特尔(J. M. Cattell)出版了《心理测验与测量》一书,他对感知觉、反应时、记忆等进行了广泛的心理测验。英国学者斯皮尔曼(C. E. Spearman)和皮尔逊(K. Pearson)将统计理论用于心理测验。法国心理学家比纳和精神病医生西蒙(T. Simon)在1905年发表了举世闻名的"比纳—西蒙智力测验量表"。第一次世界大战期间,美国进行了大规模挑选新兵的测验。在20世纪二三十年代,心理测验从个别测验到团体测验,从智力测验到各种个性测验,形成了一种广泛的运动。心理测量学的发展使人格研究在从理论到实验研究和数量化的现代科学的路途上前进了一大步。

此外,完形心理学将人看作一个整体,提出了人格的结构概念或组织概念,以及行为主义心理学关于人格发展的学习观点和严格客观的研究方法,都对人格心理学产生了重大影响。哲学领域的存在主义和结构主义也对人格心理学的发展起到了重大的作用。

第四节 西方人格心理学概况

现代西方人格心理学是在20世纪初以德国为中心的性格学研究的基础上发展起

来的。性格学研究探讨了由希波克拉底和盖仑开创的气质类型学，同时努力促使性格学系统化，带有浓厚的类型学倾向。其中具有代表性的研究有：①德国精神病学家霍夫曼对历史人物的性格进行的家系研究。他认为，在一个人身上可能并存着矛盾的性格，这种矛盾的性格是由遗传因素决定的，它们起着互相补偿的作用。②德国精神病学家克雷奇默（E. Kretschmer）对精神病患者和体型关系的研究。他试图确定体型与气质、性格间的关系。③瑞士心理学家荣格（C. G. Jung）用“力比多”的流向来说明人的向性，开创了向性类型学。④德国哲学家和心理学家狄尔泰（W. Dilthey）和斯普兰格（E. Spranger）等人用哲学的方法探讨人性，并加以分类。斯普兰格按文化社会观点将价值分为六类，并根据某一种价值在人的生活方式上所占的优势把人的人格分为六种类型（理论型、宗教型、社会型、权力型、经济型、审美型）。⑤斯腾注重整体，反对传统的元素主义心理学。他提出，要把实验心理学和狄尔泰、斯普兰格的理解心理学加以综合。他指出，在人身上集中了各种心理的机能，所以心理学所要研究的是整体的人，而不是各种单项的机能。人格概念就是由他首先提出来的。他反对行为主义，发展了一种人格主义的心理学。1935 年，他发表了关于人格心理学的论著《从人格的立场看普通心理学》。

与此同时，人格心理学的研究在美国也迅猛开展起来。1924 年，奥尔波特在哈佛大学开设了美国最早的有关人格的课程：“人格：它的心理的和社会的领域”。1937 年，他的名著《人格：心理学的解释》出版。此书集前人人格研究之大成，建立了现代人格心理学的基本框架，被认为是人格心理学成为独立学科的标志。

当代西方人格心理学形成了各种学派，他们对人格的实质和发展的看法是不同的。在西方各人格学派中，社会认知理论受专家和公众的欢迎程度直线上升，他们的研究成果也较多。

二战后，心理学几乎成为一门治疗科学。美国心理学家迈耶斯（D. Myers）2000 年对《心理学摘要》杂志进行研究，发现有关消极情绪与积极情绪的论文比例约为 14∶1。

积极心理学（positive psychology）是 20 世纪末在美国产生的一种心理学思潮，当前在国际心理学界已形成一场声势浩大的心理学运动。倡导者是美国心理学家塞利格曼（M. Seligman）。他们认为现代心理学已经实施多种治疗心理疾病的措施，但精神病患者却增加了。他们认为，不能依靠问题的修补来为人类谋幸福，主张对心理生活中的积极因素进行研究，而不要把注意力放在消极、障碍、病态心理学方面。

积极心理学的产生对人格心理学的发展有着巨大的影响。

西方人格心理学至今还不到 100 年，它是一门年轻的学科。由于研究对象的复杂性，在初期形成了许多学派，他们在许多概念上众说纷纭，莫衷一是，很少有一致的看法。但是，从 20 世纪 90 年代开始，情况有所变化。在人格心理学研究中，运用综合性的研究方法，出现了整合的趋势。人格心理学从认知心理学和其他学科中吸取了大量的概念和方法，人格心理学的概念和方法也广泛地渗透到其他学科中去，密切与实践结合，为人类幸福和健康作出贡献。有些研究者认为“大五”模型的提出，为人格心理学吹来了一阵春风，大大地促进了人格心理学的整合和发展，为建构“大一统”的人格心理学提供了希望和信心。此外，西方人格心理学基本摆脱了人格的遗传决定论和环境决定论这两种片面的理论，人格的含义、人格是环境和遗传交互作用的结果，也为多数人格心理学家所认同。人格心理学开始显示出跨学科、跨领域、跨情境、跨文化的勃勃生机。在实践中，人格研究的新成果也得到了广泛的运用。如果说过去在人格方面由于意见不一致出现了“低谷”，现在可以说，人格心理学在各个方面逐步走出了“低谷”，得到了较大的发展。

第五节 苏联人格心理学概况

20 世纪 50 年代以前，苏联在对人格的实质的理解上一度有生物化的倾向，把人格归结为反应的差异，过多地用高级神经活动来阐述人格问题，忽视人格的社会性。60 年代后，这种倾向逐步得到了纠正。

在人格结构研究方面，20 世纪 50 年代初至 60 年代初，苏联倾向于罗列和堆砌人格特征，使人格失去整合性，而且把生理的东西和心理的东西混杂在一起，成为大杂烩。当时他们罗列的人格特征有 1 500 个之多。60 年代中期以后，研究中引进了结构的概念和系统观点，他们的人格结构研究进入了一个新的阶段。他们形成了人格系统结构观，把人格看作由各个联系密切的成分构成的多层次、多水平的统一整体。

(一) 人格形成理论

1. 社会起源理论

维果茨基(Лев Семёнович Выготский)把人格看成一种社会历史现象，认为人格是与高级心理机能同步发展起来的，与高级心理机能一样，起源于社会；离开社会的影响，人的高级心理机能和人格就不能形成。

2. 活动人格理论

列昂节夫发展了维果茨基的理论，认为心理学研究的对象是心理反应的产生、作用和结构，包括活动、意识和人格三个范畴。他认为，活动不仅仅是发端，不是反应的总和，它具有自己独特的结构、内部转变和转化，还有自己的发展系统。列昂节夫强调活动是人格形成的决定因素，认为决定儿童心理发展的主要条件是社会环境，特别是活动，人只有在活动中才能形成自己的人格。列昂节夫的理论为苏联心理学家普遍接受，但这个理论过分强调客观环境和人的活动在人格发展中的作用，忽视了人的先天因素等在人格发展中的作用。

3. 人际关系活动中介理论

彼得罗夫斯基(А. В. Петровский)在 1970 年前后提出人际关系活动中介理论。他认为，对人格发展起主导作用的不是活动，而是活动中形成的人际关系，一个人的人格发展要经历适应、个性化和整合三个阶段。适应就是掌握群体中的行为准则，并学会相应的活动方式和手段，成为与大家一样的人；个性化就是在群体中发展自己的人格，表现出与众不同的人格特征；整合就是把个人表现出来的独特人格中为群体所认可和支持的部分整合到群体中。彼得罗夫斯基的理论被认为是对列昂节夫活动人格理论的发展。

(二) 人格结构理论

1. 希尔巴科夫的人格结构观

希尔巴科夫(А. И. Щербаков)提出了人格的四个系统(如图 1－2 所示)：①第一个系统是感觉、知觉、组织系统。它是在生活过程中形成的，包括分析器之间的非条件反射和条件反射，由二者结合调节个体行为。②第二个系统包括知识技能熟练、智力、气质和态度几种比较稳定的心理构成物。③第三个系统包括能力、性格、独立性和倾向性。④第四个系统位于人格结构的最高层次，包括集体主义、乐观主义、人道主义和爱劳动等。

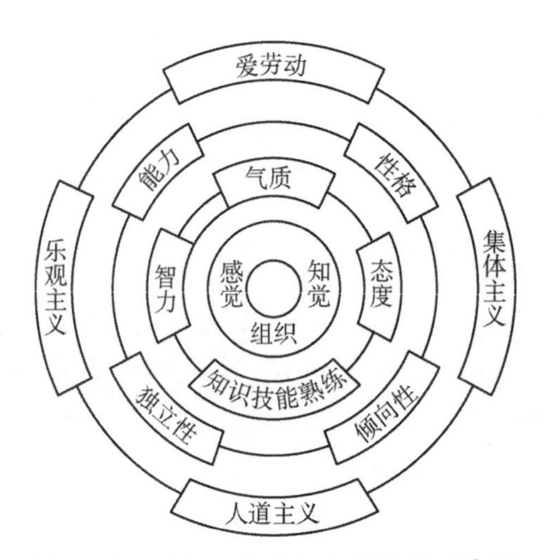

图 1－2 希尔巴科夫的人格结构示意图

希尔巴科夫在人格理论中比较正确地处理了生物因素与社会因素之间的关系，但把能力、性格与倾向性并列是不妥的。他也没能充分说明各个亚系统之间的层次关系以及这些亚系统是如何联系成统一的人格的。

2. 波果斯洛夫斯基的人格结构观

波果斯洛夫斯基(В. В. Богословский)等人认为，人格包括以下四种成分：①人格倾向性，包括兴趣、爱好、志向、理想、信念和世界观体系。其中有一个占统治地位，支撑着其他成分。占优势的倾向性决定人格的一切活动，是人格最重要最本质的特征。②能力系统，是保证人活动成功的重要心理条件。人的各种能力相互联系，相互作用，通常一种能力占优势，其他能力处于从属地位。③性格系统。性格是复杂的构成物，反映一个人的精神生活。性格系统是人格特点、倾向性和意志、智力和情绪品质以及气质类型特点的复合系统。在性格系统中居首位的是道德品质，其次是意志品质。道德—意志特征是性格的现实基础。④自我调节系统，以自我意识为核心，是人格发展的重要机制。自我意识是意识发展的高级阶段，是社会影响的产物。

3. 洛莫夫的人格结构观

洛莫夫(Б. Ф. Ломов)认为，人格问题是最重要又是最困难的问题。他主张用系统论的观点对心理活动进行多水平综合的研究，他认为人格是一个系统的构成场，只有把人格看作系统的东西，才能够正确地揭示人格的本质、结构和发展。

4. 包若维奇的人格结构观

关于人格结构的核心，苏联心理学家倾向于人格倾向性。包若维奇(Л. И. Божович)指出，人格的完整结构首先取决于它的倾向性，因为正是人格倾向性构成了人格的核心。人格倾向性被认为是人格系统中的动力成分，决定人的基本态度、活动的主要方向和目标以及人格的积极性。

包若维奇等人提出了动机圈(motivational sphere)理论，认为人格是一种以动机—需要为核心，周围排列着各种各样人格特征、等级化的完整结构。核心部分的性质决定人格的倾向性，周围部分的特征与人格中的某种动机相联系。人格的核心部分十分复杂，包容了许多分成等级的动机，其中理想和信念等是最高形式。占优势的稳固动机决定一个人的人格倾向性和道德面貌。

(三) 影响人格发展的因素

谢尔巴可夫等人认为，在人格发展中，生物因素只是人格发展的可能性，社会性则把这种可能性转化为现实性。

大部分心理学家认为，遗传、环境和人的积极性是影响人格发展的三个因素。他们认为，从胎儿开始，个体就处于各种矛盾之中。主体积极性解决这些矛盾，形成心理因素。瓦洛齐科娃2003年指出："……主体积极性能够在一定范围内根据具体情况和活动的需要，确定进行积极的或消极的机体或环境的限制。"

(四) 气质和高级神经活动类型

苏联的心理学工作者过去认为，气质的生理基础是高级神经活动类型。现在的研究表明，气质的生理基础十分复杂，不仅与大脑皮质的活动有关，而且与皮质下活动有关；不仅与神经系统的活动有关，而且与内分泌腺的活动有关。

身体组织影响人的气质。苏联心理学家罗萨诺夫指出，气质的生理基础不是某个个别的生理亚系统，而是人机体的整体结构，即人机体的所有结构的总和。其中，高级亚系统的结构和机能特点(即中枢神经系统的结构和机能特点)与其他亚系统相比较，在气质形成中更为重要。苏联心理学家波果斯洛夫斯基等人也认为，影响气质的不仅有神经系统，还有个人整个的身体组织。气质与高级神经活动类型并不等同，不能以个体的某种生理亚系统（体液、体型等）作为气质的生理基础。但是，高级神经活动类型与气质的关系较为直接、密切，是气质的主要生理基础。

高级神经活动类型是通过遗传基因由亲代传递给子代的。血缘关系相同或相近的人与无血缘关系或血缘关系疏远的人相比，无论是高级神经活动类型还是气质都很接近。

苏联高级神经活动类型研究有莫斯科学派、乌拉尔学派和圣彼得堡学派三个学派。这三个学派对人的高级神经活动类型和人格特质进行了长期深入的研究，有以下主要成果。

1. 莫斯科学派的研究

- 强调研究神经活动过程的基本特性，对这些特性的结合（即高级神经活动的类型）不要过早下结论。捷普洛夫指出，高级神经活动类型由高级神经活动特征组合而成，十分复杂，因此应该首先研究高级神经活动的特性，然后研究高级神经活动的类型。
- 论述了兴奋过程的两极特性：耐受性和感受性。感受性即反应阈限，指反应的下限；耐受性以能作出适当反应的最大强度刺激来判定，指反应的上限。二者强度之间的相关系数为 0.70。
- 雅科夫列娃（Уakovleva）对神经活动过程的灵活性作了多方面的研究，从中分出两个独立的特性：狭义的灵活性和易变性。狭义的灵活性指对刺激信号意义的转换速度，易变性指神经活动开始与终止的速度。
- 分出神经活动过程的第四种特性——动力性。动力性指条件反射形成过程中神经活动的速度和容易程度，是广义上的学习能力。把动力性作为一种独立的特性，还有待进一步研究。
- 平衡性是神经活动过程的二级特性，包括神经活动过程的强度、灵活性、易变性和动力性。
- 列举出一些新的高级神经活动类型，例如，抑制过程比兴奋过程占优势的不平衡型等。
- 把神经系统的基本特性区分为一般特性和局部特性。一般特性指整个神经系统的共同特性。局部特性指大脑皮质内不同分析器的特性，如视觉分析器、听觉分析器的特性。一项研究表明，在 25 个被试中，视觉分析器和听觉分析器的皮质细胞一致的有 18 人，不一致的有 7 人，差异是显著的。
- 指出神经活动过程的特性和类型无好坏之分。因为神经活动过程的每一种特性都有积极方面和消极方面，不能把强型看作“好的类型”，把弱型看作“坏的类型”。例如，弱型的人绝对感受性高，灵活性低的人暂时神经联系稳固。

2. 乌拉尔学派的研究

乌拉尔学派主要研究神经活动类型的心理学意义，研究高级神经活动类型和气质对个体活动特别是工作或职业的影响。

• 梅尔林(B. C. Мерлин)把气质的概念与高级神经活动类型的概念紧密联系起来。他指出，气质特性的第一个基本特征是神经系统特性对它的制约性。他把气质特质划分为焦虑、外内向、冲动、行动僵化、情绪稳定性和情绪激动性。梅尔林认为，气质的生理机制不仅是大脑皮质的活动，而且是大脑皮质和皮质下中枢相互作用的结果。

• 贝洛斯等人用因素分析法分离出气质的内外向和情绪性两种因素。

• 希莉娜和贝洛斯以成人和儿童为被试，划分出 A 型和 B 型两种气质类型(如表 1－2 所示)。

表 1－2 A 型和 B 型气质特点

气质类型	神经类型	焦 虑	僵 化	向 性	情绪激活水平
A	强型	低	低	外向	高
B	弱型	高	高	内向	低

• 克帕托娃(Корутоνа)研究了神经过程强度与工作效率的关系。研究表明，神经过程强型和弱型的人，在一般情况下工作效率并没有什么差异；在有威胁的情况下，后者的活动受到抑制，而前者不受影响；在无刺激情境中，后者比前者工作效率高。

• 克里莫夫(E. A. Клиоив)研究了神经过程灵活性与纺织工人活动方式的关系，在几十名纺织女工中划分出了“灵活型”和“迟缓型”。研究表明，纺织女工的效率并不完全取决于她们的神经活动灵活性，但她们的工作方式与灵活性有关。“灵活型”女工倾向于快速工作；“迟缓型”女工则回避无规律性的工作，并且要做更多的准备工作。

3. 圣彼得堡学派的研究

圣彼得堡学派对动物的高级神经活动类型进行了研究，并取得了一定的进展。

第六节 中国人格心理学概况

中国古代没有“人格”这个概念，但却有丰富的人格思想。中国著名哲学家张岱年(1909—2004)说：“‘人格’是近代的名词，古代没有‘人格’这样抽象的名词。在古代，与今天所谓人格这样相近的名词是‘人品’。”①中国古代的“人性”一词，也包含某些有关人格的心理学思想。②

① 张岱年. 中国伦理思想研究[M]. 南京：江苏教育出版社，2005：162.
② 车文博. 中外心理学比较思想史[M]. 上海：上海教育出版社，2009：498.

中国历史悠久，源远流长，是较早研究人格的国家之一。“四书”“五经”、《左传》《史记》等古籍中就有许多关于人格问题的论述。这些论述常用“人性”“人心”“人品”“天性”“品德”等术语来表现。我国第一个强调人格作用的是孔子。孔子曾对人的人格特点进行研究和分类，并且提出了“因材施教”的思想。孔子说：“性相近也，习相远也。”春秋战国时期的医书《黄帝内经》在医学理论中融合着丰富的气质内容。在《黄帝内经》中将人划分为阴阳五态人和阴阳五种人。它比西方的盖伦早 300 余年，比巴甫洛夫早 2000 多年，还能“以外知内”，对医疗、教育、管理活动都有帮助。《尚书》中提出的“九德”是性格最具体、最早的分类。三国时刘劭在他的《人物志》一书中，对人的人格进行了系统的论述，他把人的人格划分为 12 种类型，分析了 12 种人的人格特征和优缺点。在我国的《论语》《国语》等著作中都有丰富的智力方面的论述。“我国是具有五千年悠久历史和灿烂文化的国家。在浩如烟海的典籍中，蕴藏着非常丰富的心理学思想。我国是世界心理学思想最早的重要策源地之一。”①

杨鑫辉教授等人认为，中国古代思想家的人格学说共有四种。② ①“阴阳五行”的气质类型人格说。《黄帝内经》中将人的气质划分并推演为 25 种。②“习与性成”的人格说。这个学说认为人格是在环境习染中逐渐形成的，如孔子的“性近习远”命题和荀子的“化性起伪”理论。③性品等级的个性说。古人将人的个性品质划分等级。孔子将人分为“上智”“中人”“下愚”三等，这种划分兼有德性和智慧。董仲舒在《春秋繁露・实性篇》里提出了“性三品说”，他把人格品质划分为“圣人之性”“斗筲之性”和“中民之性”三等。韩愈也把人格的品级分为上、中、下三等。④“物情不齐”的个性说。明代的李贽明确地提出了“物情不齐”的人格说，他指出：“夫天下至大也，万民至众也，物之不齐，又物之情也。”意思是天下这样大，人民这样多，事物各不一样，所以人的人格也应各不相同。他还主张要尊重人的人格。

理想人格是人格心理学中的重要组成部分。上海师范大学燕国材教授将《周易》中对理想人格的论述进行了概括，得出 18 项心理特征：①天人合一的主客观念；②奋发有为的积极态度；③自强不息的进取精神；④仁义礼智的完整道德；⑤谦虚逊让的美好德行；⑥诚信不欺的正直精神；⑦不怕困难的坚强意志；⑧自我节制的调控能力；⑨持之以恒的坚持精神；⑩与人和乐的积极情感；⑪与人和乐的待人态度；⑫光明磊落的宽广胸怀；⑬认真负责的工作态度；⑭刚柔并济的处事方法；⑮胜不骄、败不馁的正确态度；⑯趋时守中的处世原则；⑰革新创造的变革精神；⑱特立独行的完善人格。

美国心理学家马斯洛（A. H. Maslow）20 世纪中叶才提出自我实现者的 15 种优秀人格特质，《周易》在 2000 多年前就已经提出如此全面的人格特征，实在是很可贵。

新中国成立前，人格心理学的研究成果甚少，著作仅有《性格类型学概观》（阮镜清

① 高觉敷. 中国心理学史[M]. 北京：人民教育出版社，1985：427.
② 杨鑫辉，陈启筠. 中国古代若干个性理论[J]. 心理学探新，1984(04)：57—60.

著,1944 年)、《人格心理学》(朱道俊著,1947 年)等几部,除此之外就是修订了几个智力测验量表。林传鼎教授在 1939 年对我国唐宋以来 34 位历史人物的个性进行了研究,他分析了包括情绪、独断、好奇、斗争、体格、暗示性、男女性、适应性、志气大小等 10 种类别和 50 个特质,结果表明,我国历史人物生活兴趣广泛,各种主要的活动都能顾全。

新中国成立后,人格心理学得到发展。"文革"期间,心理学被诬蔑为伪科学,遭到严重摧残。粉碎"四人帮"后,心理学迎来了春天,中国心理学(包括人格心理学)进入了一个蓬勃发展的新时期。人格心理学的迅速发展主要表现在:出版了大量的个性(人格)心理学的著作和论文;引进了西方人格心理学的研究成果;研制和修定了人格测验量表,为研究人格心理学提供了工具;在综合性大学和师范大学内设置了心理学院或心理学系,开设人格心理学课程,并招收人格心理学的硕士和博士研究生,同时派出人格心理学的留学生和进修生;人格心理学进一步与实践相结合,它的理论和方法已广泛地应用到医疗、教育、管理、文艺和体育等领域。全国纷纷新建心理学系(学院),心理咨询也广泛地开展起来,心理学开始造福人民,出现了一片新的气象。

以中国科学院心理学研究所杨玉芳教授为主编、傅小兰教授为副主编编写的《当代中国心理科学文库》(共 30 分册),是心理学发展史上的一个里程碑,该文库由华东师范大学出版社出版。

中国各大学和研究所进行了国家级的人格研究课题,取得了前沿性的科研成果,极大地丰富和发展了心理学和人格心理学的内涵,为社会发展、人类幸福和健康作出了更大的贡献。

第二章　精神分析和新精神分析学派的人格理论

19 世纪末 20 世纪初，科学心理学以冯特(W. Wundt)的体系为楷模，着重对意识进行内省，对感觉元素进行分析。弗洛伊德以潜意识为研究中心的精神分析对心理学产生了空前巨大的影响，这种影响远远超出了心理学和精神医学的范围，涉及整个西方文化，成为西方学术领域和社会文化中的一种重要思潮。1995 年，菲什(Fisher)指出，弗洛伊德的潜意识理论对当代电影、戏剧、小说、政治运动、广告、法庭辩论甚至宗教有着巨大的影响。

精神分析的人格理论是所有人格理论中内容最复杂、影响最大的，但对它的理论和实践存在着很多争议。在人格心理学中，一般把弗洛伊德创立的理论称为古典精神分析学派，而把他的门人和追随者创立的理论体系称为新精神分析学派，例如，阿德勒、荣格、霍妮、弗洛姆和埃里克森等人创立的体系。伯格(J. M. Burger)2008 年认为，“他们对弗洛伊德的理论提供了更精确化的解释……在总的精神分析方法内关于人格的不同观点。”

新精神分析学派的特征是强调社会和文化因素对人的心理和行为的影响，强调家庭环境和童年经验对人格发展的重大作用，重视自我的整合和调节，对精神病的治疗持乐观态度，但他们仍保留了弗洛伊德学说中一些最基本的概念。其中虽然提出了一些新的概念，但归根结底，仍然是潜意识的驱力和先天潜能等概念在起主要作用，只不过它们表现在社会环境和文化背景之中。

当前，该学派虽有一大批不断变换的信任者，但新精神分析学派不如几十年前那样流行。

第一节　弗洛伊德的精神分析论

弗洛伊德(1856—1939)生于摩拉维亚的弗莱堡(现属捷克共和国)。父母都是犹太人。父亲是羊毛商人，他与父亲的关系格外冷淡。母亲性情温和，弗洛伊德和母亲很亲近。

弗洛伊德很早就表现出远大志向，中学时代成绩优良。17 岁时就以优异的成绩考入维也纳大学医学院。在大学学习期间，他最初对生物解剖学感兴趣。他解剖了 400 多条雄性鳗鱼以研究其性器官所处的位置与结构，并第一次进行了关于性的研究。此后，他对生理学感兴趣，成为著名生理学家布吕克(E. Brücke)的助手。布吕克机械还原论的生物观对弗洛伊德的思想产生了巨大影响。他还选修了布伦塔诺(F. Brentano)的哲学课程，在一定程度上受到布伦塔诺的意动心理学思想以及叔本华(A. Schopenhauer)和尼采(F. Nietzsche)等人的非理性主义哲学思想的影响。1881 年，他获得医学博士学位。他相信催眠疗法，但至 1892 年左右，他发现催眠不能深入了解疾病的真正原因，催眠疗法往往治标不治本，患者如不配合，便难以催眠，于是他改用他独创的自由联想法。他认为，被压抑的欲望绝大部分是性方面的，而性的扰乱是精神病的根本原因。从1902年秋季开始，他在维也纳的“星期三心理学研究会”上讨论精神分析的理论和应用。1908年首次召开世界精神分析大会，精神分析的声誉在国际上逐渐建立起来。1909年，他去美国克拉克大学参加校庆，作了五次讲演，将精神分析理论带到了美国。后来，亚伯拉罕(K. Abraham)建立了美国精神分析协会，精神分析逐渐在美国开展起来。弗洛伊德1930年获歌德奖金，1936年荣任英国皇家学会通讯会员。

弗洛伊德1913年之前的理论一般被称为早期理论。最后20年，他修正了自己的早期理论，形成后期理论。他之所以要对自己的理论进行较大的补充和修订，是因为他早期的信徒如阿德勒、荣格等人都与他产生意见分歧，当时的精神分析疗效也不理想，加上他要把自己的理论进一步系统化，以便解释第一次世界大战以后社会上发生的变化。1920年，精神分析已不仅仅是一种治疗疾病的方法，而是一种解释人类动机和人格理论的理论体系。弗洛伊德的后期理论除了提出“生的本能”和“死的本能”这一对新概念外，还在潜意识活动的基础上提出了他的人格理论。

弗洛伊德的主要著作有：《梦的解析》(1900)、《日常生活中的心理病理学》(1901)、《性学三论》(1905)、《图腾与禁忌》(1913)、《精神分析运动史》(1914)、《精神分析引论》(1916)、《超越快乐原则》(1920)、《超越本我与自我》(1923)、《文明及其缺憾》(1930)、《精神分析引论新编》(1933)、《弗洛伊德自传》(1935)和《弗洛伊德全集》(24卷，1964)等。

一、人格动力

弗洛伊德是第一个将物理学的动力理论引入心理学的人，他认为人的一切精神活动都是心理能的作用。他认为，人体是一个复杂的能量系统，从大自然获取能量，又为某种目的消耗能量。人类的行为就是能量释放的结果，能量是以做功的方式表现出来的。他认为，循环、呼吸和消化等过程消耗生理能，记忆、思维和感知等过程消耗心理能。根据能量不灭定律，心理能可以积累、贮存、释放和扩张或受阻，但它是不灭的，心理能和生理能可以互相转化。有机体的内环境通常处于平衡状态，如果受到内部或外界刺激的扰乱，就会产生企图恢复平衡状态的倾向。这种本能的目的就在于发泄能量，满足需要或消除兴奋，恢复平衡状态。

在早期理论中，弗洛伊德提出性本能和自我本能(如饥饿、害怕等)。前者长期受阻，会导致人格变化；后者长期受阻，会导致死亡。后来，他把性本能和自我本能合为“生的本能”。与“生的本能”相对的是“死的本能”。

(一) 生的本能

生的本能在于追求个体的生存和种族的延续，它代表爱和建设的力量，包括饥、渴和性等本能。弗洛伊德认为，在文明社会中，饥和渴的本能容易得到满足，而性本能常常因为社会原因而得不到满足，成为影响人格的主要原因。弗洛伊德特别重视性本能，认为性本能具有灵活性，它可以被抑制而不活动，也可以升华而转向，形成多种多样的人格。在人生的不同阶段中，性本能具有不同的特点。

（二）死的本能

生命是从无机物演化而来的，人的生命一开始就有一种返回无机状态（毁灭生命）的欲望。弗洛伊德认为，死的本能体现为恨和破坏的力量，他指出死的本能可以是向内的，表现为自责、自罚和自杀等动机；也可以向外，表现为恨、攻击、破坏和征服别人等动机。他认为，攻击驱力是从死的本能中派生出来的，外部的攻击驱力受挫而转向自我内部，攻击自己，成为一种自杀倾向。

生的本能和死的本能相互交叉，这两种力量的合作和对抗塑造成形形色色、极其复杂的人格，构成一首变幻无常的生命乐章。

二、人格结构

（一）人格两部结构模型

弗洛伊德早年把人格划分为意识、前意识和潜意识。意识（conscious）包含正意识到的那部分人格；前意识（preconscious）包含容易进入意识的那部分人格；潜意识（unconscious）包含不容易进入意识的那部分人格。弗洛伊德认为，人格中有两大系统：一个是潜意识系统；另一个是前意识系统（包括意识）。意识仅仅处理很少的信息，大量可再现的信息构成前意识，潜意识为人格结构中的核心成分，它是我们内心想法的主体，图 2-1 是这两大系统的结构示意图。

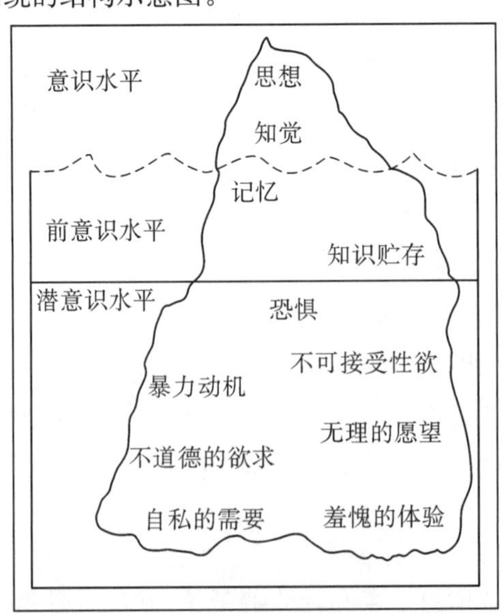

图 2-1　弗洛伊德的人格两部结构示意图：心理冰山模型

（二）人格三部结构模型

弗洛伊德后期对人格结构作了修正，提出人格由本我(id)、自我(ego)和超我(superego)三大系统所构成，称“三部人格结构”。

1. 本我

本我(id)是人格中与生俱来的最原始的潜意识结构部分。它是人格形成的基础，自我和超我都是从本我中分化出来的。本我由先天的本能、基本欲望所组成，它和肉体联系着，肉体是它的能量的源泉，它是心理能储存的地方。弗洛伊德指出：“我们便可称之为一大锅沸腾汹涌的兴奋。”①本我代表生物性的内在世界，它完全无视外在世界，不能容忍内外刺激所形成的紧张状态，要求立即释放能量以消除不愉快，恢复原来的舒适状态。所以本我受快乐原则所支配，因为紧张是一种痛苦的或不舒服的体验，而消除紧张则是一种愉快和满足的体验。

在本我中，个体达到满足是通过反射作用(reflection action)和初级过程②(primary process)两种方式来实现的。反射作用是与生俱来的各种不自觉的反应，如打喷嚏、打呵欠、眨眼等，通过反射可以使个体立即消除紧张或不愉快的感觉。初级过程是一种原始性的思维过程，其特征是现象与想象混淆不分，其功能是立即去除不愉快和获得快感。弗洛伊德认为，正常人的梦、幻想和精神病人的幻觉都是初级过程。例如，一个饥饿的人，如果不能获得食物，他可能靠食物的心象来暂时降低紧张。

弗洛伊德也承认他对本我的了解很不够。本我在人格系统中还是模糊不清的部分。

2. 自我

个体出生后，从本我中逐渐分化出自我(ego)(弗洛伊德认为，自我是意识的结构部分)。有机体必须与周围的现实世界相接触，相交往，以适当的手段来满足需要，解除紧张，就在这种适应环境的过程中，自我逐渐从本我中分化出来。自我的活动受现实原则的支配。例如，饥饿使本我有原始性的求食行动，但何处有食物、怎样才能取得食物等现实问题必须依靠自我与现实接触才能解决，心理能大部分消耗在对本我的控制和压抑上。

自我是人格结构中最主要的系统，是处在本我、超我和外在环境之间的中介物，它的主要功能有：①获得基本需要的满足，以维持个体的生存。②调节本我的原始需要，以符合现实环境的条件。③抑制不能为超我所接受的冲动。④调节和解决本我与超我之间的冲突。弗洛伊德指出：“他要伺候三个苛刻的主人，并且还要尽力调和三个主人的要求和主张，这些要求总是有分歧的，往往看来是难以调和的，难怪自我在执行任务

---

① 弗洛伊德. 精神分析引论新编[M]. 高觉敷，译. 北京：商务印书馆，1987：57.

② 也可译为“原发过程”。

的时候,常常让步。这三个暴君,就是外在世界、超我和本我,……自我觉得自己处在三面包围中,受到三种危险的威吓,当被逼得过紧的时候,就发展焦虑来对待。”①

3. 超我

超我(superego)即道德化了的自我,即通常讲的良心、理性等,它是人格结构中最高的监督和惩罚系统。良心,负责对违反道德标准的行为进行惩罚。自我理想,它是习俗教育的产物,以现实原则为基础,它确定道德行为的标准。

本我寻求快乐;自我追求现实,受到现实环境的限制;超我则衡量是非善恶,它代表理想,而非现实,追求完美,而非快乐。超我的主要职能是指导自我,去限制本我的活动。它是本我和自我的监督者,具有下列三种功能:①抑制本我的不容于社会要求的各种行动,特别是性欲和攻击行动,因为这两种行动最受社会谴责。②诱导自我,用合乎社会规范的目标代替较低级的现实目标。③使个人向理想努力,达到完善的人格。

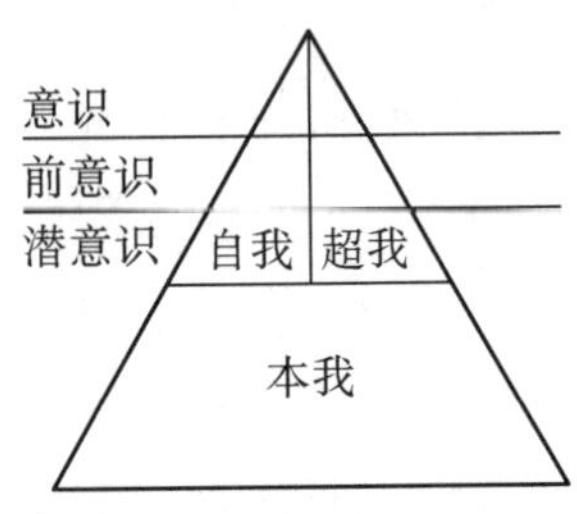

图 2-2 意识、前意识、潜意识与本我、自我、超我的关系

(资料来源:J. M. Burger,1997)

人格的三个系统不是孤立的,而是相互作用构成一个整体。其中本我是人格中的生理成分,自我是人格中的心理成分,超我是人格中的社会成分。如果这三个系统保持平衡,人格就得到正常发展,但是,三者的行动原则是各不相同的,所以冲突是无法避免的。三个系统的平衡关系遭到破坏时,个体往往会产生焦虑,导致精神病和人格异常。

弗洛伊德提出的两种人格结构相隔了 20 多年。他指出,本我几乎完全活动在潜意识水平上,自我和超我则在所有的水平上活动(如图 2-2 和表 2-1 所示)。

表 2-1 弗洛伊德人格结构理论与意识理论的联系

	本我	自我	超我
意识		自我活动的主要层面	超我活动的重要层面
前意识		自我活动的重要层面	超我活动的重要层面
潜意识	本能活动的主要层面	自我活动的重要层面	超我活动的重要层面

(资料来源:M. Eysenck,2000)

三、人格发展阶段

弗洛伊德十分重视个体早期经验在人格形成和发展中的作用,他认为人格的形成可以追溯到儿童早期的经验。他说:“儿童是成年人的父亲(the child is father of the man)。”一个人的人格在儿童早期,即 5 岁前后就已经形成了。

① 弗洛伊德. 精神分析引论[M]. 高觉敷,译. 北京:商务印书馆,1987:103.

弗洛伊德认为，人格发展的基本动力是本能，尤其是性本能。人格伴随着性的发展而发展，人格发展的阶段受性的因素支配。弗洛伊德是泛性论者，他所指的“性”的含义是很广泛的，除了与生殖活动有关以外，还包括能直接或间接引起有机体快感的一切活动。因此，在弗洛伊德看来，个体的许多活动都被认为与性有关，如接吻、触摸等。力比多是一种贮存在本我里的心理能，尤其是性本能的能，它驱使人们去寻求快感。力比多要达到成熟，真正行使生殖职能，须经历一系列的发展阶段，每个阶段力比多集中投射的身体部位是机体获得快感的重要区域，这一区域被称为“性感区”。按力比多主要投射的身体部位，人格发展可依次分为下列五个阶段。

1. 口唇期

从出生到1岁左右称为口唇期(oral stage)，婴儿的活动大部分以口唇为主，这一区域成为快感中心。口唇期的需要如果没有满足就可能形成一种紧张和不信任的人格特征，如果过度满足，就可能形成一种依赖和纠缠别人的人格特征。弗洛伊德认为，婴儿的口唇活动如果没有受到限制，成人的人格就会倾向于乐观、慷慨、开放和活跃等积极的性格特征；婴儿的口唇活动如果受到限制，成人的人格就会倾向于依赖、悲观、被动、猜疑和退缩等消极的性格特征。

2. 肛门期

肛门期(anal stage)出现在出生后的第二年，幼儿由于排泄解除压力而感到快感，肛门一带成为快感中心。这个时期的关键是“便溺训练”。如果训练过严，儿童在情绪上受到威督恐催，将会影响他的人格发展，可能导致冷酷无情、顽固、刚愎、吝啬、暴躁和好破坏等人格倾向。

3. 性器期

3岁到6岁是性器期(phallic stage)，力比多这时主要投射到生殖器上，性器官成为儿童获得快感的中心。这个时期，男女儿童在行为上开始有了性别之分，并且对自己的性器官发生兴趣。这个时期的儿童的行为，一方面模仿父母中的同性别者，另一方面又以父母中的异性别者为“性恋”的对象。男孩在行为上模仿父亲，以母亲为爱恋的对象，具有“恋母情结”，即所谓的“俄狄浦斯情结”(Oedipus complex)。女孩则相反，具有“恋父情结”，又称“厄勒克特拉情结”(Electra complex)。

弗洛伊德认为，以上三个时期并不能截然划分开来，它们之间可能有重叠，也可能同时存在。前两个时期，儿童所寻求的快乐来源是口唇和肛门，从性器期开始，儿童已经能够组织快乐的来源，这种组织功能到生殖期便完全建立起来了。

4. 潜伏期

6岁后，儿童进入潜伏期(latency stage)，一方面由于超我的发展，另一方面由于活动范围的扩大，他们将以父或母为对象的性冲动转移到环境中的其他事物上去。这时期的儿童在小学学习，个体性冲动进入暂停活动的时期，他们对性缺乏兴趣。男女儿童界线清楚，团体活动也常常是男女分开进行，在游戏中以同性者为伴，甚至男女同学间不相往来。这种现象持续到青年期才有转变。

5. 生殖期

生殖期（genital stage）约在12—20岁这个阶段。男女儿童一旦进入青春期，在身体上和性上都开始成熟，性的能量和成年人一样涌现出来。生殖器成为主要的快感区，异性恋的行为明显。个体这个时期的最重要任务是力图从父母那里摆脱出来，必须与父母分开，以建立自己的生活。但独立不是轻而易举的，和父母分离在感情上是痛苦的。对大多数人来说，真正的独立，从来没有实现过。

弗洛伊德认为，个体生殖期的人格发展是在前面几个阶段的发展基础上的发展。儿童这时已从一个自私的、追求快感的孩子转变成具有选择异性配偶或抚养子女的现实的和社会化的成人。

个体要达到成熟，并不是容易的。力比多在发展过程中会遇到两种危机：固着（fixation）和倒退（regression）。固着是部分力比多停滞在比较初期的发展阶段上，倒退是力比多倒流到初期的发展阶段。如果在发展过程中，部分力比多停滞在某个发展阶段，就会形成与该阶段密切相关的人格。例如，固着于口腔期，则形成“口腔性格”（oral character），个体就显示出依赖、悲观、被动等性格；如果固着于肛门期，则形成“肛门性格”（anal character），个体显示出冷酷无情、顽固和刚愎等性格。

四、对弗洛伊德人格理论的评价

弗洛伊德在100年前建立了一个综合性的人格理论。这个理论内容全面，提出了一些独特的见解，对后来文化的许多方面都有重大、深远的影响，这在许多人格理论中都可以看到。他开创了世界上第一个心理学治疗体系，称为精神分析法。高觉敷认为，“弗洛伊德的声誉之隆，影响之大，在心理学家中是罕见的。”

潜意识是弗洛伊德人格心理学中的核心概念。潜意识是我们未觉知的想法、经验和感情，在理论上和实践上均有十分重要的意义。弗洛伊德对潜意识的研究不仅扩大了心理学的研究范围，而且为理解行为的深层提供了条件。弗洛伊德指出：“精神分析的目的和成就不外乎是对心理生活中的潜意识的发掘。”他第一个把物理学的动力理论引入心理学，认为一切精神活动是心理能的作用。这启发了以后的心理学工作者对动力心理学的研究。

弗洛伊德过分强调潜意识和性本能的作用，把人类人格发展的动力归结于性本能或力比多，认为性本能是否满足直接影响人格发展是否健康。弗洛伊德的心理性欲发展论和恋母情结等引起了极大的争议。他忽视意识和社会环境在人格发展中的作用，受到许多学者的批评。一些学者认为，并没有多少证据支持恋父情结和恋母情结的存在，弗洛伊德的人格研究资料主要来源于对精神病患者的诊断经验和自我分析，缺乏实验性的量化研究，很难验证。弗洛伊德认为，这是他在精神分析各个阶段仔细考察患者陈述后得出的结果，很多地方都是“发现”，困难在于找不到恰当的实验方法证实。近年来，研究者已设计出一些新的方法来考察和检验弗洛伊德的一些假设。而且，弗洛伊德更多地描述人格中的消极因素。但是，他在晚年不断反思，考虑人格中的积极因素，他指出：“一个成熟的人，应该能够创造性地工作和爱。”

第二节　阿德勒的个体心理学

阿德勒(Alfred Adler，1870—1937)是奥地利著名心理学家和精神医师。他生于维也纳的一个小康家庭，从小物质生活优越，但他的童年是不幸的。他幼年患病，身材矮小，其貌不扬，童年是在他哥哥的阴影下度过的。他的哥哥体格强壮，这使他形成了与兄弟的对抗情绪。他 4 岁时险些因患肺炎而丧生，还有两次差点死于车祸，因此受到妈妈的特殊对待。弟弟出生后，母亲的注意力就转移了，阿德勒有一种被废黜的感觉。阿德勒在学校也受自卑感的困扰，开始时学习很差，老师劝他父亲让阿德勒退学，但这激发了阿德勒的学习动力，他奋发努力，不久后成为全班数学成绩最好的学生。1895 年，他获得了维也纳大学医学博士学位，成为内科和眼科医生。

他对弗洛伊德的生物学观点很感兴趣，1902 年读了弗洛伊德的《梦的解析》后，撰文支持作者的观点，捍卫了弗洛伊德的释梦理论。1902 年他加入维也纳精神分析学会，1910 年任该学会主席，但从 1911 年开始，他与弗洛伊德产生分歧，因轻视性因素，强调社会因素而引起弗洛伊德的不满。正像他早期为克服自卑感一样，阿德勒经过努力，走出了弗洛伊德的阴影。1912 年，他自成一派，称为“个体心理学”(individual psychology)。第一次世界大战时，他在奥地利军队中当外科医生，后在维也纳开设儿童指导所。他 1926 年访问美国，受到教育界人士的热烈欢迎，1927 年受聘为哥伦比亚大学教授，1932 年任长岛医学院教授，1934 年定居美国，1937 年病死于讲学途中的苏格兰。

阿德勒的主要著作有：《论神经症性格》(1912)、《器官缺陷及其心理补偿的研究》(1917)、《个体心理学的理论和实践》(1919)、《生活的科学》(1927)、《自卑与超越》(1932)、《儿童教育》(1938)、《社会兴趣：对人类的挑战》(1938)等。

一、追求优越

追求优越是阿德勒个体心理学和人格理论的核心。他认为，每个人生下来都存在着身心缺陷，带有不同程度的自卑感，因而产生补偿这种缺陷的要求，而且补偿往往是超额的，即不仅补偿缺陷，还发展为优点，追求优越。与弗洛伊德把性本能看作人类行为的根本动力不同，阿德勒的理论以社会文化为取向，用“追求优越”等概念来表述人类行为的动力。他认为，人格是不可分割的统一整体，人生而具有一种把人格统一于某个总目标的内驱力，这种内驱力称为“追求优越”(striving for superiority)。阿德勒认为，优越感包含完美的发展、成就、满足和自我实现。

阿德勒认为，人生的主导动机就是追求优越，而自卑感是推动个人获取成就的主要动力。一个人越是自卑，追求优越感的要求就越强烈。正是由于自卑，人才会去寻求补偿，否则就会得心理疾病，失去对未来生活的兴趣和勇气。阿德勒强调儿童教育和心理治疗的目的是为人提出目标定向，要求人们不断追求优越。阿德勒晚年把追求个人优越更改为追求优越和完美的社会。

他认为，能很好地进行自我调节的人，是通过增加公众利益来表达他们对优越的寻求，激励人们去追求更大的成就，使人的心理得到积极成长的。相反，自我调节差的人，是通过损害他人的利益来寻求他们对优越的追求的，因此会形成一种"自尊情结"，变得骄傲、专横、爱虚荣、自高自大、自以为是，缺乏社会兴趣，成为一个不受社会欢迎的人。

二、 自卑和补偿

阿德勒认为，个体追求优越的欲望来自人的自卑（inferiority）。他早期强调自卑感源自生理缺陷或功能不足。他指出，人的器官特别容易患病，不能得到发展，或较其他器官低劣。例如，有些人视力不好，有些人天生有心脏病。器官的缺陷阻碍了个人作用的正常发挥，这必须通过补偿加以解决。补偿可以发展机能不足的器官，例如，体弱者可以通过体育锻炼使身体强壮，或通过发展其他器官的机能来补偿，例如，失明的人可以通过发展听力来补偿。阿德勒认为，自卑感的主要表现就是对缺陷的补偿，人有时甚至会得到过分的补偿。

阿德勒把补偿作用从生理学推广到心理学，认为人在幼儿期就有自卑感。儿童与成人相比，显得虚弱无能，受自卑感的刺激，会产生获得能力的强烈欲望，从而克服自卑感，达到优越的目标。

阿德勒认为，自卑感是人共有的，没有自卑感，就不会有补偿。儿童对自卑感的对抗称为"补偿作用"。个体在向上意志的驱动下，会发愤图强，力争上游，取得成就。个体在成功后，就会产生优越感。但是，在他人的成就面前，他会再一次产生自卑感，再努力去取得新的成就。如此循环，永无止境。

在阿德勒看来，自卑感是人共有的，是一种激励因素，对个人和社会都有利，并能引导人格的改善。但是，它也可能成为人的活动的障碍因素。沉重的自卑感会使人垮掉，使人心灰意冷，无所事事。可见，自卑感可以产生成就动机，也可以造成神经病。

三、 生活风格

阿德勒认为，每一个人都有追求优越的独特方式，称为生活风格（style of life），它是个体追求成就的工具。个体在追求优越目标时，可以采用各种行为模式，生活风格也就是指一个人早期的生活道路所形成和固定下来的行为方式（模式），人借助于它便可以战胜自卑感，并且追求完美。所以要想了解一个人，首先应该了解他的生活风格。

生活风格分为健康的生活风格和错误的生活风格两种。健康的生活风格使人趋向完美，有利于促进社会目标的实现，并且使他和别人和睦相处。错误的生活风格与社会目标相违背，是建立在自私自利的基础之上的，它是指不包括社会兴趣的生活风格。阿德勒认为，儿童在四五岁时，生活风格就已经完全定型了。错误的生活风格在童年期与健康的生活风格同时形成。可能形成错误的生活风格有下列三个条件：①忽视；②溺爱；③生理自卑。

四、社会兴趣

阿德勒认为，社会兴趣是全人类和谐生活、相互友好、渴望建立美好社会的天生的需要。心理学家批评阿德勒早期的理论，因为阿德勒将人看作是被自私所推动、为个人优越而奋斗的个体。当他提出社会兴趣的理论时，这种批评就平息了，因为他已经把个体实现完美的社会作为首要动机，代替个体自身的完美。阿德勒第一次把精神分析引上与社会兴趣相结合的道路。可以说，他是精神分析学派中第一位社会心理学家，他的工作推动了社会心理学的发展。

社会兴趣是个人对自卑感的一种最根本的补偿，它使每一个人更好地为社会贡献力量，在为社会服务的工作中感受到自己的价值。

阿德勒认为，一个人能否获得充分发展的社会兴趣主要取决于母亲。母子相互作用的性质决定了儿童社会兴趣的发展，这是因为儿童最初的、主要的社会环境是与母亲接触。母子关系是其他社会关系的雏形。如果母亲经常把儿童束缚在家中，儿童就会与他人“隔离”，从而形成低级的社会兴趣。如果母亲在家庭中保持一种合作的气氛，儿童就易形成社会兴趣。

1935年，阿德勒根据个人的社会兴趣的程度，把人划分为四种类型：①支配型。这种类型的人缺乏正确的社会兴趣，他们倾向于统治和支配别人。②索取型。这种类型的人缺乏正确的社会兴趣，他们竭力从他人那里索取一切他所能索取的东西。③逃避型。这种类型的人缺乏正确的社会兴趣，他们企图通过回避问题而取胜，这种人通常只能以碌碌无为的方式来避免失败。④社会利益型。这种类型的人有正确的社会兴趣，他们试图以有益于社会的方式来解决问题。

五、创造性自我

阿德勒认为，创造性自我使个体能在可供选择的生活风格和目标之间进行选择。这是人格的自由成分。创造性自我是一种个人的主观系统，它是一种塑造人格的有意识的主动力量。

在西方心理学史上，阿德勒是第一个提出人类行为不完全由遗传和环境所决定的人格心理学家。霍尔(G. S. Hall)等人把阿德勒的创造性自我称为“作为人格理论家所取得的最辉煌的成就”。霍尔和林赛(G. Lindzey)认为，阿德勒最早提出创造性自我的概念。这个概念对心理学家影响很大，阿德勒与弗洛伊德不同，弗洛伊德认为人类的行为完全由遗传和环境所决定，没有任何选择的自由。阿德勒认为，个体并不是环境因素和遗传因素的消极承受者，每个人都能对自己的发展作出选择。遗传因素和环境因素仅仅是提供创造性自我塑造的结构，生活的许多可能性展示在个体面前，个人完全可以从中自由选择。每一个人都有决定自己生活的自由。阿德勒的创造性自我的概念，深刻地影响了当代人本主义心理学家。奥尔波特、马斯洛和罗杰斯等人都在他的创造性自我概念的影响下，发展出了各自的自我概念。

创造性自我不仅为了实现目的，而且还为每个人创造各自的人格。它给生活带来了意义，并确定了目的和达到目的的方法。创造性自我使个人的人格和谐、统一，并且具有独特性。阿德勒认为，创造性自我是人类生活的积极原则。

六、出生次序

阿德勒特别强调出生次序(birth order)，他认为儿童在家庭中的出生次序和所处的地位影响着他们的生活风格，对人格的形成发展起着重大作用。

儿童的向上意志很强烈，和兄弟姐妹相处，一切都想争夺优越的地位，特别是想独占父母的爱。年龄较大的以哥哥、姐姐自居，向弟弟妹妹发号施令，甚至仗势欺人。弟弟妹妹自知年幼体弱，却能以柔取胜，他们对父母亲表现出恭敬和听话，以博得父母亲的欢心。总之，儿童都以争取优势为目的，但达到目的的方式和方法是不同的。阿德勒研究了长子、次子、幼子和独子的性格特点，他认为长子在第二个孩子出生前一直是父母关怀的中心人物，但第二个孩子出生后，他的地位就会迅速下降。他深感因弟妹出生而带来的苦恼，容易产生妒忌和不安全感，比较孤独或倔强，对人有敌意，这是因为父母对自己的爱容易被老二夺去。次子常常雄心勃勃，有远大抱负，这是因为他要赶超长子，常常怀有野心，表现为反抗和妒忌。他们容易适应环境。在有长子的家庭中，次子是最幸福的，因为有赶超的对象、竞争的伙伴。次子总想制服老大，制服父母亲。幼子在家庭中没有弟妹，始终被看作婴儿，永远受人宠爱，总是希望得到别人的帮助。他们的处境比长子还糟，行为上容易发生问题。独子在家庭中的地位是没有人会取而代之的，也没有人分享其权利，很容易养成过分依赖和专横的性格。

出生次序对儿童的影响是一种普遍倾向，因为有些儿童可以把不利因素变为有利因素，相反，也有些儿童会把有利因素变为不利因素。

阿德勒重视环境的作用是正确的，但单纯以出生次序来解释性格的发展是不全面的。儿童出生次序对心理的影响，几十年来一直是心理学研究中的重要课题，但还没有得出一致的结论。有些研究表明，儿童的出生次序决定着儿童在家庭中的地位和社会角色与特质。也有些研究表明，在智力方面，出生次序与儿童智商有递减的趋势。推孟发现，天才儿童中长子长女所占的比例最多。行为治疗表明，没有哪一个出生次序是最坏的，每一个次序的儿童都有困扰，而且困扰的人数亦大体相等。

七、阿德勒与弗洛伊德人格理论之比较

阿德勒的人格理论与弗洛伊德有重大的分歧，其中主要的分歧如表2-2所示。

表2-2　两种人格理论的比较

弗洛伊德的人格理论	阿德勒的人格理论
强调潜意识的作用	强调意识的作用
未来的目标并不重要	未来的目标是形成动机的重要本原
生物动机是重要的	社会动机是重要的
对人类表示悲观	对人类表示乐观
梦是探索意识的工具	梦是解决问题的手段
人类完全由遗传因素和环境因素决定	人类至少能部分地决定自己的个性
夸大性的作用	轻视性的作用
治疗的目的在于发现压抑的早期记忆	治疗的目的在于形成一个具有社会兴趣的生活风格

八、阿德勒人格理论的评价

阿德勒注重人与自然、社会的关系，确立了个体心理学的社会科学方向。心理学史学家墨菲指出："阿德勒的心理学在心理学历史中是一个沿着我们今天应该称之为社会科学的方向发展的心理学体系。"阿德勒强调社会因素在人格发展中的作用，在弗洛姆(E. Fromm)看来，阿德勒是着重"人的基本社会性"的最早的精神分析学家，他把追求优越、完美的社会作为人类的基本动机，纠正了弗洛伊德过分重视性本能的倾向，使许多人从弗洛伊德的泛性论中解脱出来，对后来的新精神分析学派有较大影响。他重视社会兴趣，认为社会兴趣是人格形成的因素，使心理学第一次把精神分析理论引上与社会兴趣相结合的道路。他是精神分析学派中的第一位社会心理学家。

阿德勒重视意识的作用，认为意识是人格的中心。人是一种有意识的动物，是自我意识的个体。人们通常能了解自己行为的原因，觉察自己的优点和缺点，而且能确定奋斗目标，计划自己的行动，充分了解自我实现的意义。他强调人格的整体性和独特性，认为每一个人都是一种独特的组合，个人的行为显示出他独特的生活风格。

阿德勒最早提出的"创造性自我"的概念对心理学界影响很大，阿德勒认为创造性自我是塑造人格的一种有意识的主动力量，在西方心理学史上首先提出人的行为不完全由遗传因素和环境因素决定，涉及人的意识的能动性。他认为，人有博爱、利他和合作的精神，可以支配自己的命运，对人生表示乐观。在弗洛伊德之后，他重新恢复了人的尊严和价值。他创立的个体心理学已成为具有广泛国际影响的理论学派。

个体心理学也有其局限性，而且阿德勒的人格理论来自异常心理学，用于常态人格

尚需要补充和修正。他对追求优越、自卑和补偿的作用看法偏激，作为人类的根本动机，这就具有唯意志论的主观唯心主义色彩。有人说，阿德勒只用一个概念——“追求优越”来解释复杂行为，这过于简单了。他认为，有缺陷的人一定能在某些方面得到补偿，取得卓越的成就。实际上，有缺陷的人不一定都能得到补偿，取得成就，而且补偿毕竟具有消极和被动的特征。人类不仅有消极的补偿功能，还有其他许多积极的功能。此外，阿德勒重视社会环境对人格的影响，但他所指的环境主要是家庭环境，没有像弗洛姆那样强调社会中大的切面在人格形成中的作用。

第三节　荣格的分析心理学

荣格(1875—1961)是瑞士心理学家、分析心理学创始人。他生于瑞士北部克斯维尔的一个小镇，在一个宗教徒家庭中长大，父亲和八个叔伯都是基督教牧师，母亲也笃信宗教。他从小就受到十分深刻的宗教影响。荣格性格孤僻、内向，常常忧心忡忡，性情怪异，他的著作中常常混合古代神话和东方的宗教观点，高深莫测。但有些读者认为这是最能引起兴趣、启发思维的人格理论。荣格早年广泛阅读了大量的神学、哲学、考古学、生物学、地质学等著作，为掌握渊博的知识打下了基础。

荣格 1900 年获巴塞尔大学医学博士学位，1902 年获苏黎世大学医学博士学位。在这几年中，他进行了大量的词语联想实验研究，初步形成了“情结”理论。弗洛伊德《梦的解析》一书于 1900 年出版后，荣格很感兴趣，很崇敬弗洛伊德。为了研究集体潜意识，他在 20 世纪 20 年代后去了非洲、美洲，对许多原始部落进行了考察。后来，他在巴塞尔大学任医学心理学教授，并获哈佛大学、牛津大学荣誉博士学位。

1907 年，他与弗洛伊德见面。据说两人进行了长达 13 小时的谈话，成为亲密的同事，共同创建了国际精神分析学会。经弗洛伊德提名，荣格任第一任主席。1909 年，他随弗洛伊德出访美国，在克拉克大学举办了一系列讲座。也就是在这次访美途中，荣格开始认识到他与弗洛伊德在对人格本质的看法上有很大分歧，尤其是在性欲论和力比多的性质等问题上。1912 年，荣格出版《潜意识心理学》，公开反对弗洛伊德的力比多理论。弗洛伊德认为，力比多是由性和攻击的本能组成。荣格则认为，这种看法太狭隘，他把力比多看作普遍的生命能量，认为它是人格背后的推动力，投放于各种生理活动和精神活动中，实际上包括个体所有的动机。荣格认为，较粗略地说，力比多是生命力，类似于柏格森的活力。1914 年，荣格离开精神分析学会，结束了与弗洛伊德的交往，另外创立分析心理学(analytical psychology)，成立了分析心理学派。

1913—1919 年，荣格隐身静修，陷入深深的自我分析之中。他集中精力，体验和理解自己的梦和幻想，深入探索自己的潜意识，努力探讨人格的真正本质。1919 年复出时，他发表了新的人格理论，出版了大量有关人格的著作。为了证明他的设想，从 20 世纪 20 年代到第二次世界大战，荣格在世界上进行了广泛的旅游和考察。他到过突尼斯、阿尔及利亚、肯尼亚、埃及、美洲、印度等国家和地区，对各地的原始部落进行比较研究。荣格对东方的文化和宗教也进行了深入的研究。这些都为他的集体潜意识理论提供了基础。

荣格一生中获得了很多荣誉称号。他被称为“苏黎世圣人”，苏黎世、伦敦和纽约等地先后建立了“荣格学院”，有10所著名大学授予他名誉博士学位，1938年他被选为英国皇家医学会名誉会员，1944年成为瑞士医学科学院名誉会员，1933—1942年任苏黎世联邦工学院名誉哲学教授，1944年任巴塞尔大学医学心理学教授。他的分析心理学思想在全世界得到了广泛传播。

荣格的主要著作有：《潜意识心理学》(1912)、《心理类型学》(1921)、《分析心理学的贡献》(1928)、《寻求灵魂的现代人》(1933)、《集体潜意识的原型》(1934)、《集体潜意识的概念》(1936)、《分析心理学的理论与实践》(1958)、《记忆、梦、思考》(1961)、《人及其象征》(1964)等。里德(H. Read)等主编的《荣格文集》(1961)，共17卷，由美国普林斯顿大学出版社出版。

一、人格结构

荣格认为人格是一个整体结构，并把它称为精神(psyche)。他指出，心理学不是生物学，不是生理学，也不是任何别的科学，而是关于精神的知识。荣格认为，人生下来就有完整的人格，只是以后在此基础上促使它多样、连贯、和谐，并防止它分裂。精神病医生的任务就是帮助患者恢复他们已经失去的完整人格，抵御未来的分裂，促使人格整合。人格的功能在于使个体适应社会环境和自然环境。

荣格认为，人格既是一个极其复杂多变的结构，又是一个层次分明、相互作用的结构，由意识、个体潜意识和集体潜意识三个层次组成。他认为，许多学者过多强调意识，其实潜意识比意识更重要。他又认为，弗洛伊德将潜意识看得太狭窄了，潜意识不仅可以追溯到个体的婴儿时期，还可以追溯到人类发展的初期。人类在亿万年历史中获得的经验按拉马克的习得遗传原则遗传下来，储存在精神的深处，构成庞大的潜意识。潜意识可以分为个体潜意识和集体潜意识。

荣格形象地指出，人格的意识方面，如一个岛的可以看见的部分。意识的下一层，即岛的可见部分的下面的大部分是未知的，称个体潜意识，可以由于潮汐运动而露出水面。第三层是集体潜意识，在岛的最下层，属于广大基地的海床。

(一) 意识

意识(conscious)是人格中唯一能被个体觉知的那部分。在精神分析中，它由当前处于注意焦点的信息构成。

意识包括能意识到的一切心理活动，是人心中能被个人直接知道的部分。意识出现较早，对儿童的观察表明，儿童在认识父母、玩具和其他事物时，都运用着意识。荣格认为意识是通过个体的感觉、直觉、思维和情感逐渐发展起来的。

个性化和意识是同步的。意识的开端也是人格化的开端，意识发展了，就有放大的个性化。个人的意识逐渐变得不同于他人，富有个性。这个过程叫作个性化。意识在个性化过程中，产生出新的因素，称为自我。自我使个体适应环境，并且是和环境保持联系的通道，使个体的日常机能正常运转。

荣格的自我概念与弗洛伊德的自我概念非常相似，自我构成意识领域的核心。自我对心理材料的选择和淘汰，保证了人格具有同一性和连续性。

决定自我对心理材料进行选择的因素有下面四种：①个体占主导地位的心理机能。如果个体是思维型的人，那么思维比较容易进入意识；如果个体是直觉型的人，那么直觉比较容易进入意识；如果个体是情感型的人，那么感觉比较容易进入意识。②个体焦虑状态。凡是要引起焦虑状态的心理材料，常常被拒绝在意识之外。不引起焦虑的心理材料容易进入意识。③人格个性化程度。个性化程度高的个体，将会有较多的心理材料进入意识；个性化程度低的个体，进入意识的东西就少。④刺激物引起个体体验的强度。刺激物所引起的个体的体验强烈，可以攻入自我的大门；微弱的体验，则轻而易举地被拒绝在自我之外。

（二）个体潜意识

个体潜意识(personal uncoscious)是由曾经被意识到而后被压抑的经验，或一开始就没有形成意识印象的经验所组成。例如：一个无法解决的几何难题，一段痛苦的经历，一件内心的冲突等。荣格的个人潜意识概念与弗洛伊德早期的前意识概念相似，但他没有把这部分看作有罪恶和性的色彩。他把个人潜意识看作是记忆仓库或精心制作的输入系统。荣格认为，个人潜意识与自我之间有着双向往来(two-way traffic)的关系。例如，我们学习了许多地名和历史年代、历史事件，这些经验并不是随时全部都存在于意识之中的，但一旦需要(如考试或旅游时)，这些经验便可以从个人潜意识中召回到意识中来。

荣格认为个人潜意识的内容大部分是情结(complexes)。情结是一组具有情感色彩的观念，个体对它高度重视，并且不断地在生活中出现。当个体具有某种情结时，就会沉醉于某种事物而不能自拔，似乎有一种“瘾”。例如，一个具有集邮情结的人就会用大量的时间和精力去设法获得邮票。

情结是自主的，不仅有自己的驱力，而且可以强有力地支持个体的思想和行为。它占用了大量的心理能，并且干扰了人的正常活动，妨碍了心理的正常发展，但是，情结对于个体不一定都起消极作用，有时它可以成为个体活动和灵感的源泉。强有力的情结，会促使个体对完善的追求，从而使个体在事业上取得重要成就。例如，一个沉迷于艺术的人，就会废寝忘食地去创造美，把生命献给艺术，愿意牺牲自己的一切去绘画。

荣格受弗洛伊德的影响，认为情结是由儿童时代的创伤经验所形成的。例如，在童年早期，儿童被粗暴地与母亲分开，就可能形成强烈的恋母情结，作为失去母亲的补偿。后来，他认为情结起源于比童年早期经验更为深邃的东西——集体潜意识。

(三) 集体潜意识

集体潜意识(collective unconscious)是遗传下来的、为集体所共有的潜意识，它反映了人类在以往的历史进化过程中的集体经验。它不是个人习得的，而是包含着人类祖先在内的各个世代遗传下来的、从来没有在意识中出现过的经验，是人格的最底层。霍尔等人解说道："集体潜意识是从人的祖先往事中遗传下来的潜在记忆的痕迹的仓库。所谓往事，它不仅包括作为单独物种的人的种族的历史，而且也包括前人类或动物祖先在内的历史。集体潜意识是人的演化发展的精神剩余物，它是经过许多世代的反复经验的结果所累积起来的剩余物。"荣格说："与个人潜意识不同，集体潜意识对所有的人来说都是共同的，因为它的内容在世界的每一个地方都能发现。"

集体潜意识是遗传的，从个体出生的第一天起，集体潜意识就给个人的行为提供了一套预先形成的模式。荣格认为，一个人出生时，一种心灵的虚像(virtual image)就已经先天地具备了，当这种心灵的虚像与它相对应的客观事物融为一体时，就成为心理学中实实在在的东西。例如，集体潜意识中存在着太阳的心灵虚像，儿童就会迅速表现出对太阳的知觉和反应；又如，集体潜意识中存在着母亲的心灵虚像，儿童就会迅速表现出对母亲的知觉和反应。后天的经验越多，心灵虚像的呈现机会也就越多。

荣格认为，集体潜意识是人格中最重要和最有影响的一部分。集体潜意识的内容具有相当大的影响力，总是要向外显现，有时会通过梦、幻觉、想象和类似象征的形式显现出来。大多数人利用研究梦、幻觉等来了解自己，从各种浩瀚的资料中收集集体潜意识的信息。

集体潜意识的内容主要是原型(archetype)。在荣格的理论体系中，原型是一种对周围环境的某些方面作出反应的先天倾向。所有原型的集合就构成了集体潜意识。这好像眼睛在进化过程中对光源反应特别敏感一样，人脑在进化过程中也会对世世代代所接触过的事物反应特别敏感，这些经验经过世代的反复，深深地镂刻在我们的大脑中。例如，个体并不需要亲身经验就会对黑暗和蛇发生恐惧。当然，个体的亲身经验可以强化这种先天倾向。

荣格认为，科学家的创造、艺术家的创作，虽然与个人努力分不开，但最后还需要凭借原型起作用。同时，他认为，原型与记忆表象是不同的，它更像一张必须通过后天经验来显影的照相底片。

原型具有普遍性，每一个人都继承着许多相同的原型。如母亲的原型是全世界婴儿都天生具有的，正是这种原型与现实生活中的母亲相接触，逐渐成为确定的形象，但由于婴儿与母亲的关系不是完全相同的，所以母亲的原型在外现过程中也就有了个体与个体之间在人格上的个别差异。

原型是情结的核心，它起着类似磁石的作用，把相关的经验吸引在一起，并且形成一个情结。

荣格认为，有几种原型是最主要的，它们分别代表各种人格系统。

1. 人格面具

人格面具又称顺从原型(persona)，位于人格的最外层，是人格的外部形象。它实际上是一种适应，是个人对社会生活的适应，它保证一个人能够扮演某种人格，而这种人格不一定就是他本人的人格。人格面具是一个人公开的一面，其目的在于给人一个良好的印象，以便得到社会的认可。每个人都可以有不止一个人格面具，上班时戴一副面具，下班时戴另一副面具，他们用不同的人格面具适应不同的情境。

人格面具对人的生存来说是必需的，它帮助我们搞好人际关系，与人和睦相处，它是社会生活的基础。如果一个营业员不能扮演商店要求的角色，就不能继续工作下去。如果一位教师不能扮演学校要求的角色，也不能够工作下去。有人不喜欢自己的工作，但为了取得优厚的物质报酬，在工作时间里扮演工作单位需要的角色，在业余时间做自己喜欢的工作。

荣格认为，不能将人格和人格面具等同起来，人格面具仅仅显现个性中的一小部分。在某种意义上可以说，人格面具带有欺骗性。如果有人认为他就是他所装扮出来的人，人格面具就是他的人格，那么他是在欺骗自己。荣格认为，这是危险的，过度膨胀的人格面具会造成不良的影响。人格面具过度膨胀会危害他人，这种人企图把一种固定的角色强加于他人。他们骄傲自大，目空一切，不会以平等的态度待人，经常以命令的方式对人。人格面具过度膨胀也会危害自己，当这种人达不到预期的目标时，就会产生强烈的自卑感，离开集体，从而产生孤独感。对自己不感兴趣的东西，硬要装出感兴趣的样子，这是很痛苦的。

2. 阿尼玛和阿尼姆斯

阿尼玛(anima)和阿尼姆斯(animus)是人格的内部形象(inward face)。阿尼玛是男子人格中的女性成分，阿尼姆斯是女子人格中的男性成分。这是远祖遗传下来的原型，是自己和别人都不易觉察到的人格特征。

阿尼玛有两种功能：①使男性具有女子气；②提供男性与女性交往的模式。阿尼玛为男子提供心灵中理想化的女子形象，但现实生活中的女子很难与它完全一致，这就必须对理想和现实进行折中。如果一个男子坚持要现实生活中的女性符合自己的理想，那么，关系就会终止。

阿尼姆斯也有两种功能：①使女性具有男子气；②提供女性与男性交往的模式。阿尼姆斯为女子提供心灵中理想化的男子形象，但如果女子坚持现实生活中的男性与理想化的男子一致，就会发生冲突。

在荣格看来，男性人格中具有明显的女性特征，女性人格中也具有明显的男性特征，这是男人和女人在长期交往过程中形成的，它具有重要的生存价值。阿尼玛和阿尼姆斯保证了男人和女人之间的理解、协调和交往。

既然人格中具有明显的异性特征，荣格认为就要顺着这种情况，使男人和女人认识到自己身上的异性特征，不能否认自己身上的异性特征，但也不能过分强调自己身上的异性特征。要使人格和谐平衡，就必须允许这两种原型显现。这样有助于造就富有创造性的个人。如果一个男人仅仅展现男子气，那么女子气就会始终遗留在潜意识中而保持它的原始未开化的状态，使他潜意识中有一种软弱、敏感的倾向。这种男人，虽然在表面上看上去是最富有男子气的人，但内心却十分软弱和柔顺。相反，过多地展示女子气的女人，在潜意识深处却十分顽强和任性，具有男子气。

在现实生活中，阿尼玛和阿尼姆斯往往得不到充分发展，人们要求男人成为“真正”的男子汉，女人成为“真正”的女人，并且歧视人格结构中的异性成分，这样就使人格面具占上风，并对阿尼玛和阿尼姆斯进行压抑。这可能导致阿尼玛和阿尼姆斯的报复。男人和女人都可能走向极端。男人异装癖，穿着异性的衣服，甚至通过激素治疗或做手术彻底改变自己的性别，女人也有类似的情况。

3. 阴影

阴影(shadow)是人格中最隐蔽、最深奥的部分，即黑暗自我。与弗洛伊德的本我相类似，它在人类进化中具有极其深厚的根基，它是我们精神中与低等动物共有的部分，包含人类远祖具有的一切兽性冲动。荣格认为，阴影可能是一切原型中最强大，也是最危险的一个，它是人身上最好的和最坏的东西的发源地。

必须发展一个强大的人格面具来对抗阴影。人格面具成功地压抑了人格中动物性的一面，就可以使人奉公守法和变得文雅，但要付出相当高的代价，因为这将削弱人的创造精神和生活活力，削弱人的强烈情感和深远的直觉，使人变得浅薄和缺乏朝气，人格变得平庸苍白。

当个体的自我和阴影亲密和谐时，自我引导生命力从本能中释放和辐射出来，他就会感到充满活力，意识的领域开拓和扩展了，精神活动变得生气勃勃。

荣格与弗洛伊德不同，他要认识和利用阴影。他认为，阴影的动物性是生命力、自发性和创造性的源泉。不利用自己阴影的人容易变成忧郁的和毫无生气的人。

4. 自身

自身(self)①是协调人格各部分的原型。

荣格区分了自我(ego)和自身，他指出自我仅仅是意识领域的核心，而自身则是个体整个身心的主体，它包括意识的和潜意识的心理。在这种意义上说，自身是一个包括自我的心理因素。

自身这个原型是荣格对潜意识研究的最重要成果，自身将整个人格结构加以整合

---

① “self”可以译为自性、自身、自己，亦可译为自我，为了与“ego”(自我)区别，故译为自身。

并使之稳定。自身在集体潜意识中，是一个核心的原型，将所有的原型都吸引在周围，使人格处于一种和谐状态，使人格成为一个统一体，个人便处于自我实现的境界。

自我实现又称自身实现(self-actualization)，是荣格首先提出来的概念。他认为，人格的最终目标是自我实现。自我实现是表示人格在各方面的和谐、充实和完全，即自身的最完满发展，所以自身是自我实现的一种内驱力。人到中年时才能自我实现，因为在中年以前自身原型根本不明显。

自我实现并不是轻易能够达到的，而是一项极其复杂的艰巨任务，需要不断地约束自己，要有韧性，要有高度的智慧和对事业的责任心。在荣格看来，几乎没有人能够完全达到自我实现，即使佛祖释迦牟尼和基督教的救世主耶稣也不过是最接近这一目标而已。此外，荣格还指出，应该更多地强调对自身的认识，而不要过多地强调自我实现，因为只有对自身充分认识才能获得自我实现的途径。

二、 人格的发展阶段

荣格与弗洛伊德不同，他认为人格在一生中是持续发展的，在35岁至50岁之间经历一个关键性的转折，这是荣格在人格发展问题上富有特色的见解。虽然马斯洛也有这种看法，但荣格比马斯洛更早提出这一观点。

荣格把人格发展的阶段划分为童年、青年、中年和老年。他指出，力比多是一种普遍的生命力，它在不同阶段消耗在不同的活动中。

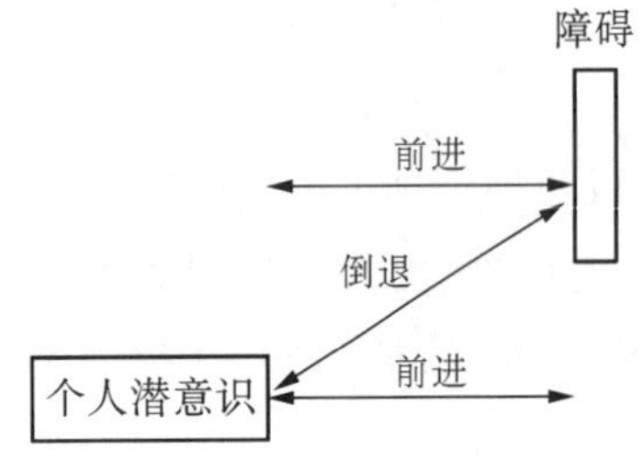

图 2-3 前进、倒退、前进

当力比多促进个体成长和发展时，当人格稳步发展时，个体就前进；当力比多倾向于潜意识时，个体就倒退。荣格认为倒退并不一定是坏事。如果个体在生活中遇到障碍物，受到挫折，倒退到潜意识中去获取解决这一问题的信息，也会使人受益(如图2-3所示)。

青年从青春期开始到40岁左右。在这个时期，力比多主要用在职业学习、社交、建立家庭等活动上，以生理变化为标志。荣格于1961年提出："这种生理变化伴随着一场心理上的革命。"这时候人格开始获得自己的形式，如开朗、易冲动、外向和精力充沛，称为"人格诞生"。

在这个时期，每个人都有一定的理想和希望，可能面临各种困难。荣格认为，在青年阶段，人必须加强意志锻炼，才能作出正确的选择，克服障碍，为家庭和自己带来幸福。

中年从40岁左右开始，是生命中最关键的时期。荣格认为，中年时常常会出现问题，主要是要根据新的价值观调整自己的生活。人在青年时期更多地考虑外向的和物质的兴趣，心理能大量投入在这些方面。到中年时，大部分人已经实现上述目标，心理能就相应地从这些方面回归。这种心理能的回归和价值观的改变会在人格中造成空虚。荣格指出，大约有2/3的患者处于这一年龄阶段。很多成功人士成绩卓越，生活富足，但仍时常感到生活空虚、生活没有意义，缺乏过去的热情和冒险精神，并表现出抑郁、沮丧的情绪。这类人应该形成一个新的价值观，填补自己的精神空虚；扩展个体的文化和精神视野，通过沉思和反省来发展自己。

三、荣格类型论①

荣格类型论，有多种测量方法。其中“迈尔斯-布里格斯类型指标”(Myers-Briggs Type Indicator)是常用的一种，主要测量被试属于哪个类型。该问卷共166个问题。该测验对学生选择专业、进行职业咨询等均有帮助。每年有近200万人进行这种测验。这种测验的优点是在帮助被试选择职业时特别有用，而且简便易行。但是，量表中多数人的得分更多地作为维度而不是类型来使用(如表2－3所示)。

表2－3　不同人格类型的人的理想职业

人格类型	职业特点
外向型	要求群体交往、与人谈话，社会聚会较多，有大量的旅行，讲话和变化多
内向型	要求安静、独立进行文案工作，很少被打扰，要集中注意，认真思考
思维型	要求解决大量问题，尤其是需要逻辑推理，与数字有关，有明确的解决方法
情感型	具有服务性，特别是为平民服务，满足个人需要
感觉型	要求注意细节，短期、有形，与目标直接相关
直觉型	任务新，具有挑战性，依靠洞察力和沉思来解决抽象问题
判断型	具有高度的组织性与结构性，在新任务开始前能完成原有工作
知觉型	要求适应新的环境，具有创造性

四、荣格人格理论的评价

许多学者认为，荣格的人格理论带有神秘色彩，特别是他的集体潜意识，很难用实验证明，他的一些概念带有假设性质。一般认为，荣格的“证据”并不是来自实验室，而是通过对神话、文化象征物、梦、精神病患者的观察来证明的。荣格认为，如果存在对我们每一个人来说基本上相同的集体潜意识，那么就能证明它是存在的。

但荣格的人格理论为人们提供了许多原创性的理论和方法。具体有以下几个方面。

荣格扩充了对力比多概念的解释，摆脱了弗洛伊德狭窄的、以性为核心的精神分析学框架，赋予力比多生命能量的新意义，形成了新的心理学体系——分析心理学，为人格理论提供了许多重要概念。

① 关于荣格类型论的具体介绍详见第五章。

荣格第一次提出了“自我实现”这一概念,虽然他认为没有人能够达到完全的自我实现。与弗洛伊德的悲观主义不同,他对人类命运的看法是乐观的。

荣格提出了集体潜意识的概念,扩大了弗洛伊德潜意识的概念。集体潜意识是荣格人格理论的核心和最富有特色的部分,使荣格闻名于世。他的整个后半生几乎都在研究集体潜意识。美国心理学家霍尔等人指出,荣格打破了这种严格的环境决定论,为进化和遗传的心理结构研究提供了蓝图,集体潜意识的发现是心理学史上的一座里程碑。但其争议也很多。

第四节　埃里克森的自我心理学

埃里克森(Erik Homburger Erikson,1902—1994)出生在德国的法兰克福。父亲是丹麦人,母亲和继父都是犹太人。他大学预科毕业后选择了艺术专业,后周游欧洲大陆。1927 年到奥地利维也纳一所规模较小的学校任艺术教师。该校学生都是弗洛伊德的病人或朋友的子女。埃里克森接受了弗洛伊德的女儿安娜·弗洛伊德(Anna Freud)在儿童分析方面的训练,从此走上精神分析的道路。他于 1933 年参加维也纳精神分析学会,同年到美国工作,他逐步建立了“自我心理学”(ego psychology)体系。1933—1939 年,埃里克森在美国波士顿作为职业心理医生开业,1939 年加入美国国籍,1939—1944 年,参加加利福尼亚大学伯克利分校儿童福利研究所的纵向课题“儿童指导研究”。这一时期,他认识了人类学家本尼迪克特(Ruth Benedict)和米德(Margaret Mead),吸收了人类文化学的观点和方法。1938 年,他去印第安的苏族和尤洛族部落,从事儿童的跨文化研究。他的第一部著作《童年与社会》一直到 1950 年(他近 50 岁时)才出版。他在该书中高度强调了社会文化因素对人类发展的重要性,并详述了自我的功能,初步形成了他的自我心理学体系。后来,他在哈佛大学、耶鲁大学、加利福尼亚大学伯克利分校和宾夕法尼亚大学任教,直至 1970 年退休。

埃里克森的主要著作有:《童年与社会》(1950、1963)、《同一性与生命周期)(1959)、《同一性:青春期与危机》(1968)、《新的同一性维度》(1974)、《生命历史与历史时刻》(1975)、《游戏与理由》(1977)、《生命周期的完成》(1982)等。

一、人格结构

埃里克森接受了弗洛伊德的“人格三部结构模型”,认为人格由本我、自我和超我三部分组成。但是,他对弗洛伊德的理论作了重大的修正和扩展。埃里克森对自我的实质提出了新的看法,他强调了自我的自主性和独立性。

埃里克森对自我重要性的认识是在他的老师安娜·弗洛伊德的影响下发生的。安娜·弗洛伊德认为,应该全面了解人格结构的组成部分,了解结构中各个组成部分之间的相互关系和它们与外在世界的联系。她指出,应该对我们认为构成人格的三个组成部分(本我、自我和超我)获得充分全面的认识,以便了解它们之间的相互联系以及它们与外部世界的联系。

埃里克森也接受哈特曼(Heintz Hartmann)的自我心理学的影响。哈特曼是美国著名的精神分析学家,被誉为"自我心理学之父"。他的一个重要观点是,自我和本我是同时存在的两种心理机能,自我独立于本我,自我和本我是同时发生发展的,自我并不是从本我中分化出来的。他指出,自我和本我都是从先天的禀赋,即"未分化的基质"(undifferentialed matrix)中分化出来的。哈特曼的另一个重要观点是,自我是自立的,它具有适应性的功能。自我并非一定要在与本我、超我的冲突中成长。他把知觉、记忆、思维、语言和创造力的发展等都看作是自我的适应功能。

(一) 本我

埃里克森与弗洛伊德一样,认为本我是包含力比多能的各种强烈欲望的总和,但他还进一步指出,本我代表着种系进化过程中的剩余沉淀物,它只能使人沦为动物,必须加以克服以便成为真正的人。

(二) 超我

埃里克森认为,超我是体现社会准则和行为规范的心理过程,它是由个人经验与对他最有影响的人(成人和同伴)的观念和态度所共同组成的。

(三) 自我

埃里克森强调自我在人格发展中的作用。在哈特曼的自我具有适应功能思想的基础上,埃里克森对自我提出了几点具体的看法:①自我并不受本我制约,它在个体出生后就开始迅速地独立发展;②自我是一个自主的、有力量的实体,它有自己的功能;③自我与本能的冲突无关,它朝向认识和适应环境的目标;④自我具有解决自己问题的方法,它既有适应功能也有防御功能。

埃里克森把自我看作是一种心理过程,它包含着人类的意识动作,并且能够加以控制。自我是人的过去经验和现在经验的综合体,并且能够把进化过程中的两种力量——人的内部发展和社会的发展结合起来,引导心理性欲向合理方向发展。自我和心理发展的强弱有关,能够决定个体的"命运"。自我参与决定个体的行为方向。自我不仅保证个人适应环境,健康成长,而且是个人自我意识和同一性的源泉。健康自我以八种美德(希望、自我控制和意志、方向和目的、能力、忠诚、爱、关心、明智)为特征。这样的自我,可以称为创造性的自我(creative ego),它能够对人生发展的每一个阶段所产生的问题加以创造性地解决。

埃里克森还认为,在自我中除了遗传的、生理解剖上的因素外,还有很重要的文化和历史的因素。这样,他把自我放在时间和空间的架构之上,这也是埃里克森对自我理论的重大贡献。

二、 人格发展的八个阶段

埃里克森和弗洛伊德都是人格发展阶段论者，都认为人格发展具有不同的阶段。埃里克森把发展划分为八个阶段，这是埃里克森理论中最重要的部分。他认为，人从出生到死亡一共经历八个阶段（如图 2－4 所示），前五个阶段在时间上与弗洛伊德的阶段划分是一致的，后面三个阶段是埃里克森独创的。

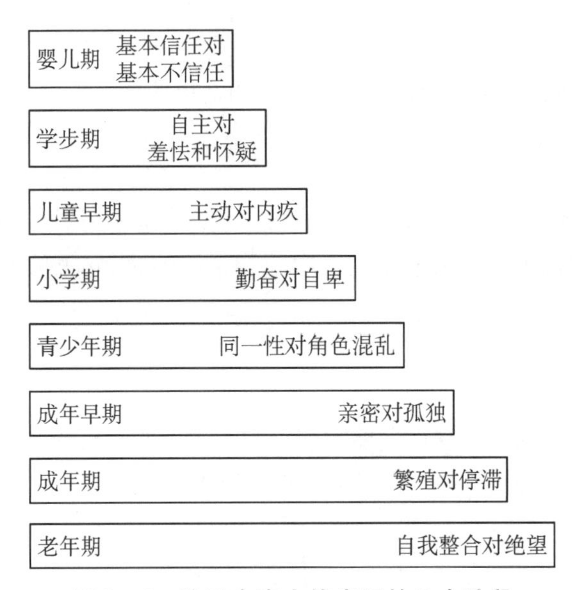

图 2－4 埃里克森人格发展的八个阶段

埃里克森认为，这八个阶段的顺序是不变的，而且在不同文化中普遍存在，因为它是由遗传因素决定的。但是，他指出，每一个阶段能否顺利地度过则由社会环境所决定，在不同文化的社会中，各个阶段出现的时间不尽一致。埃里克森的阶段理论被称为“心理社会发展阶段理论”，以区别于弗洛伊德的性心理发展阶段理论。

埃里克森认为，每一个阶段都是由一对冲突（conflict）或者两极对立所组成的，形成一种危机（crisis），它的积极解决能增强自我，人格就得到健全发展，有利于个人对环境的适应；它的消极解决会削弱自我，使人格不健全，阻碍个人对环境的适应。而且，前一阶段危机的积极解决，会扩大后一阶段危机积极解决的可能性；前一阶段危机的消极解决，则会缩小后一阶段危机积极解决的可能性。每一次危机的解决，都存在着积极因素和消极因素，只是根据其中的哪一种因素多而称为积极的解决或消极的解决，当积极因素的比率大时，危机就会被顺利地解决。一个健康人格的发展，必须综合每一次危机的正反两个方面，否则就会有弱点。例如，不能认为成长过程中有一点不信任等消极因素就是完全不好的。

埃里克森还指出，不仅所有的发展阶段是依次相互联系着的，而且最后一个阶段和第一个阶段也是相互联系的。例如，老人对死亡的态度会直接影响幼儿的人格发展。埃里克森指出，如果长者完美得不惧怕死亡，儿童也不会惧怕生活。人格发展的阶段，是以一种循环的形式相互联系着的，一环扣一环，形成一个圆圈。

(一) 基本信任对基本不信任

这个阶段的年龄范围是从出生到 1 岁，相当于弗洛伊德的口唇期。

这个阶段的儿童最为柔弱，非常需要成人的照料，对成人的依赖性很大。如果护理人(父母等)能够爱抚儿童，并且有规律地照料儿童，以满足他们的基本需要，就能使婴儿对周围的人产生一种基本的信任感，感到世界和人都是可靠的。相反，如果儿童的基本需要没有得到满足，那么儿童就会产生不信任感和不安全感。

埃里克森认为，儿童的这种基本信任感是形成健康人格的基础，是以后各个阶段个性发展的基础。这一阶段危机的积极解决，会在儿童的个性中形成一种良好的品质，即希望品质(virtue of hope)。希望是自我的一种功能，它将增强个体的自我。埃里克森认为，希望就是坚信愿望可以实现。

(二) 自主对羞怯和怀疑

这个阶段的年龄范围是 1—3 岁，相当于弗洛伊德的肛门期。这个阶段儿童的基本任务是发展自主性。

父母对儿童的养育，一方面，根据社会的要求对儿童的行为要有一定的限制和控制；另一方面，又要给儿童一定的自由，不能伤害他们的自主性。父母对子女必须有理智和耐心。如果父母对子女的行为限制过多，惩罚过多，批判过多，就会使儿童感到羞怯，并对自己的能力产生怀疑。

这一阶段危机的积极解决，自主超过羞怯和怀疑，就会在儿童的人格中形成一种良好的品质，即意志品质(virtue of will)。埃里克森认为，意志就是虽然儿童不可避免地要体验到羞怯和怀疑，但仍表现出自由选择和自我抑制的决心。意志也被认为是自我的一种功能，它可以使人变得灵活、乐观和幸福。

(三) 主动对内疚

这个阶段的年龄范围是 4—6 岁，相当于弗洛伊德的性器期。

这个阶段的主要任务是发展主动性。通过前面两个阶段的发展，儿童已懂得他们是人，随着身心进一步的发展，他们开始探索成为什么样的人和应该成为什么样的人，探索什么是允许的，什么是不允许的。如果父母肯定和鼓励儿童的主动行为和想象，儿童的主动性就会得到发展；如果父母经常否定儿童的主动行为和想象，儿童就会缺乏主动性，并且感到内疚。这种儿童喜欢生活在别人为他安排的狭隘的圈子里，并且是保守的。

这一阶段危机的积极解决，主动超过内疚，就会在儿童的人格中形成一种良好的品质，即目的品质(virtue of purpose)。埃里克森认为，目的就是去面对和追求有价值的目标的勇气。

这个阶段儿童的主要活动是游戏，因此又称游戏期。除了运动游戏外，儿童还经常进行角色游戏。在游戏中，他们扮演各种角色(如父母、医生、商人等)，模仿成人的社会生活，这使得儿童与社会联系，从而认识社会，并不断扩大自己的眼界，使他们的心理得到发展。

(四) 勤奋对自卑

这个阶段的年龄范围是6—11岁，相当于弗洛伊德的潜伏期。

这个阶段的儿童大多数在上小学，他们不仅接受父母的影响，而且还接受老师和同学的影响。学习成为儿童的主要活动。

埃里克森认为，儿童在这一阶段最重要的是体验以稳定的注意和孜孜不倦的勤奋来完成任务的乐趣。儿童可以从中产生勤奋感，满怀信心地完成社会任务；如果儿童不能发展这种勤奋，他们会对自己能否成为一个对社会有用的人缺乏信心，从而产生自卑感。这个阶段的儿童还有一种危险，即他们过分重视他们在工作中的地位，认为工作就是生活。因此，应该鼓励儿童为未来的工作学习技术，但也不要因此而牺牲人类的许多重要品质。

这个阶段危机的积极解决，勤奋超过自卑，就会在儿童的人格中形成一种良好的品质，即能力品质(vritue of competence)，埃里克森指出，能力就是不为儿童期自卑所损害的、能够在完成任务中运用自如的聪明才智。

(五) 同一性对角色混乱

这个阶段的年龄范围是12—20岁，相当于弗洛伊德的生殖期。

儿童到了这一阶段必须思考所有他已经掌握的信息，包括对自己和社会的信息，为自己确定生活的策略。如果在这一阶段能够做到这点，儿童就获得了自我同一性(ego identity)。自我同一性对发展儿童健康的人格是十分重要的，同一性的形成标志着儿童期的结束和成年期的开始。

如果在这个阶段青少年不能获得同一性，就会产生角色混乱(role confusiou)和消极同一性(negative identity)。角色混乱指个体不能正确地选择适应社会环境的生活角色。这类青年无法“发现自己”，也不知道自己究竟是什么样的人，想要成为什么样的人。他们没有形成清晰和牢固的自我同一性。消极同一性指个体形成与社会要求相背离的同一性。他们形成了社会不予承认的角色，形成了社会反对和不能容纳的危险角色。

这一阶段危机的积极解决，青少年获得的是积极同一性，而不是消极同一性，他就会形成一种良好的品质，即忠诚品质(virtue of fidelity)。埃里克森指出，忠诚品质就是

"不管在价值体系中是否存在着矛盾，仍然忠于自己内心的誓言的能力"。

近期，学者玛西亚(J. E. Marcia)发展了埃里克森对这一阶段的研究，认为有四种可能的结果。

(1) 同一性实现。这是个体发展的理想结果，包括对选择的价值和生活目标的探索，准备付诸行动。

(2) 同一性延迟。这是个体不断探索和反省的结果，伴有大量不自主的专注和焦虑，但不准备实现。

(3) 同一性混乱。这表现为个体缺乏方向感，但没有延迟执行中那些不断斗争的特征。

(4) 同一性拒斥。个体虽然有追求价值和目标的实际行动，但这样的行动没有经过考虑，是不成熟的，可能是由于强烈的需要而遵从父母的价值和目标，也可能是害怕处理不确定事件。

自我同一性对个体发展健康人格具有十分重要的作用。罗娜·奥克斯(Rhona Ochse)和科内利斯·普拉格(Cornelis Plug)为测定自我同一性编制了问卷。[①]

在测试时，被试需要根据自己的情况在4个选项上画上记号。

自我同一性问卷题目举例：	没有	偶然	一般	经常
1. 我常常想我是一个什么样的人。	____	____	____	____
2. 人们似乎改变了对我的看法。	____	____	____	____
3. 我对人生中应当做什么相当确定。	____	____	____	____
4. 对某些东西在道德上是否正确，我感到不能确定。	____	____	____	____
5. 对我是一个什么样的人，大多数人的看法是一致的。	____	____	____	____
6. 我感到我的生活道路适合于我。	____	____	____	____
7. 我的价值被其他人所认同。	____	____	____	____
8. 当远离那些非常熟悉我的人群的时候，我感到非常轻松。	____	____	____	____
9. 我感到生活中做着的许多事情不那么有价值。	____	____	____	____
10. 我感到我在自己生活的社区里很融洽。	____	____	____	____

……

有些题目，"没有"记1分，"偶然"记2分，"一般"记3分，"经常"记4分；有些题目记分相反。

编著者还提供了一个平均分为59、标准差为6的常模对照表，可以大体了解被试自我同一性的水平(如表2-4所示)。

① 郑雪. 人格心理学[M]. 广州：暨南大学出版社，2007：93—94.

表 2－4 常模对照表

得分	百分比	得分	百分比
70	95	57	40
67	90	55	30
64	80	53	20
62	70	50	10
61	60	48	5
59	50		

（六）亲密对孤独

这个阶段的年龄范围大约是20—24岁，属成年早期。

埃里克森指出，只有建立了牢固的自我同一性的人才敢与他人发生爱的关系，热烈地追求和他人建立亲密的关系。因为，这要把自己的同一性和他人的同一性融合在一起，这包含着让步和牺牲。

一个没有建立自我同一性的人，担心因同他人建立亲密关系而丧失自我。这种人离群索居，不与他人建立密切关系，从而有了孤独感。这一阶段危机的积极解决，亲密超过孤独，就会在人格中形成一种良好的品质，即爱的品质（virtue of love）。埃里克森指出："爱是一种抑制由遗传而导致对立的相互献身精神。"

（七）繁殖对停滞

这个阶段的年龄范围大约是25—65岁，属成年期。

成年期的人，已经由儿童变为成年人，变为父母，已经建立了家庭和自己的事业。如果一个人很幸运地形成了积极的自我同一性，并且过着充实和幸福的生活，他就试图把这一切传给下一代，通过两种方式为孩子造福：①直接与儿童发生交往；②生产或创造能提高下一代精神和物质生活水平的财富。

这一阶段危机的积极解决，繁殖超过停滞，就会在人格中形成一种良好的品质，即关心品质（virtue of care）。具有这种品质的人，能够自觉自愿地关心他人、爱护他人。

（八）自我整合对绝望

这个阶段的年龄范围大约从65岁开始，一直到生命结束，属成年晚期。

这个阶段相当于老年期，这时主要工作已经差不多都完成了，是回忆往事的时刻。前面七个阶段都能顺利度过的人，具有充实幸福的生活，并且对社会有所贡献，他们有充实感和幸福感，怀着充实的感情向人间告别。这种人不惧怕死亡，在回忆过去的一生时，他的自我是整合的。而过去生活中有挫折的人，在回忆过去的一生时，则经常体验到绝望，因为他们生活中的主要目标尚未达到，过去只是一连串的不幸。他们感到已经处在人生的终结，再开始已经太晚了。他们不愿匆匆离开人间，对死亡没有思想准备。

这一阶段危机的积极解决，自我整合超过绝望，就会在人格中形成一种良好的品质，即明智品质(virtue of wisdom)。埃里克森认为，明智是以超然的态度来对待生活和死亡的。

埃里克森的人格发展八个阶段的危机和相应的品质，可以概括为如表2-5所示。

表2-5　人格发展八个阶段的危机和相应的品质

阶段	危机	年龄（岁）	危机积极解决的品质	危机消极解决的品质
1	基本信任对基本不信任	0—1	希望	恐惧
2	自主对羞怯和怀疑	1—3	意志	自我疑虑
3	主动对内疚	4—6	目的	无价值感
4	勤奋对自卑	6—11	能力	无能
5	同一性对角色混乱	12—20	忠诚	不确定感
6	亲密对孤独	20—24	爱	两性关系混乱
7	繁殖对停滞	25—65	关心	自私
8	自我整合对绝望	65—死亡	明智	失望和无意义感

三、埃里克森人格理论的评价

与弗洛伊德不同，埃里克森把重点从本能驱力的潜意识方面转向自我与社会之间相互作用的意识方面。他对弗洛伊德的人格理论作了重大的修正和扩展，提出了自我的新概念，并强调自我的自主性和独立性。他对自我的力量怀有强烈的信心，认为自我的潜力能克服发展中的倒退和恶化，从而趋向完美，是一个乐观主义者。

埃里克森提出了相当完整的人格发展阶段理论。许多心理学家认为，人格到青年阶段已经定型，但他认为人格发展持续人的一生。他的心理社会发展阶段理论、自我同一性理论对青少年研究工作者产生了重大影响，已经扩展到许多学科中，并已深入到当代重大的社会问题研究中。美国心理学史学家墨菲指出："埃里克森对同一性的强调显示出一种一扫无遗的跨文化倾向……并已像弗洛伊德……所梦想的那样变为一种对一切有关人性的东西的关注。"埃里克森重视家庭和社会对儿童和青少年人格发展的作用，修改了弗洛伊德的心理性欲发展理论，这是一个重大的进步，但人格的发展是否都要经过这八个阶段，是有争议的。埃里克森把各个发展阶段看成是完全独立的，其实它们是彼此相关联的。

埃里克森的理论对现代人格心理学和发展心理学都有重大影响。有些心理学家认为，虽然埃里克森的理论不够严密，思辨性多于科学性，但仍然是一种重要的理论。有些心理学家支持他的某些方面，例如，佩克(R. F. Peck)和哈维格斯特(R. J.

Havighurst)通过研究发现，10—17 岁青少年的性格形成与他提出的在第一、第二阶段形成的信任和自主密切相关。也有一些心理学家反对埃里克森理论的某些方面。还有一些心理学家指出，埃里克森的理论中的个人发展与社会发展是机械平行的，如雅各比(L. L. Jacoby)等人指出，埃里克森所论述的是个人与社会两个独立系统的相互作用，它们之间是调和的、无冲突的和整合的。

第五节　霍妮的基本焦虑论

霍妮(Karen Horney，1885—1952)出生在德国汉堡，祖先是犹太人。父亲是挪威的一位船长，性格严厉；母亲是荷兰人，聪明、开朗、泼辣、热诚大方。霍妮幼年受母亲的影响很大，但又常感到母亲偏爱哥哥。她自幼聪明好学，成绩优秀，立志当一名医生。1915 年她获柏林大学医学博士学位。1918 年霍妮在柏林精神病院工作，研究精神分析理论。1932 年去往美国，任芝加哥精神分析研究所副所长，后任职于纽约精神分析研究所。由于与弗洛伊德传统观点的分歧愈来愈大，她于 1941 年被纽约精神分析研究所除名。1941 年她创办美国精神分析研究所并任所长，直至去世。

霍妮受过弗洛伊德精神分析的训练，深受其影响，但后来发现弗洛伊德的理论越来越不适合临床医疗实践。到美国后，她接受阿德勒理论的影响，也经常与弗洛姆交换意见。当时，美国经济大萧条，人们首先关心的是工作、食物、住房和医疗等问题，而不是性欲问题。霍妮认为，时代不同，国家不同，人们经历的问题也不同，因此必须从文化因素来考虑人格问题。文化因素决定人格，而不是生物因素决定人格。霍妮指出，社会环境决定人是否会产生心理问题以及产生什么样的心理问题。她极力反对弗洛伊德的力比多学说和恋母情结，反对他把人格划分为本我、自我和超我三大系统，认为人格是完整、动态的自我(self)，自我不是人格构成的一部分，具有独立性和整体性，人格活动均处于自我水平。她把自我划分为真实自我、理想自我、现实自我三种基本存在形态。神经症患者的理想自我往往与真实自我、现实自我之间产生冲突。她的观点比较接近阿德勒的理论，但也没有完全抛弃弗洛伊德的思想。

霍妮的主要著作有:《现代人的神经症人格》(1937)、《精神分析的新道路》(1939)、《自我分析》(1942)、《我们内心的冲突》(1945)、《神经症与人性的成长》(1950)、《女性心理学》(1967，由她的学生整理出版)等。

一、基本焦虑

(一) 神经症与基本焦虑

霍妮把人的神经症分为情境性神经症和人格性神经症。前者仅仅是人对特定的困难情境暂时缺乏适应能力，还没有表现出病态人格，可以很快治愈；后者是由人格结构变态引起的，属病态。神经症的病因在于人格结构，而人格结构是由个人生活环境造成的。由于人际关系失调，人会感到焦虑。焦虑有显性焦虑和基本焦虑两类。前者是对显在危险的反应，引起情境性神经症；后者是对潜在危险的反应，引起人格性神经症。她把焦虑看作神经症的动力根源。她说，有人发现存在着一种神经症共同的基本因素，这就是焦虑以及对抗焦虑建立起来的防御机制。

基本焦虑(basic anxiety)是霍妮理论的核心概念。她的理论被称为基本焦虑理论。

霍妮认为，神经症行为的萌芽可以在儿童与父母的关系中找到。一个人出生后就处在一个充满潜在敌意的世界中，父母的不良态度和行为会引起儿童的基本焦虑。家庭环境决定儿童对社会的反应方式，从而决定儿童的人格发展。

她认为，人在儿童期有安全需要和满足需要这两种基本需要。儿童寻求安全需要是人格发展的主要动力，但他们没有能力，要满足这些需要，完全依靠父母。儿童的无能状态不一定就会导致心理障碍。产生神经症，儿童的无能和自卑只是必要条件，而不是充分条件，关键在于父母对儿童的态度。如果父母对子女是慈爱、温暖的，儿童的安全需要就会得到满足，他们的人格就会正常发展；如果父母是冷淡、憎恨甚至敌意的，儿童的安全需要就得不到满足，他们就可能产生神经症。

霍妮把父母破坏儿童安全需要的行为称为“基本祸害”(basic evil)。父母对儿童冷淡、敌视、蔑视、嘲笑、偏心，进行不公正的惩罚，不许儿童与其他人接近，或过度保护，在父母意见不一致的情况下让孩子在双方之间作出选择等，都有可能导致儿童的“基本敌意”(basic hostility)。这样，儿童就会既依赖父母又敌视父母，就会产生心理冲突。幼小的儿童无法改变这种情况，为了生存，就必须压抑对父母的敌意。基本敌意受到压抑，儿童就会产生基本焦虑。此外，无能和恐惧等情感都可能压抑基本敌意。有儿童说，他必须压抑对父母的敌意，因为他需要父母(这是无能压制了基本敌意)；也有儿童说，他必须压抑对父母的敌意，因为他害怕父母(这是恐惧压抑了基本敌意)。

霍妮认为，基本焦虑和基本敌意是不可分割地交织在一起的，而神经症起源于儿童与父母的关系。她指出：“……儿童在一个潜伏着敌意的世界里体验着孤独和无能。”儿童如果从小就得到父母的慈爱，就会感到安全，就会正常发展；如果从小缺乏父母的爱和家庭的温暖，就会产生不安全感。如果对父母抱有敌意，他们的这种态度就会投射到周围所有的人和事上，他们会认为每个人和每件事都是潜在的危险，并体验到基本焦虑。而产生基本焦虑的儿童成年时很容易患神经症。基本焦虑是滋生神经症的肥沃土壤。

(二) 基本焦虑的控制策略

为了减轻基本焦虑，个体会形成一些防御性策略。这些策略是一些潜意识的驱动力量，霍妮称之为“神经症倾向”(neurotic trends)或“神经症需要”(neurotic needs)，并列举了十种这样的需要：①友爱和赞许的需要；②求助于人生伴侣的需要；③狭窄生活范围的需要；④权力的需要；⑤利用他人的需要；⑥社会认可的需要；⑦赞美的需要；⑧志向和成就的需要；⑨自我满足和独立的需要；⑩完美无瑕的需要。

霍妮认为，这些需要不仅神经症患者有，正常人也有，只是正常人能正确对待。正常人对其中的任何一种需要都没有过分偏好，能满足所有的需要。正常人的需要是适可而止的，哪一种都不会发展得十分强烈，以至排斥其他需要。正常人还能根据条件灵活运用各种需要。神经症患者却不能随条件的变化把一种需要改变为另一种需要。相反，他们固定于某一种需要，而不顾其他需要，对某一种需要产生特别强烈的偏好时，就试图损害其他需要来满足它，这样就陷入了恶性循环。他们越是想通过某一种策略从基本焦虑中解脱出来，其他需要就越得不到满足，基本焦虑也就越来越强，个人会钻进一种策略的牛角尖，而且越陷越深。

二、 神经症人格类型

霍妮接受弗洛伊德的人格动力学观点，认为需要决定人格，神经症的需要决定神经症人格。她在《现代人的神经症人格》(1937)一书中将十种神经症的需要归结为四种神经症人格类型，又在《我们内心的冲突》(1945)一书中将其简化为三种。霍妮认为，这是神经症患者为避免进一步焦虑而采用的三种交往方式。非神经症患者能灵活运用这三种方式，而神经症患者在各种交往中只使用其中的一种。

(一) 依从型

依从是接近人群(moving toward people)的方式。这种类型的人主要通过接近人群来降低焦虑，对人采取跟随的态度。霍妮指出，这种人可能会说："如果我顺从了，我就可以避免被伤害。"这种类型的人需要被人喜欢、想念、期望和爱慕，希望得到认可、欢迎、称赞和赏识，想得到别人的帮助、保护、照顾和指导，同时想被人需要，成为他人眼中重要的、不可缺少的人。

这种适应方式包括三种需要，即友爱和赞许的需要、求助于人生伴侣的需要以及狭窄生活范围的需要，以基本敌意为依据。这种类型的人虽然表面上接近人，并以寻求爱来控制基本焦虑，但根本上仍是敌视人的，他们的友谊建立在被压抑的攻击性之上，是极其表面的。因此，他们不能真正相爱，没有深入、双向的关系。他们不会爱，只会依附；不会付出，只会索取；不会分享感情，只会要求感情。

(二) 反抗型

反抗是反对人群(moving against people)的方式。这种类型的人主要通过反对人群来降低焦虑，对人采取攻击的态度。有些儿童会发现，攻击性和敌意行为是对付不良家庭环境的最好手段。他们以攻击或伤害其他儿童来对付自己的焦虑。这种类型的人会认为，如果我有力量，就没有人能伤害我，但他们只能获取短暂的权力和尊重，没有真正的友谊。霍妮认为，这种人以“外化”为特征，相信所有的人根本上都是敌意的，而且要将敌意表现出来，他们的反应是“先下手为强”。

这种适应方式包括五种需要，即权力的需要、利用他人的需要、社会认可的需要、赞美的需要、志向和成就的需要。这种类型的人表面上对人友好，彬彬有礼，但这仅仅是达到目的的手段，是由基本焦虑造成的。

（三）退避型

退避是脱离人群(moving away people)的方式。这种类型的人主要以脱离人的活动的方式来降低焦虑，对人采取避开的态度。霍妮指出，这种类型的人可能会说：“如果我离开，就什么也不会伤害我。”他们有意无意地不与别人发生情感上的联系……在自己的周围筑起一道厚厚的墙。

这种适应方式包括三种需要，即狭窄生活范围的需要、自我满足和独立的需要、完美无瑕的需要。

霍妮认为，正常人可以灵活使用不同方式，但神经症患者缺乏变通能力，往往只用一种方式去应付生活中发生的问题，常常因无法解决问题而陷入焦虑之中。

三、女性心理学观点

霍妮认为，弗洛伊德过分强调本能在人格发展中的作用，他所说的男女人格差异主要是由社会因素造成的，不是与生俱来的。她不赞同弗洛伊德蔑视妇女的观点。霍妮认为，是社会文化为妇女带来了限制，而不是女人天生就处于劣势。在男女平等的社会中，没有理由认为妇女想变成男人，或男人想变成女人。

四、霍妮人格理论的评价

霍妮关于神经症的理论和对女性心理学的看法是她的两个贡献。她创立了一种新的神经症理论，成为精神分析社会文化学派的领袖。

霍妮在人格理论中摒弃了弗洛伊德的本能论、泛性论和对治疗的悲观主义色彩，重视文化和社会因素在人格发展中的作用，强调家庭教育，强调亲子关系，把安全需要作为人格发展的主要动力。她对治疗神经症持乐观主义态度，把注意的焦点由人的内部转向外部，由本我转向自我，强调人际关系，认为“恋母仇父”情结不是由幼儿的性欲造成的，而是与父母的教育和态度有关。在那个年代，她反对弗洛伊德是不容易的，需要智慧和勇气。

霍妮提出了富有特色和新意的人格理论，这种理论是以基本焦虑为核心概念展开的。克尔曼(H. Kelman)从20世纪50年代到70年代对霍妮的理论有所发挥。虽然为这种人格理论提供更为“科学”的证据是困难的，但是这种理论与治疗相结合，在治疗过程中取得了一定的效果。

霍妮的女性心理学走在了时代的前面。她反对弗洛伊德把许多女性的人格特征归结于人体结构，认为人格特征是由文化决定的，被认为是女性心理学的创始人。

但霍妮并没有完全摆脱弗洛伊德理论的负面影响。例如，她所说的真实自我与理想自我之间的仇恨和斗争跟弗洛伊德生的本能与死的本能之间的斗争相类似。霍妮也没有真正理解人的社会性。有些心理学家指出，霍妮没有形成一支紧密的追随者队伍，她的理论体系也不够严密。

第六节　弗洛伊德人格理论的总体评价

弗洛伊德在100年前开创了一个综合性、全面性的人格理论，提出了许多独特的见解，不仅影响了心理学，而且对哲学、教育学、文学、艺术和宗教等方面都有影响。我们可以在许多人格理论中看到弗洛伊德的影响。他开创了世界上第一个心理学治疗体系，称为精神分析法。弗洛伊德和冯特被认为是现代心理学史上的两位重要人物。

在美国，从20世纪50年代起，人们对弗洛伊德理论的欢迎程度有所减少。部分原因是一些其他的人格理论和儿童研究机构建立起来了。但还有一些忠诚于弗洛伊德的人仍然在积极活动。在20世纪90年代，仍有400多种关于弗洛伊德研究的著作出现。因此托马斯(R. M. Thomas)曾指出：弗洛伊德在公众中有“中等而持续的影响”。

弗洛伊德重视潜意识的研究，不仅扩大了人格心理学研究的范围，而且为深一层认识个体行为提供了条件。

弗洛伊德过分强调潜意识和性本能在人格发展中的作用。他把人类的人格发展的动力归因于性本能或力比多，认为性本能是否满足，直接影响到人格的发展。他还忽视了社会环境对性格发展的作用，这些观点受到许多学者的批评。

阿德勒是精神分析学派中的第一位社会心理学家。他重视人与自然、社会的关系，确立了个体心理学的社会科学方向。他重视意识的作用，认为意识是人格的中心。他最早提出对心理学家影响很大的创造性自我概念。

但是，阿德勒的人格理论来自异常心理学，因此，带有一些偏激的看法。此外，他指的环境主要是家庭环境，没有像弗洛姆那样强调社会这个大的切面在人格形成和发展中的作用。

荣格的著作带有神秘和宗教的色彩，常常受到心理学家的批评，目前心理学家对荣格人格理论的评价还很不一致。

荣格扩大了对力比多的理解，摆脱了弗洛伊德狭窄的、以性为核心的精神分析学说的框架，赋予力比多生命能量的新意义，形成了新的心理学体系——分析心理学，为人格理论提供了许多重要的概念。

荣格第一次提出了“自我实现”这一概念，虽然他认为几乎没有人能够达到完全的自我实现。与弗洛伊德的悲观主义不同，他对人类命运的看法是乐观的。

在人格结构方面，荣格扩大了潜意识的概念，把潜意识划分为个人潜意识和集体潜意识。集体潜意识的理论是荣格理论的核心和富有特色的部分。

荣格对人生阶段的划分具有新意，他重视中年，这是通常被心理学家忽视的课题。

埃里克森提出了相当完整的人格发展阶段理论。埃里克森的理论对西方现代人格心理学和发展心理学都有重大影响。

埃里克森的理论对社会的影响，一般认为在 20 世纪 50 年代末期迅速增加，阐述其观点的著作不断出现。20 世纪 70 年代起，一些更新的儿童社会发展理论不断出现，埃里克森的观点受欢迎的程度有所降低。至 20 世纪 90 年代，大约有 130 多篇论文涉及埃里克森。

霍妮关于神经症的理论和对女性心理学的看法是她的两个贡献。但她没有形成一支紧密的追随者队伍，她的理论体系也不够严密。

第三章　行为主义学习论和社会认知论的人格理论

行为主义(behaviorism)是20世纪在美国兴起的心理学中的最大学派之一，华生击败了当时的其他心理学派，构建了一种理解人类行为的方法。这一方法曾在几十年里改写了心理学的许多专著和教材。随着科学的发展，许多学者在行为主义中加入了许多认知因素和社会因素，开创了人格的社会认知理论。

华生(J. B. Watson, 1878—1958)是行为主义学派的创始人，他忽视遗传因素对人格发展的作用，强调环境因素对人格的作用，主张采用严谨的实验方法研究动物和人的行为。行为主义认为，人格不过是一种象征的概念，没有实际意义。新行为主义纠正了前辈的极端观点，并将研究扩展到人格领域，但他们仍将人格等同于行为，认为人格是一个人行为的总和，用学习的理论来解释人格及其形成和改变。

认知论对人格的研究是用信息加工观点来描述人类的行为模式。博内埃(C. A. Boneau)认为，"认知革命"大约是在1960年代开始的。珀文指出，认知革命前的两位理论家是凯利(G. A. Kelly)和罗特(J. Rotter)，认知革命后的两位理论家是米歇尔和班杜拉(A. Bandura)。

凯利的《个人结构心理学》于1955年出版，许多心理学家认为，凯利的理论为当前的认知理论家和实际工作者产生丰富的概念和构念提供了源泉。米歇尔指出："令我惊奇的是……他所指引的方向的正确性，这使得心理学前进了20年。凯利在20世纪50年代提出的所有理论都已被证明是对心理学……以及多年来发生的事情所富于预见力的诺言。"布鲁纳也认为：这部书是1945—1955年这10年间对人格理论最伟大的唯一贡献。郑希付教授指出："凯利的理论……涉及哲学、心理学、生理学、数学、统计学等。因此他的理论又是一个崭新的思维方法。"该书已被译成多国文字。

1967年，奈瑟尔(U. Neisser)出版了心理学史上第一本认知心理学专著。认知心理学的迅速发展在心理学史上是罕见的。

当前，行为主义已经开始转型，转向社会学习论或社会认知论。人格心理学家重视认知，他们提出一个又一个新的理论，发展了人格心理学。

行为主义心理学否定意识。格式塔心理学主张研究意识，在心理学内部削弱了行为主义。集中了控制论和信息论的计算机科学后来居上，促进了认知心理学的发展。正如珀文所指出的："特质理论家的模型是化学元素周期表，而认知理论的模型是输入、贮存、变换和产生信息的计算机。"

第一节　斯金纳的人格理论

美国心理学家斯金纳(B. F. Skinner, 1904—1990)是新行为主义的主要代表，他提出的操作条件反射不仅对心理学有重大意义，而且对教育学、管理科学等许多领域都产生了重大影响。

斯金纳从小就喜欢制造各种机械，后来制造了著名的“斯金纳箱”。他指出：“永久性主题只有少数几个，它们来自环境而不是来自天性。”他的高度勤奋使他成为世界上第一流的心理学家。他曾在明尼苏达大学和印第安纳大学任教，1948年回哈佛大学任教。他与其他行为主义者一样，对人类有机体的内部机制不感兴趣，而致力于研究环境刺激与行为学习之间的联系。他对操作条件反射，特别是对强化进行了深入细致的研究，为心理学作出了独创性的贡献。

斯金纳的著作很多，主要有：《科学和人类行为》(1953)、《强化程序》(1957)、《行为分析》(1961)、《关于行为主义》(1974)、《关于行为主义和社会的思考》(1978)等。

一、操作条件反射与人格

(一) 经典性条件反射和操作性条件反射

苏联生理学家巴甫洛夫所研究的条件反射，称为经典性条件反射。巴甫洛夫等人用狗做实验，当狗吃食物时引起唾液分泌，这是非(无)条件反射，这种反射是天生的，不学而能的，故称非条件反射。如果这时给狗听铃声，则不会引起唾液分泌。但是，如果每次给狗吃食物之前出现铃声，经过多次结合后，铃声一响，狗也会分泌唾液。这种反射是后天习得的，巴甫洛夫称它为条件反射，即经典性条件反射。

为了研究动物的行为，斯金纳设计了“斯金纳箱”。他把一只饿鼠放在“斯金纳箱”中，当鼠偶然踩在箱内的杠杆上，便给予食物，用食物强化这一动作。经过多次重复，鼠会自动踩杠杆而得食。在此基础上，还可以进一步训练动物：当它只对某一个特定信号(如灯光)作出踩杠杆的动作时，才给予食物强化。这种必须通过动物自己的操作才能得到强化而形成的条件反射，称为操作性条件反射。斯金纳指出：“如果一个操作发生以后接着呈现一个强化刺激，这一操作的强度就会增加”，即如果要加强某种反应或行为模式，就应该奖赏它。

研究表明，经典性条件反射和操作性条件反射的基本原理是相同的，它们都以强化和神经系统的正常活动为基本条件。但也有所不同，在形成经典性条件反射的过程中，动物常常被束缚着，被动地接受刺激，而在形成操作性条件反射的过程中，动物可以自由活动，它通过主动操作来达到一定目的。此外，在经典性条件反射中，强化和刺激有关，它出现在反应以前；在操作性条件反射中，强化和操作(反应)有关，它出现在反应之后。

在现实生活中，操作性条件反射大大多于经典性条件反射，但是，在一个复杂的条件反射链索中，往往既包含经典性条件反射，又包含操作性条件反射。

操作性条件反射具有广泛的实用价值。操作性条件反射的原理应用于教育，要求受教育者在自由活动的条件下通过自己的活动主动地掌握知识。

斯金纳认为，在现实生活中操作性条件反射更有代表性，人的行为主要由操作性条件反射所构成。他从操作性条件反射中概括出一些学习规律。心理学研究的对象是行为，而人格就是通过操作性条件反射的强化而形成的一种惯常性行为方式。他用操作性条件反射的原理来解释人格的形成和发展。因此，当我们考察操作性条件反射时，也就是在探讨斯金纳的人格理论。操作性条件反射是斯金纳人格心理学的核心。

斯金纳提出应该对环境与行为之间的因果或机能关系进行分析，并称其为"机能分析法"，而不应该去研究那些观察不到的概念，如自我、驱力等，去解释人格。有的学者认为，攻击行为反映了人的攻击性，斯金纳认为，人有攻击行为，是因为这种行为过去曾经被强化过，即建立了操作条件作用。他指出，应该说这个人通过操作条件作用的建立，形成了攻击行为，而不是个人具有攻击性的特质。

对个人的异常行为，斯金纳也用操作条件作用原理来解释，认为个人的异常行为是逐渐形成的，是长期强化的结果，它同样可以用操作条件作用来消退、矫正。

（二）强化

强化对于形成经典条件作用和操作条件作用都是关键，没有强化，就不能形成条件作用。所谓强化，就是通过强化物增强动物某种行为的过程。其中的强化物是指能够增强动物某种行为的具体事物。斯金纳非常重视强化在学习中的作用，对强化作了深入的研究，认为练习仅仅是为进一步强化提供机会。他把强化看成形成、保持和改变行为的关键。

韦普朗克（W. S. Verplanck）等人做了一个对陈述自己观点的反应（如说"我认为""我想"等）的实验，进一步证明强化在形成操作条件作用中的关键作用。实验时，主试用赞扬被试或重述被试的陈述来进行强化，结果表明，全部被试（23人）对陈述观点的反应率有所提高。

强化是对行为反应而言，而不是针对有机体的。食物只是用于强化鼠踩杠杆的动作，而不是说食物本身对鼠进行了强化。明确这一点对塑造个体行为具有现实意义。例如"这是奖励你的""就要惩罚你"，是"对人不对事"，而不是"对事不对人"，不仅不能使被强化者明确意识到自己行为的优缺点，而且容易使他们产生偏见，形成自傲或自卑心理。1964年，艾伦等人提供了一个个案：一个4岁女孩，聪明而讨人喜欢，进入幼儿园后，在人格上有孤独不合群的特征，受到老师的注意。老师这种不经心的注意强化了她的孤独行为。她要吸引成人的注意，就妨碍了与其他孩子的关系；越是不与其他孩子在一起，就越受到成人的注意。这样就形成了恶性循环。后来，老师只在她与其他孩子在一起时才对她加以关注，当她离开同伴，并试图与成人接触时，就停止对她的关注。这样，就促使她花更多时间与其他孩子玩，花较少时间与成人个别交往。12天后，将这一强化程序颠倒，即当她与老师交往时才对她加以注意，当她与其他孩子在一起时就不予注意。这时，她的孤独行为重新出现。第17天，当她与其他孩子在一起时，重新对她的行为进行强化，她又开始接触同伴（占在校时间的60%）。后来，她的行为一直保持在相当稳定的水平上。由此可见，强化决定有机体行为方式的形成、转化和消退，也决定行为学习的进展和效果。因此，只要合理地控制强化，就能达到控制并改变学生行为和塑造学生人格的目的。

1. 正强化和负强化

在操作条件作用中，主试在所需要的动作发生之后给予被试的满意快乐的刺激叫正强化。例如，在"斯金纳箱"里，鼠踩杠杆后出现的食物就是一种正强化。

在操作条件作用中，在主试所需要的动作发生之后，被试某种不愉快的经验或事物消失，叫负强化。例如，在"斯金纳箱"里，鼠踩杠杆可以避免电击，就是一种负强化。

2. 一级强化物和二级强化物

根据强化物与行为的关系，强化物可以分为一级强化物和二级强化物。

食物和电击对有机体本来就具有强化作用：食物能将有机体出现过的反应加强；电击能使有机体逃避电击的反应加强。一级强化物是不需学习也能起强化作用的刺激。研究表明，食物、水、氧气、性行为等对有机体具有生物学意义，对维持个体生存和种族发展都是必要的，属一级强化物。

有很多刺激物本来不具有强化作用，在生物学上是中性的，但后来由于多次与一级强化物结合，也具有强化作用，成为二级强化物。

在经典条件作用形成的过程中，铃声作为条件刺激，能引起狗的唾液分泌，每次在铃声出现之前，先出现灯光，多次结合后，单独出现灯光也能引起狗的唾液分泌。巴甫洛夫称之为二级条件作用，并认为人可以形成无数级的条件作用。这种现象在操作条件作用中同样存在。在"斯金纳箱"中，在鼠踩杠杆与食物出现之间加一个刺激，譬如铃声，并多次按"踩杠杆—铃声—食物"的次序进行，即使单独出现铃声，也能增强鼠的踩杠杆行为。这里的铃声由于与食物（一级强化物）多次结合，已成为二级强化物，具有强化作用。

名誉、金钱、分数、认可、地位、表扬、警告等均可以成为人类的二级强化物。斯金纳进一步指出，人类的大多数行为受二级强化物控制。母亲的形象就是一种强有力的二级强化物，因为母亲常常与满足孩子的基本需要相联系。

与许多一级强化物相联系的二级强化物被称为概括性强化物。母亲和金钱通常被认为是两种概括性强化物，因为它们与许多一级强化物相联系。

二级强化物对理解人格的形成发展以及人类的复杂行为具有极重要的作用，因为人类有许多行为和人格特征并不是在一级强化物的作用下形成的。有时，二级强化物对人格的支配力量甚至会超过一级强化物。斯金纳指出，一个守财奴可以被金钱强化得情愿饿死也不愿花掉1分钱。事实上，能够作为强化物的刺激多种多样，同样的刺激对于不同的个体和行为反应的强化效果是不相同的。在人格塑造和人格矫正的过程中，选择适当的强化物是重要的。例如，弹钢琴对有些儿童来说是奖励，而对某些儿童来说是惩罚，因为有些孩子喜欢弹钢琴，有些孩子则不喜欢弹钢琴。

3. 强化的安排

研究表明，强化的合理安排，是条件作用形成的重要因素，也是塑造人格时要注意的问题。

行为反应后，什么时候强化最好？一般地说，二者的时间间隔越接近越好。佩林(C. T. Perin)发现，如果白鼠在“斯金纳箱”中踩杠杆后30秒内没有食物强化，其操作条件作用就不易形成。学生白天学习的课程内容一般在当天晚上复习，外语一般在学习后24小时内复习效果较好。

行为反应后，根据不同情况，强化可以分为连续强化和间歇强化。前者是在每一次练习和每一个期望反应后马上强化；后者是一个反应出现后，有时强化，有时不强化。有些学者的研究表明，部分强化如果不少于25%，就可以获得与连续强化相同的学习效果。有人认为，在连续强化下习得的行为比在间歇强化下习得的行为巩固。事实并非如此。许多实验都表明，在间歇强化下习得的行为比在连续强化下习得的行为更难消退。罗宾斯(Robbins)称这种现象为“间歇强化效应”。这对儿童的教育和人格培养有重要意义。如果初期运用连续强化，那么以后就应该尽量改用间歇强化。这样会取得良好的效果，既节省时间又提高学习效率。斯金纳对间歇强化作了极为详细的研究。

弗斯特(C. B. Ferster)和斯金纳通过大量的动物实验发现，间歇强化有许多程式，主要有四种：①定比率强化程式(fixed ratio reinforcement schedule)。有机体必须作出数次必要反应后才能得到强化。例如，每作出三次或五次反应后才能得到强化。这种强化方式由于强化与反应的频率直接相联系，而不是与时间相联系，因此可以获得极快的反应速度。有机体反应越迅速，得到的强化就越频繁。一个人工作越努力，得到的报酬就越多。实行计件工资的人就是受这种方式的强化。规定儿童默写20个英文单词就可以玩10分钟，也是定比率强化。②定时距强化程式(fixed interval reinforcement schedule)。有机体并不是在固定的几次反应后得到强化，而是在规定的时间间隔中得到强化。每月领一次工资和奖金，孩子弹钢琴30分钟后可以休息10分钟，都是定时距强化。由于这种强化以时间长短为依据，所以这一时距内的反应次数多少不影响强化。运用这种强化程式，有机体刚得到强化后的反应速率很低，但会慢慢提高，在期待强化即将发生的时间里反应则很快。③变时距强化程式(variable interval reinforcement schedule)。这种程式的强化没有固定的时间间隔，有时在短期内给予强化，有时则要隔相当长的时间才给予强化。工厂老板过一段时间给工人发奖金，教师不时赞扬一下遵守纪律的学生，都是变时距强化。由于人们很难知道强化物什么时候出现，因此有机体的反应相当持续而少起伏。④变比率强化程式(variable ratio reinforcement schedule)。运用这种程式的强化不是在固定的几次反应以后，有时两三次反应后即给予强化，有时要七八次反应后才给予强化。推销员的行为正是如此。他们与顾客接触得越多，成交的可能性也就越大。运用这种程式强化，行为相当持续，而且反应的速度也很快。有机体反应越快，得到的强化也就越多。

斯金纳认为，对于形成经典条件作用和操作条件作用，强化都是必要的。没有强化，就不能形成条件作用。但是，近年来的一些研究表明，有机体行为的形成不一定需要强化和奖励。1953年哈洛(H. F. Harlow)发现，在测验前给猴子食物，猴子的学习效率最高。他和他的学生还发现，动物会为了探索而探索，而不是为了强化。

莱珀(M. Lepper)和格林(D. Greene)的研究表明，奖励有时会干扰任务的完成，使动机减退，并把娱乐变成工作。

(三) 消退

在操作条件作用过程中，受到强化的行为得以保持，没有受到强化的行为自行消退。例如，鼠在"斯金纳箱"中一有踩杠杆的行为，就会得到食物强化，这样鼠的踩杠杆动作就会增多；但是，如果不用食物强化，鼠的踩杠杆行为就会逐渐消退。

行为的消退和建立是相反的过程。斯金纳认为，行为的建立和消退能够说明人的行为和人格，受到强化的人格特征会巩固下来，受到消退的人格特征则逐渐消失。在行为的改变方面，可以强化期望的行为，忽视不期望的行为。婴儿发出的声音中包含世界上所有语言的音素，凡是与父母语言相似的声音，会受到注意而被强化、巩固下来；凡是与父母语言无关的声音就会被忽视而消退。

消退对斯金纳的个体行为改变理论非常重要。他说，最有效的行为改变过程可能是消退，虽然消退是一个缓慢的过程。他建议父母对待孩子不良行为的方法是使之消退，而不是惩罚。他建议对儿童的不良行为"不加理睬"，这样就能消退这种不良行为。因为惩罚时，双方的言行都是一种强化，很可能导致双方的不良言行得到强化。

(四) 自然恢复

在操作条件作用中，条件反应消退后，个体经过一段时间，在条件刺激再单独出现时，已出现过的反应可能重新出现。例如，不用食物强化鼠的踩杠杆反应，这种反应会逐渐消退，但把鼠从"斯金纳箱"中取出，让它休息一段时间，再放入"斯金纳箱"中，虽没有经过强化，但鼠踩杠杆的反应强度仍然会提高。自然恢复是有限度的，一般只能恢复到原来反应强度的50%左右。如果要完全恢复，必须重新加以强化。

在人格塑造活动中，在行为训练和矫正活动中，教师和父母必须考虑这种自然恢复现象，因为有些不良行为消退后经过一段时间会重新出现。消退不可能一次完成，只有经过多次反复，多次起伏，自然恢复现象才不会出现，不良行为才能得到真正克服。

(五) 类化

类化又称"概括化"或"泛化"。经典条件作用和操作条件作用中都存在类化现象。所谓类化，就是条件反应不仅可以由条件刺激引起，也可以由与条件刺激相类似的刺激引起。例如，在经典条件作用中，训练狗对每分钟140次的节拍器声音发生反应后，狗对类似刺激（如每分钟130次或150次的节拍器声音）也会产生反应。如果对狗的后一反应不强化，以后狗就不会再对此作出反应。操作条件作用中有同样的类化现象。例如，训练鸽子去啄大的红圈，以后鸽子也会去啄黄色的大圈，尽管这一种行为反应的频率并不高。类化可以解释为什么人格特点有跨情境的现象。一个孩子由于在亲人面前表现出勤奋而得到称赞，在其他人面前也会表现出勤奋的人格特征。如果孩子在各种情境中都表现出勤奋的行为特点，那么这个孩子就形成了勤奋的人格特征。在华生等人的一个关于泛化的经典实验中，被试是一个叫阿尔伯特(B. Albert)的婴儿。起先，阿尔伯特对小动物（白鼠）并不害怕，后来实验人员在白鼠出现时伴以很大的锄头敲击声，婴儿对巨大的声音感到非常害怕。如此多次重复后，只要白鼠一出现（当时并没有响声），婴儿就会感到害怕，哭泣，并赶快躲避。这时婴儿已形成了对白鼠的恐惧性条件反应。进一步的研究发现，他的恐惧反应可以类化到白兔、狗、毛大衣等，他甚至对毛茸茸的大胡子也感到害怕。这时，阿尔伯特的恐惧已类化到一切带毛的东西上去了。

研究表明，刺激的类化是有限度的。一般认为，新刺激与原刺激愈相似，类化现象愈显著。相反，两个截然不同的事物之间就不会发生类化现象。类化在人类学习和生活中具有重要意义。通过类化，可以举一反三，触类旁通，只要学到一件事，就可以扩大经验领域，还可以从同类事物中抽出相似之处，加以概括。类化可以在许多情况下导致行为的一致性。

（六）分化

分化是指个体能够对不同的刺激作出不同的反应，是与类化相反的现象。研究表明，无论是经典条件作用还是操作条件作用中都有这种现象。例如，前面讲的狗在条件反应初期，不仅对每分钟140次的节拍器声音发生反应，对每分钟130次和150次的节拍器声音也会产生反应。实验继续对狗的前一反应给予强化，对后一反应不予强化，多次反复后，狗只对每分钟140次的节拍器声音发生反应，对类似刺激不发生反应。在操作条件作用中，“斯金纳箱”中灯亮时，鼠踩杠杆可以得到食物；灯不亮时，鼠踩杠杆不给予食物强化。多次练习后，鼠只在灯亮时才去踩杠杆。由此可见，个体对不同刺激情境作出不同反应，主要是由选择性强化造成的。对于上面的鼠来说，灯光成为它踩杠杆的辨别刺激，也就是说，灯光成为它踩杠杆的诱因。这个过程可以表述如下：

辨别刺激⟶反　应⟶强化物
灯　光　　　踩杠杆　　食　物

现实生活中充满着辨别操作。例如：

绿灯⟶开车⟶到达目的地
红灯⟶停止⟶不被罚款、不出车祸

在知识学习中，只有经过辨别学习，才能使学习精确化，从而真正掌握知识。例如，外语发音的细微区别就是通过辨别来掌握的。许多人格特征，如勇敢、谦虚、礼貌等的形成，也必须通过这种辨别学习，否则容易形成过分的行为。如有些儿童为了培养勇敢精神而做出一些冒险行为。培养儿童优良的人格特征时，教师和父母的语言起着重要作用。它们能使儿童辨别真假和是非，从而真正形成优良的人格特征。

二、代币奖励

代币奖励是根据操作性条件作用原理发展起来的一种行为疗法。在学校里，如果学生行为良好，教师就发给学生一些代币（如红星、塑料卡等）作为对良好行为的强化。学生积累一定数量的代币后可以换取某种物品（如糖果、铅笔）或参加某种活动（如看电影、游泳）。这种方法在短期内对行为的改变效果明显。

代币奖励法也可以用于矫正精神病患者的病态行为。例如，当病人完成一些社会奖励的工作（如帮助其他病人洗衣服、擦桌子、拖地板、接电话等），即从质和量两个方面加以评定，发给其代币。同样，病人可以用代币换取物品或参加某种活动（如一定程度的自由活动）。

代币奖励对正常人和精神病患者的行为矫正有一定的效果。如经过代币奖励，不认真读书的学生，开始认真读书了；一声不吭的病人，开始说话了。但代币奖励主要侧重于外在行为的改变，没有解决根本问题。有些心理学家对这种方法提出异议，认为这是治标不治本的方法。学生是为了取得代币而不是为了以后的工作学习，病人也是为了取得代币而不是为了治病才改变一些行为。如果停止发代币，他们的积极性可能会降低。

第二节　多拉德和米勒的人格学习理论

美国心理学家多拉德（John Dollard，1900—1980）和米勒（Neal Elgar Miller，1909—2002）根据刺激—反应理论提出人格学习理论。他们试图把赫尔（Clark Hull）的学习论和弗洛伊德的理论在严格的实验研究基础上综合起来，建立一种新的理论体系。多拉德出生于美国威斯康星州的密尼沙，1932 年在芝加哥大学获得哲学博士学位，后担任耶鲁大学人类学副教授。一年后，赫尔在耶鲁大学组建人类关系研究所，多拉德就加入了该研究所，工作直至退休。多拉德博学多才，除深入研究心理学、社会学、人类学外，还精通精神分析理论。米勒出生于美国威斯康星州的密尔奥奇，1935 年获得耶鲁大学哲学博士学位，1936 年也进入赫尔的人类关系研究所工作。米勒主张用严格的科学方法研究潜意识、冲突、语言等心理活动。他在生物反馈方面进行了开拓性研究，作出了重大贡献。他们用操作条件作用的方法研究内脏反应，并在 1967 年首次成功进行了动物实验。

多拉德和米勒与斯金纳不同，他们注重行为与学习的内部心理机制。他们认为，动物研究只能提供一些实验资料，对人类是否适合，还需以人类作为被试进行验证。

他们的主要著作有：《挫折和攻击》（1939）、《社会学习和模仿》（1941）、《人格和心理治疗：关于学习、思维、文化的分析》（1950）等。

一、 学习的四大基础

多拉德和米勒认为人格包括许多行为模式，人类行为是习得的，而不是天生的。学习需要驱力、线索、反应和强化四个因素循环往复地进行。他们在《社会学习与模仿》一书中指出，学习者必须受到一定驱力的驱动，从而作出反应，同时，学习者在线索面前作出反应后，就要加以奖赏。这四个因素是整个学习过程中具有极重要作用的共同的基本因素，是学习的四大基础。他们认为，“即只有在有机体想要什么，注意什么，做什么和获得什么时，学习活动才能进行。”

（一）驱力

驱力是引起有机体行动的内在刺激。刺激达到一定强度时就能成为驱力，并引起有机体行动。驱力是一个动机概念，是个体人格的能量来源。刺激越强，驱力也就越强，动机也就越强。

驱力可以是内部的（如饥、渴），也可以是外部的（如强光、巨响）。它可以分为先天的驱力和习得的驱力。

1. 先天驱力

先天驱力是由生物因素决定的，它直接影响人类的生存。痛是一种先天的驱力。一般地说，痛觉所产生的驱力的强度要比其他驱力大。饥饿、渴、冷、热、性等也是先天驱力。先天驱力的强度随着它被剥夺的情况而变化。如果屏住呼吸一分钟，就会产生一种巨大的呼吸驱力。

多拉德和米勒认为，由于科学技术的发展，人们很难认识到先天驱力所能达到的全部强度。在这些驱力还没有使人达到痛苦程度时，就得到了满足，只有在战争、饥荒等情况下人才能认识到先天驱力的全部强度。

2. 习得驱力

习得驱力是在社会化过程中学得的，是由学习或文化因素决定的。恐惧就是一种重要的习得驱力。由于我们的社会环境是一个很大的强化源，它在我们的人格发展中起着关键性的作用。例如，成为一名律师、医师、董事、经理、科学家和艺术家的驱力都是在社会关系中习得的。

多拉德和米勒认为，先天驱力是建造人格的主要基石，习得驱力建立在它们的基础上。在人类行为中习得驱力起着重要作用。社会条件能够抑制或减弱某些先天驱力，如婚前的性驱力等，社会条件还能强调某些先天驱力。

（二）线索

线索也就是斯金纳讲的诱因。它是指示行为采取适当方向的刺激。多拉德和米勒认为，驱力驱使个体行动，线索则指导着个体的行动。线索决定个体何时、何地作出反应和作出什么反应。例如，对有关人员来说，上课和下课的铃声、公司的招牌、交通路口的红绿灯都具有线索的作用。

他们指出，刺激物的变化和区别都能起到线索的作用。例如，安静的环境里出现母亲的脚步声，对婴儿而言，可能是食物的线索。

（三）反应

反应是由驱力和当时的线索诱发出来的，个体的反应能够消除或降低驱力。例如，一个口渴（驱力）的人看到一家冷饮店（线索），就会在渴的驱力的驱使下，走进这家冷饮店（反应）。

多拉德和米勒认为，在临床治疗、动物训练等活动中，驱力推动个体对线索作出反应，反应在奖赏和习得前必须出现。也就是说，必须设置情境，使个体发出第一个正确的反应。例如，第一次跳舞时个体不知道怎样走出正确的舞步，但试着去跳，一经作出反应就好了。

他们认为，反应可以分为外显的反应和内部的反应两种。外显的反应是降低驱力的直接手段；内部的反应包括推理、计划等，称为线索性反应（cue-producing respond），它的最终目的也是降低驱力。

一种线索可以同时引起许多反应。如线索出现时，最可能作出反应 1，反应 2 则次之，反应 3 又次之……如果反应 1 受到阻止，则反应 2 出现；如果反应 1 和反应 2 都受到阻止，则反应 3 就会出现……可以把反应按其发生的可能性大小排列成序，在新的学习开始前就存在的等级系统称原初反应级。最可能发生的反应称原初等级中的主导反应，最不可能发生的反应称原初等级中的最弱反应。在刺激与主导反应之间有一种强的联结，在刺激与最弱反应之间有一种弱的联结，个人通过学习能够改变反应的等级顺序。一个弱反应通过奖赏可以占主导的位置。通过学习而建立的新的等级系统称为结果反应级。

（四）强化

当驱力降低或消除时，强化就发生了。在多拉德和米勒看来，强化和降低驱力具有相同的意义，任何引起驱力降低的刺激都是一种强化物。

多拉德和米勒十分重视强化在学习中的作用，他们指出，练习并不是十全十美的，线索和反应的联结只有在某些条件下才能得到增强。个体必须受到刺激而作出反应，在线索出现时由于完成反应而得到奖赏。

强化物可以是原生的，它满足个体生存的需要；强化物也可以是二级的。二级强化物是与原生强化物牢固配对的原先的中性刺激。

多拉德和米勒指出，驱力和强化有下列关系：①驱力强度的立即减少起强化作用。②没有驱力不可能强化，因为当刺激强度为零时，无法再减少。③强化后驱力必然减少，因此，除非有什么东西来增加它，否则驱力会最终减少到零，这时进一步强化是不可能的。

强化对学习和维持一种习惯都是基本的条件。如果重复一个反应而没有强化，反应的出现次数将会逐渐减少。我们称这种反应的减少为实验性消退。例如，当父亲回家时，孩子多次跑过去都得不到糖果，则孩子重复这种反应的倾向就会减弱。又如，渔夫在海边捕鱼，每次都能捕到鱼，渔夫就会经常去海边捕鱼。但是，如果以后捕不到鱼，则渔夫去海边捕鱼的次数就会逐渐减少，热情也会逐渐降低。不过，消退不是立即完成的，需要经过多次反复。一种反应要达到完全消退取决于多种条件，如习惯的强度。一般地说，较弱的习惯比强的习惯容易消退。也就是说，任何会产生较强习惯的因素将增加对消退的抵抗。研究表明：消退后，反应能够自然恢复。即随着时间的推移，一个消退的习惯又重新出现。例如，经过几个月或一年后，渔夫又出现到海边去捕鱼的倾向，他可能想去海边碰碰运气。消退自然恢复表明：消退并不是根除旧习惯，而只是抑制旧习惯。

多拉德和米勒用强化理论来解释模仿行为。他们认为，模仿行为发生在意识到环境中的重要线索的个体和没有意识到环境中的重要线索的个体之间。儿童在社会化过程中经常依赖父母兄长来辨认环境中的线索，并且使自己的行为符合父母兄长的行为，从而使行为得到强化，也给自己带来奖赏。例如，有两个儿童在玩耍，哥哥听到父亲的脚步声，知道父亲下班回家，便跑向父亲，经常接受父亲带给他的糖果。弟弟却不知道脚步声是父亲回家的线索，哥哥跑去时，他通常没有跑去，但偶然跟着哥哥跑去，这个行为便受到来自父亲给的糖果强化。以后哥哥跑去，他也跟着跑去。但是，弟弟并没有意识到哥哥跑去时所采用的线索，只是由于符合哥哥的行为而得到奖赏，这些行为可以用图 3－1 来表示。

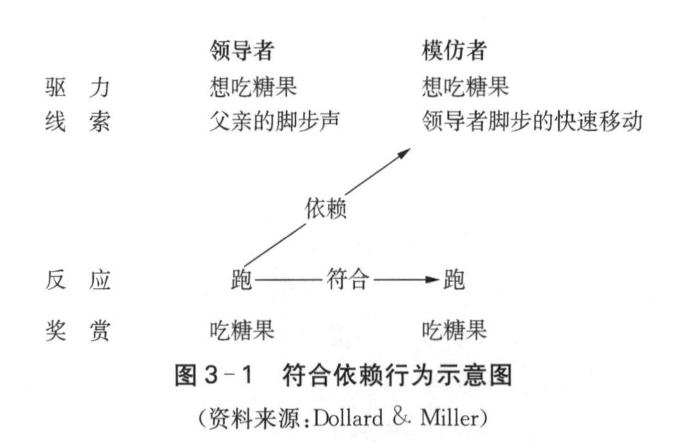

图 3－1 符合依赖行为示意图

（资料来源：Dollard & Miller）

二、四种冲突

多拉德和米勒没有把本我、自我和超我之间的斗争作为内心事件来看待，而认为是由环境因素决定的，并且是能够进行实验研究的。冲突是同时存在两个或两个以上的不相容的反应趋向的情境，是一些不相容的行为倾向之间的相互竞争。他们认为，人类有两类倾向：接近倾向（个体积极参与行为）和回避倾向（个体回避行为）。多拉德和米勒研究了四种冲突。

1. 接近—接近型冲突

双趋冲突又称为接近—接近型冲突，指个体同时被两个事物所吸引。两个具有大致相等吸引力的目标同时出现，冲突介于两个目标之间。例如，看电影和看球赛对一个青年人来说具有同样的吸引力，每一个目标都具有同样强烈的诱惑力。这样，个体就会陷入冲突之中而不能解脱。典型的接近—接近型冲突是发生在选择专业、职业和配偶时。在这种冲突中，个体似乎站在中间位置，考虑哪一个目标的优越性大，他便更接近这个目标，从而解决冲突。

2. 回避—回避型冲突

双避冲突又称为回避—回避型冲突，指个体同时被两个事物所排斥。一个人必须在两个不愉快的目标之间进行选择。例如，儿童服用很苦的药物或者打针；工人必须做他不喜欢的工作，否则就会失业。

在回避—回避冲突中，个体会产生逃避，即远离冲突的情境的真实逃避或做白日梦似的心理逃避等。例如，儿童既不愿意吃苦药也不愿意打针就逃离医院；工人既不愿意做不喜欢的工作，也不愿意失业，于是就跑到外地去找工作。在这种冲突发生时，个体可能会产生犹豫不决或优柔寡断的心理活动，在两个不愉快的目标之间摇摆。

3. 接近—回避型冲突

趋避冲突又称为接近—回避型冲突，指个体被同一个事物所吸引和排斥。决定是否要做的事情中既有喜欢的一面，又有不喜欢的一面。例如，一位女士喜欢吃糖，但又怕变成胖子。病人既想消除疾病，但又怕打针吃药做手术。在交朋友和选择工作时经常会发生接近—回避型冲突。米勒对接近—回避型冲突进行了深入的研究后认为，只要接近梯度高于回避梯度，个人就会接近目标；回避梯度高于接近梯度，个人就会回避目标。研究表明：当个体远离目标时，接近梯度就会提高，产生强烈的接近趋向；当个人接近目标时，回避梯度就会提高，产生强烈的回避趋向。如果个体在两个梯度的交叉点上，就会出现犹豫不决或优柔寡断的心理活动。

4. 双重接近—回避型冲突

多重趋避又称为双重接近—回避型冲突，指个体同时被两个事物吸引和排斥。处于这种情况下，个体面临着两种选择，不论是哪一种都有喜欢的一面和不喜欢的一面，

图 3-2 双重接近—回避冲突

因此，这种冲突是最难解决的。例如，在选择朋友时，张同学学习好，对自己学习上有帮助，但性格合不来；李同学学习差一点，但性格合得来。又如，在选择大学时，一所大学是名牌大学，但离家太远；另一所大学离家较近，但名气小了一些。这时个体就会体验到矛盾的感情（如图 3-2 所示）。

第三节 凯利的个人构念理论

凯利（1905—1967），美国心理学家。1905 年出生在美国堪萨斯州的一个农庄。凯利刚开始学习时，对心理学并不感兴趣，并对弗洛伊德持怀疑态度。1929 年，他到苏格兰爱丁堡大学学习教育学。在那里，他逐渐对心理学产生了兴趣。几年后获得爱荷华大学博士学位。

随后的十年，凯利在堪萨斯州立大学建立了一套心理治疗体系，为穷人和 30 年代经济大萧条时期受害的人提供服务。他回忆，“我倾听那些人的烦恼，帮助他们发现他们能为自己做些什么”。接着，他发现这些人最需要的是对周围事件的解释以及他们自己将来还会发生什么事的预测。凯利逐渐建立起了他的个人构念理论。后来，他又在海军中服役，在马里兰大学工作了一年，在俄亥俄州立大学工作了二十年，最后两年是在布兰迪斯大学度过的。

凯利的主要著作有：《个人构念心理学》（1955/1959）、《临床心理学和人格：凯利论文选》（1969）等。

个人构念（personal construct）是凯利人格理论的核心概念。他十分重视个人分析或解释事件的方式，认为客观真理是不存在的，只有解释和分析事件的各种方式。

构念是指知觉、分析或解释事件的方式。一个构念就是一种思想、观点和看法，人们用它来解释个人自己的经验和预测现实。如果由构念产生的预测与经验判断相符合，这个构念就是有用的；否则，这个构念就需要修改抛弃。

凯利以高度的组织性和结构化，精确地表述自己的理论。他提出了一个基本假设，这是他全部理论的基础和高度概括，是个体人格和行为的基本力量。然后，他又精心推导出了十一个推论（如表 3-1 所示）。

表 3-1 凯利的 1 个基本假设和 11 个推论

基本假设	个人的信息加工过程被他对事件的预期引导
建构推论	个人通过对事物的反复建构来预测未来事件
个体推论	个人之间构念事件的方式各不相同
组织推论	个人预测事件时会自然形成一种包括结构顺序关系的构念系统

续　表

两分推论	个人的构念体系包括各种两分结构的构念
选择推论	个人在通过自己的构念体系对某事物作出预期时会在两分结构中进行选择
范围推论	一个构念只能对有限范围内的事件作出预测
经验推论	个人对外界事物的建构与他个人的学习经验有关
调整推论	个人构念系统的变化调整受构念渗透度的制约，渗透度是指是否能容纳新概念与新事物
破裂推论	个人可以成功应用几个看起来彼此不相容的构念体系
通用推论	在一定范围内使用某种与他人经验相似的构念，他的心理过程与这个人也相似
社会性推论	个人在一定范围内要解释他人的构念过程，就应该在那个人生活的社会情境中扮演一定的角色

第四节　罗特的社会学习理论

在凯利提出个人建构理论的同时，美国心理学家罗特（1916—1987）第一个提出了社会学习理论。这是一个强调预期的社会学习理论。社会学习理论者同意行为主义者的情境对行为的重要影响、行为受奖励和惩罚等观点。罗特受精神分析家（如弗洛伊德和阿德勒）以及实验学习理论家（如赫尔和托尔曼）的影响很大。罗特 1941 年在印第安纳大学获得博士学位，1946 年到俄亥俄州立大学，与凯利一起成立了临床心理学训练工作室，并在此完成了他的主要理论工作。他是预期的社会学习论者。他认为行为主义的条件反应可以通过各种内部过程（期望、强化值）来扩展和改进。他在临床心理、学习理论和实验研究方面均有较高的造诣，并将三个方面紧密结合起来。他力图提出一个帮助人类预测和理解一个人在某种社会环境中会作出何种行为的学说。

罗特的主要著作有：《社会学习和临床心理》（1954）、《人格的社会学习理论的应用》（合著，1972）、《人格》（1975），以及论文选集《社会学习理论的发展和应用》（1982）等。

（一）基本概念

罗特的理论主要包含四个基本概念：行为潜能、强化值、期望和心理情境。

（1）行为潜能（behavior potential，简称 BP），指出现在任何情境中追求单个强化或一组强化的任何行为之潜力。行为潜能使得某种特定行为的出现具有了可能性。行为潜能是一个相对的概念，只有与在相同情境中追求相同目标（强化）的其他可能发生的行为相比较才有意义。

（2）强化值（reinforcement value，简称 RV），指在几种强化出现的可能性完全均等的情况下，个体对某一强化的偏爱程度。罗特认为可以用言语报告法测量强化值的大小，如让个体用言语说明对不同强化的偏爱程度，也可以呈现一系列强化物，让个体作出选择或排列顺序。

(3) 期望(expectancy，简称 E)，指个体由于在具体的情境中做出某种具体的行为，而希望接受某种特殊的强化。罗特将期望分为两类：特殊的期望(specific expectancy，简称 E′)，指对某个特殊情境的期望；类化的期望(generalized expectancy，简称 GE)，指由一种情境产生的期望类推到另一种情境。

(4) 心理情境(psychological situation，简称 PS)，指反应着的个体所体验到的有意义的情境。心理情境提供一组情境线索以唤起个体对获得具体行为的强化的期望。即个体行为的发生取决于心理情境。罗特认为，心理情境在预测行为上起着重要的作用。

(二) 控制点

在罗特的理论中，还有一个非常重要的概念就是控制点(locus of control)，即一个反应会不会影响强化获得的一种信念。罗特认为，人有一种广泛的倾向，相信在人的一生中能对事态进行控制。这种控制有内部的和外部的两种。具体来说，根据社会学习理论，控制点是对个人性格特点和行为与其所经历的后果之间的关系所形成的一种概括化的期望，是人们从实际生活中积累的有关发生在自身生活里的各种因果关系的一种抽象概括。罗特指出，当受试者觉察到强化并非完全依靠自己的行动，而是运气、机遇、命运的结果；或在他人权力控制之下，或由于周围力量复杂而无法预言，并以这种方式解释周围事件时，该个体的信念被称为外部控制。如果这个人觉察到事件的发生依靠自己的行为，或依靠自己比较持久的性格，我们把这种信念称为内部控制。

罗特在 James-Phares 控制源量表的基础上，设计了一个内—外控量表(Internal-External Locus of Control Scale，简称 $I-E$ 量表)，用于测量个体对奖励和惩罚的内外控制程度的类化预期上的个体差异，测量个体对强化的内外控制信念。量表由 23 对测题组成，采用强迫选择作答式；另有 6 对掩饰题不计分。量表中，内外控测题成对出现，即其中一题表外控的观点，另一题表内控的观点。

$I-E$ 量表题目举例：

(2) a. 人们生活中发生的许多倒霉事，在某种程度上是由于运气不佳所致。

b. 人们的不幸是其自身错误造成的。

(23) a. 有时我真不明白老师是怎么打分的。

b. 我用功与否与我得的分数有直接关系。

$I-E$ 量表的计分是计算被试对外部指向作反应的次数，每条外控测题计 1 分，因此，总分在 0(极端内控)至 23 分(极端外控)之间。高分反映了被试对强化的控制是由命运、机遇、运气以及其他超出个人的外部因素决定的一种类化期望；低分则反映了被试对强化的控制是由自身的内部因素决定的一种类化期望。罗特的这一量表在人格心理学和教育心理学等研究领域中得到了广泛的应用。

保卢斯(D. Paulhus)在1983年设计了一个控制点问卷,由10个题目组成,采用7级记分(有5题反向记分)。

问卷题目举例:

1. 因为我的努力,我能得到我想要的东西。
2. 定计划时,我相信我肯定能让它发挥作用。
3. 我喜欢带有运气的游戏,而不是纯粹需要技术的游戏。
4. 只要我肯下决心,我能学会几乎所有的东西。

近期,研究者得到一个大学生的样本,平均分是:男生51.8、女生52.2,标准差均为6。得高分者表示内控程度高。

心理学工作者沃尔夫(Wolfe)和罗培施(Robertshav)认为:"控制点量表的得分具有很高的跨时间稳定性。"

高内部控制者的类化预期认为,发生在自己身上的事主要取决于自己的努力。高外部控制者的类化预期认为,发生在自己身上的事主要依赖命运、机会、运气或其他外部力量。罗特把这个发现称为"控制点",即内—外控制的类化预期。在实际生活中,极端的内部控制或外部控制者是很少的,只是有些人相对外部控制多些,有些人相对内部控制多些,有些人则比较均衡。应该说,大多数人处在内—外控这个维度的某一个位置上。罗特的内—外控制量表运用广泛,但近年来,其影响力有所下降,因为控制点量表比人们最初想象的要复杂得多。该量表还有几个具体版本,可用于测量儿童和健康等领域里的类化预期。

内部控制者预期个人努力会带来变化;外部控制者则预期个人努力不会带来什么变化。一般来说,外部控制者对事件有一种无助感。

研究者进行了各个方面的考察,包括内外控与行为表现、性别和适应的关系等,也研究了内外控制点的形成原因。他们发现,内部控制者比外部控制者行为积极、主动和独立,前者比后者身体健康。因为内部控制者更倾向于采取某些措施,保持身体健康。例如,内部控制者戒烟更易成功,在减肥方面更富有成效。内部控制者的健康方式和保健措施也比外部控制者成功,因为他们相信自己的行为会对健康有所帮助。幸福感的标志之一是在学校的表现和个人事业上的成就。研究者1997年发现,"内部控制的学生学业成绩更好,教师评价亦高",研究者还发现,"内部控制的工人比外部控制的工人成就水平更高"。伯格"通过测量发现,内部控制者的幸福感和健康状况都比外部控制者好"。在归因方面,内部控制者更多地对行为作内部归因;外部控制者更多地对行为作外部归因。男性与女性在内外控制上总体差异不明显。个体的内外控制观点可能与父母的内外控制立场有关。

第五节　班杜拉的社会认知理论

美国心理学家班杜拉(1925—　)出生于加拿大阿尔伯塔省的曼达勒。他在加拿大读到大学本科毕业，1949年获不列颠哥伦比亚大学学士学位，1952年获爱荷华大学博士学位。在爱荷华大学学习期间，班杜拉受到了学习理论家斯彭斯(K. Spence)的影响，那里有研究学习理论的良好传统。1953年，班杜拉到斯坦福大学工作，开始研究儿童的攻击性和攻击行为的家庭因素，并逐渐重视人格发展中的模仿作用。他指出，人格的发展可以通过观察别人的行为而习得。他最著名的成就就是对观察学习的研究。他强调社会模仿在形成新习惯和破除旧习惯中的作用，认为观察学习是社会学习的一种主要形式，因此社会学习和观察学习几乎是同义词。与其他学习论者不同的是，班杜拉强调行为学习中的强化并不是必不可少的，通过观察别人就能学习很多行为。他的观察学习理论是对学习理论重大的突破性贡献，对人格研究与临床实践都有深远的影响。班杜拉的自我效能理论和三元交互作用理论为社会的发展和人类幸福作出了不可估量的贡献。班杜拉获得了许多荣誉，1974年当选为美国心理学会主席。

班杜拉的理论原来称为社会学习理论，后来因逐渐注重认知过程而称为社会认知理论。

班杜拉的主要著作有：《青少年的攻击》(1959)、《社会学习与人格发展》(1963)、《行为矫正原理》(合著，1969)、《攻击：社会学习的分析》(1973)、《社会学习理论》(1977)、《思想与行动的社会基础：社会认知理论》(1986)、《自我效能：控制的实施》(1997)等。

一、观察学习

班杜拉认为，观察学习(observational learning)就是人仅仅通过观察别人(榜样)的行为就能学习某种行动。例如，儿童的游戏，学习歌曲，几乎和他的父母完全一样。班杜拉指出，观察学习的作用在人类历史文献中随时可以找到。例如，危地马拉的女孩通过观察成人的活动就能够学会纺织。女孩在直接观察后，即使在第一次活动中也能够熟练地进行操作。班杜拉的观察学习认为学习可以不依赖强化，是一种新的学习观点，这是对学习理论的重大的、突破性的贡献。观察学习是无尝试学习，学习者不需要通过尝试就能进行学习。班杜拉指出："我认为观察学习基本上是认知过程。"学习活动必须包含内部的认知过程。学习者依靠内部的行为表象来指导自己的操作。

在班杜拉的理论中必须区分"行为习得"和"行为表现"两个不同的概念。他认为榜样是否得到强化，只影响观察者以后的行为表现，不影响观察者对这种行为的习得。

班杜拉认为，模式(榜样)的呈现方式有多种，一种是行为模式，一种是言语指导。他认为，身教的效果比言教的效果好。布赖恩(Bryan)等人的研究表明，简单的说教和训诫似乎没有什么效果，远远不如成人的身教效果好。

观察学习不是简单的过程，并不是每个人在观察后都能学到榜样的行为模式，能否学到，与榜样和观察者的特征有关。如榜样地位高、有威信，就容易被模仿。模仿的行为必须是显著的，如歌唱家的行为很难模仿，因为发声行为很难观察。又如，依赖性高的观察者，容易模仿各种行为的模式。

班杜拉指出，观察学习主要是由注意过程、保持过程、动作再现过程、强化和动机过程这四个系统控制的。个人在观察时，首先必须注意榜样的行为，保存有关信息，并将有关信息转换成适当的形式，然后在动机的驱动下，回忆出有关信息，转化成外在行动。最初观察到的行为一般是粗略的、近似的和不精确的，后来，逐渐将外在行为和观察中的行为对照，并且逐步加以调整，个人的行为逐渐发展和成熟起来，这样个性就逐渐形成了。

班杜拉早期将自己的理论称为"社会学习理论"，后来，随着心理学对认知研究的重视及他本人研究的发展，班杜拉将自己的理论改称为"社会认知理论"。

二、三元交互理论

班杜拉指出，在传统理论中，人的行为常常用单一决定论作出解释。在那些单一取向的因果作用模式中，行为被描述为是通过环境影响进行塑造和控制的，或者是由内在倾向加以驱动的。而今，单一取向的因果关系已被因果关系的交互模型取代，人们认为行为是个体与环境交互作用的结果。班杜拉提出交互决定论(reciprocal determinism)。他指出：在这个三元交互作用的模型中，每一个因素之间都不断发生着交互作用。其中，个体内在因素包括认知、情感和生理活动。这些因素产生的影响，在不同的场合是不相同的(如图 3-3 所示)。

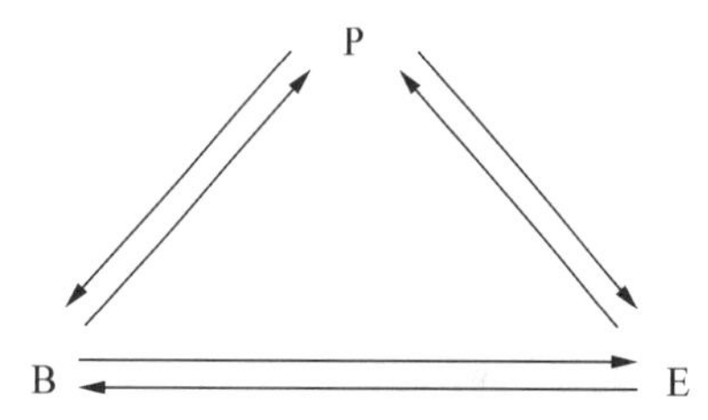

图 3-3　三元交互因果关系中的三类主要决定因素之间的关系

B 代表行为；P 是以认知、情感和生理事件形式存在的内在个人因素；E 是外在环境(资料来源：Bandura，1986)

三、自我效能

自我效能(self-efficacy)的概念最早出现在 1977 年班杜拉的《自我效能：关于行为变化的综合理论》一文中。在 1986 年出版的《思想与行动的基础：社会认知理论》中，班杜拉专门以一章总结了自我效能的研究。此后，班杜拉便将主要的精力集中于自我效能的研究。除了一系列论文之外，他还于 1995 年主编了《社会变革中的自我效能》，1997 年出版了《自我效能：控制的实施》。1977 年，班杜拉发表了一篇反映其研究全新观点的论文，论文中强调了认知，强调了自我效能的概念。班杜拉认为，自我效能判断关心的"不是某人具有什么技能，而是个体用其拥有的技能能够做什么"。

（一）自我效能的信息来源

班杜拉认为自我效能信念的基本信息来源有以下四个方面。

（1）掌握性经验（mastery experience）。这指个体通过自己的亲身行为操作而获得的关于自身能力的直接经验。这是自我效能的最具影响力的来源，可以通过成功地解决问题而逐步获得。在生活中，特别是在自我发展的早期，成功会使人建立起对自己效能的信念，而失败则会动摇这种信念。但掌握性经验对个体自我效能感的作用会受其他一些因素的影响，如先前的自我知识结构、对任务难度的知觉等。

（2）替代性经验。这指通过观察他人的行为，看见他人能做什么，注意到他人的行为结果，以此信息形成对自己的行为和结果的期待，获得关于自己的能力可能性的认识。如果人们看到与自己能力相当的人通过不懈的努力取得了成功，那么他们也会相信自己具有成功的能力。相反，如果看到与自己能力相当的人失败了，则会对自己是否能完成类似任务产生怀疑。

（3）社会劝导（即言语劝说）。这是增强人们的效能信念的第三种途径。社会劝导包括他人的说服性的鼓励、建议和暗示等。当个体在面对任务、努力克服困难时，如果有重要人物表达了对他的信任或积极的评价，会较为容易地增强个体的自我效能，使其更愿意努力和坚持不懈。但社会劝导对自我效能的作用受劝说者的地位、威望、专长和劝说内容的可信性等的影响。另外，有效的社会劝导者往往不只是传递对能力的信心，他们也会安排一些可以使他人获得成功的机会，并且避免将不够成熟的个体安排到容易失败的情境中去。

（4）身体和情绪状况。在生活中，人们往往还会根据自己的身体和情绪状况来判断自己的能力。人们倾向于将自身的紧张、焦虑和抑郁等视为个人缺陷的信号；在要求体力和精力的活动中，倾向于将疲劳、喘息和疼痛等看作身体效能低下的信号。所以，第四种改变效能信念的途径是改善身体状况，减少消极的情绪，并纠正对身体方面信息的错误理解。

（二）自我效能的功能

自我效能及其信念影响我们从事的活动。个体的自我效能不同，思维、情感和行为也都不同。班杜拉等人的研究表明，自我效能有下列几项功能。

1. 决定对活动的选择和坚持性

高自我效能的人倾向于选择富有挑战性的任务；低自我效能的人倾向于选择一般或要求较低的任务。在工作过程中，高自我效能的人遇到困难时能坚持下去；低自我效能的人则不能坚持。

2. 影响活动情绪

高自我效能的人工作时情绪饱满；低自我效能的人工作时情绪消极，甚至充满恐惧、焦虑和抑郁。

研究表明，自我效能信念强者在接受指导语、解决任务和评定自我效能期间经受的压力均比自我效能信念弱者少，这是通过心率测定得出的结论（如图 3－4 所示）。

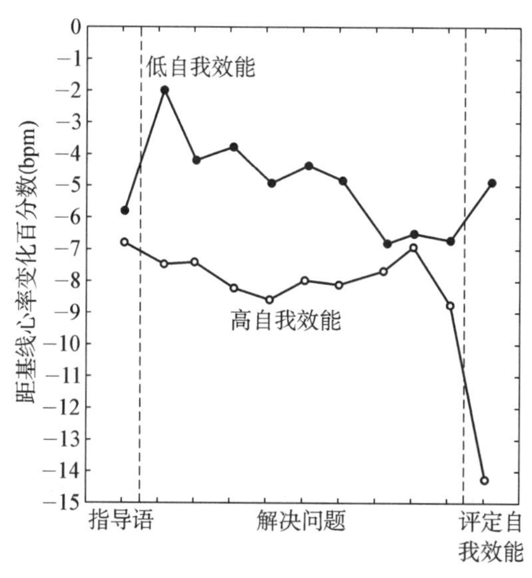

图 3－4　被试心率变化百分比

3. 影响对困难的态度

高自我效能的人敢于面对困难，并力图克服困难；低自我效能的人缺乏自信，在困难面前徘徊。

4. 影响对新行为的习得

高自我效能的人充满活力，容易习得新行为；低自我效能者则相反。

5. 影响健康水平

班杜拉的自我效能概念已经成功运用于健康心理学，个体自我效能的提高对健康有利。

1985 年，克雷门特的一项研究发现，高自我效能信念的人更容易成功戒烟。1986 年，班杜拉也发现，增强自我效能信念可以让病人面对害怕情境，坚持戒烟行为。1997 年，麦杜克斯（J. E. Maddux）等人的研究表明，自我效能感长期较低下的人有压抑感，易于沮丧、焦虑和抑郁。

班杜拉等人还发现，提高自我效能确实能增强免疫系统的功能。1990 年，威顿菲特（S. A. Wiedenfeld）等人在一项研究中对恐蛇症者进行高自我效能信念的培养，帮助他们克服了恐蛇症。研究开始时，不呈现恐惧的压力源（蛇）；然后帮助被试获得应对效能，并让被试觉知到获得了自我效能；最后，被试已经建立起完善的应对效能，即觉知到最大的自我效能。这时抽取被试的血液，结果发现，被试的 T 细胞水平增加（如图 3－5 所示）。人体的 T 细胞对癌细胞和病毒有破坏作用。

四、 目标和行动

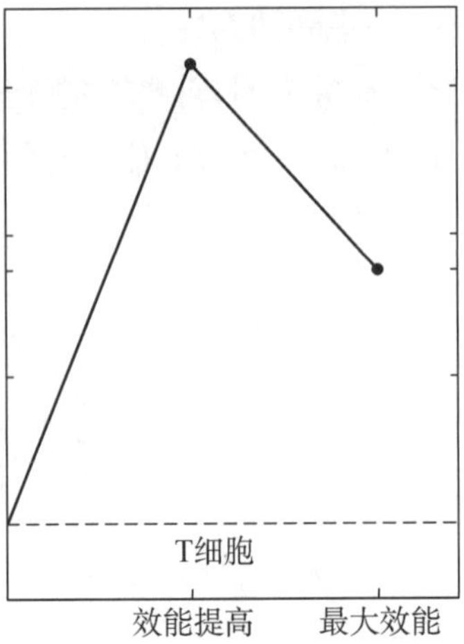

目标(goal)是有机体追求的终点的心理表征。

班杜拉认为，明确、现实、具有挑战性的目标对自我激励特别有用。

目标已成为当代人格心理学各学派的重要内容。当前心理学工作者将目标分为五种类型：①放松/娱乐；②攻击/权力；③自尊；④情绪/支持；⑤焦虑/降低威胁。

人格心理学的近期研究表明：

（1）人们更愿为实现价值高、实现可能性大、与积极情感相联系的目标而努力工作。不愿为实现价值低、实现可能性小、与消极情绪相联系的目标而工作。

图3-5　自我效能提高与免疫功能关系

（2）目标系统的功能与主观幸福感和健康有关。人们愿意实现具有可实现目标的工作，不愿实现没有目标或目标模糊、难以实现目标的工作。人们愿意实现更好健康水平和较高主观幸福感的工作。

（3）目标系统的功能具有区分性和灵活性。人们能够区分并选择具体的目标，又能保持整体的目标结构。

班杜拉的实验证明，个体要有由近期、中期、较远期和远期目标组成的目标系统，这种目标系统对个体具有重大的自我激励作用。

五、 自我调节

自我调节(self-regulation)就是个人使用认知过程来调节自己的行为。班杜拉指出，人一经社会化，就能依靠自己的内部标准来调节自己的行为，并奖励和处罚自己。个人究竟是如何建立自我评价标准的？班杜拉认为是通过奖励和惩罚。他还认为榜样对儿童自我评价系统的形成起着重要作用。

第六节　米歇尔的社会认知理论

米歇尔(1930—　)出生在奥地利维也纳。他家离弗洛伊德家很近，从小就受到弗洛伊德的影响，认为弗洛伊德的精神分析理论是对人最完备的看法。1978年，他回忆童年生活时写道："开始学习心理学时，曾为弗洛伊德学说所吸引，觉得精神分析对人有一套最完备的看法。但是，当我把这种理论应用于纽约'少年犯'村时，兴奋破灭了。因为它对我没有帮助，与我所见到的实际并不符合。我开始寻求更有用的理论。"米歇尔早期从事少年犯攻击行为的临床研究，以后不断研究延迟满足和自我控制现象的心理过程，也与这段经历有关。1938年，纳粹党徒侵占奥地利，米歇尔全家迁居美国。1953—

1956年，米歇尔在美国俄亥俄州立大学攻读临床心理学博士，1956年获博士学位。他说："罗特和凯利是我的两位良师，他们对我的思想有深远的影响。"例如，凯利的个人构念理论，罗特强调人与社会有关的学习论，行为上的情境因素与个人因素都是重要的，学习中认知过程的重要性，尤其是个人在特定情境下对各种强化作用的预期，所有这些对米歇尔都有深远的影响。凯利和罗特被认为是认知革命前的两位理论家。米歇尔称他们为他的"双重导师"。米歇尔认为，人是解释者和行为者，不断与环境交互作用，努力使生活保持和谐和协调，这与罗特和凯利的影响有关。

1958年，米歇尔去哈佛大学任职，与奥尔波特和默里（H. A. Murray）两位人格特质论大师保持密切的联系。1962年，他去斯坦福大学工作，与班杜拉共事。1978年，他荣获美国心理学会临床心理学部门颁发的杰出科学家奖。1984年后回哥伦比亚大学工作。

米歇尔的主要著作有：《人格与评估》（1968）、《社会学习论》（1973）、《人格科学进展》（2002）、《人格导论：整合的观点》（2003）等。

一、人格结构

20世纪60年代初，米歇尔在和平队做顾问时发现，特质测量对行为的预测性并不好，于是他进行了大量研究以证实行为的情境具体性。他指出：特质测量并不能很好地预测行为，行为一致性的证据远比特质理论家给出的要少；行为的情境具体性比特质更为重要等。以其1968年的《人格与评估》（*Personality and Assessment*）一书出版为标志，心理学界掀起了一场所谓的"人—情境争论"（person-situation debate），也即行为是否具有跨情境一致性的争论。经过几十年的争论，情境论者和特质论者相互有了一些妥协，即认为行为由人与情境的交互作用而决定。

1995年，米歇尔和舒达（Y. Shoda）在多年研究的基础上提出了认知—情感系统理论（Cognitive-Affective System Theory of Personality，简称CASTP）。这种理论认为，每一个人都是一个独特的认知—情感系统，与周围环境发生交互作用，产生个人特有的行为模式。这种理论被认为是一个动态的、意识的、整合的大理论，在人格理论中产生了重大的影响，也解决了人格理论中的一些争议。

米歇尔认为人格结构主要由下列单元组成（如表3-2所示）。

表3-2　人格系统中的认知—情感单元

1. 编码：对有关自我、他人、事件和情境（外部的、内部的）的信息进行编码，并加以归类
2. 期望和信念：涉及社会世界，涉及具体情境中的行为效果，涉及自我效能
3. 情感：情感、情绪和感情反应（包括生理反应）
4. 目标和价值：期望的结果和感情状态；厌恶的结果和感情状态；目标、价值和人生计划
5. 能力和自我管理计划：个人可能表现出来的潜在行为和脚本，组织活动、影响结果以及个人行为、内部状态的计划和策略

（一）编码

米歇尔认为，人们在解释和加工有关自己、他人以及外界事件的信息并对其进行分类时，所采用的方式是不同的。由于人们的知识经验、认知方式和建构的不同，对同一个人、同一件事或同一个情境的反应也不同。他说："面对同一情境，由于每个人采用的编码策略不同，所以有人注意了情境的某些方面而忽视了其他方面，而另外的人则可能刚好相反，这就造成了差异的出现。"编码策略的不同又取决于个人建构的不同。

（二）期望和信念

这主要指对在某种特定的情境中将要发生什么的预期，对某种特定的行为会有什么样的后果的预期，对某人的个人效能的预期等。米歇尔认为，当对两种情境的预期不同时，行为就会有很大的不同，期望是影响人的行为的重要中介变量。人们对自己行为结果的期望强烈地影响着他的行为；对某些刺激所代表意义的期望，也会影响人的行为。

（三）情感

该认知—情感单元指个体的情感、情绪和感情反应，也包括生理反应。

（四）目标和价值

个体对不同后果赋予不同的价值，个体具有对目标的心理表征能力。由于主观上对刺激价值的看法不同，即使人们具有同样的期望，对事件的反应也会不同。主观性刺激价值的不同是相对稳定的，因此每个人就表现出不同的行为。

（五）能力和自我管理计划

这是米歇尔理论中最富有"认知"特色的内容，主要强调那些复杂的长期目标在没有外部支持的情况下是怎样形成的，以及这种目标是怎样长期保持不变的，也强调个体形成和执行长期计划的能力，确定标准并维护标准的能力，以及抵抗诱惑并在遇到挫折时仍然坚持不懈的能力。米歇尔认为，虽然我们的行为受到来自外部奖赏或惩罚的影响，但同时也受到自己的目标和所达到的目标的计划的调节和支配，人类的行为不仅是"外控"的，而且也是"内控"的。个体确立起自己的目标后，便会为实现这些目标而选定自己的计划，在追求这些目标的过程中，个体会监测自己的行为，评价自己的成就，对成功的行为进行奖赏，对失败的行为加以惩罚。

米歇尔认为，该系统中的认知—情感单元并不是孤立、静止的，而是一个关系组织系统中动态联结的组成部分。当人格处于某种情境时，人格系统中的这些单元就会与情境发生交互作用，并影响最后的行为（如图 3－6 所示）。

米歇尔等人认为，人格单元在情境作用下以独特的方式联结在一起，形成人格结

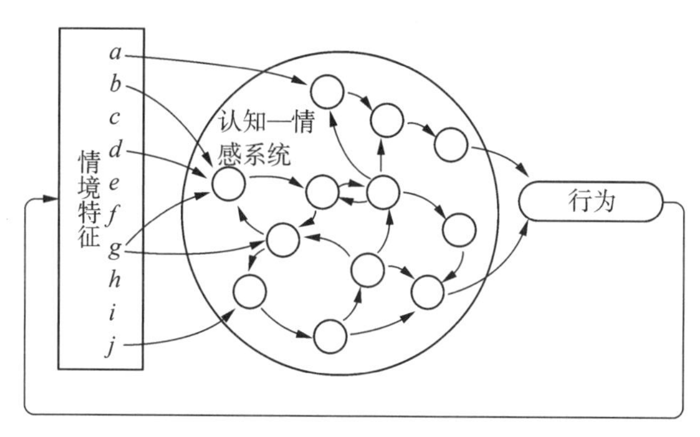

图 3-6　人格认知模型

构，保持相对稳定。当某个个体处于某种情境中时，情境便会激活某些相互联系的单元，彼此之间又发生特定的交互作用，从而产生情境特异化的认识、情感和行为。不同的激活就是行为不一致的原因。米歇尔并不忽视个体差异，认为每个人有一套独特的心理表象，它使我们产生不同的行为模式，即使在相同的情境中，行为也会有所不同。例如，从记忆中提取某种信息，存在着难易的差别，激活的认知信息类别方面也存在差异。例如，在旅游时看到一座山，有人会回忆起童年的生活，有人会回忆起过去旅游时的欢乐等。

近年来，米歇尔等人又研究了另一些认知结构，如原型、图式、自我图式和可能自我等。

二、原型

原型(prototype)指某类事物在个人心目中的典型形象。"在模式识别的原型匹配假设中，原型是指对某类客体的基本成分的一种抽象形式。"①坎托(Cantor)等认为，人们想象中的人物形象，被某些心理学家称为原型。

人们通常用原型来判断某一事物是否属于某种类别。某一事物与个人心目中的原型越相似，就越有可能被归为同类。"原型存储于长时记忆中，当外界刺激的感觉输入能与原型匹配时，这个刺激便被确认是属于该原型所代表的范畴的事例。"②例如，我们一般把苹果和橘子作为水果的原型，桃子与原型很接近，容易被归入水果一类；当有人说西红柿也是水果，你可能不会很快接受。

我们还可以根据原型对人进行分类。人的原型是有许多固定特征的混合体，并非描述某一个特定的人。原型是某一类人的典型形象。坎托等人认为，原型是按层次排列的(如图 3-7 所示)。

---

① 荆其诚. 简明心理学百科全书[M]. 长沙：湖南教育出版社，1991：646.
② 同①。

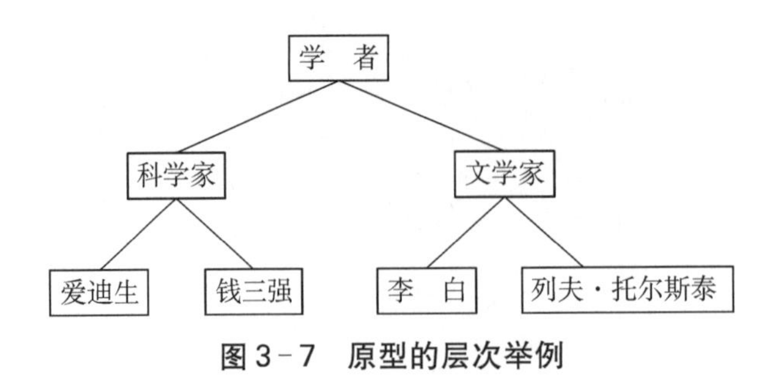

图3-7 原型的层次举例

可以用原型来理解人格。早期认知心理学家罗什(Rosch)最早提出用原型来考察人格基本框架。原型是一个人比较固定的认知结构，我们行为中的个别差异也比较稳定。人们会以不同的方式去了解同一个人。例如，一个中间型的学生，会被具有外向型的教师归入外向型一类；被具有内向型的教师归入内向型一类。

米歇尔认为，原型的运用对认知对象有利也有弊。分类可以对大量信息进行梳理，这样，人就不会被信息的洪流所淹没；但其不利之处是分类会以定型化或一种狭窄的类型去看待人，缺乏对人的全面了解。

三、图式

图式(schema)是用来帮助我们知觉、组织和储存信息的认知结构。一个图式就是一个认知结构。图式会影响对周围新的信息的知觉、组织和记忆，影响对信息的编码、贮存和提取。我们周围有大量的信息，如果没有办法来组织这些信息，就没有办法认识世界，更不能改造世界。现代图式理论认为图式在知觉、记忆和思维等认识活动中有重要作用。

图式帮助我们感知周围世界的特征，当重要或引人注目的信息出现时，每个人都会注意它。如果成年人的宴会上出现一个活泼可爱的孩子，可能每个人都会注意到并喜欢他，因为大家有这方面信息发展得很好的图式。图式还能给我们提供一种结构，用以加工和组织新信息。例如，我们可以很容易把一条关于铅笔的新信息归入原有的铅笔信息中，因为我们有一个很好的“铅笔”图式。所以如果有人问铅笔是不是“文具”，我们就很容易回答。

有些心理学家认为图式结构具有网络形式。例如，“文具”这一概念的图式中就包括铅笔、圆珠笔、毛笔、橡皮等。一个图式也可由子图式的网络构成。例如，文具图式可由铅笔、毛笔等子图式构成。而这些子图式又由其他成分构成，这个等级结构处于动态过程。它包括自上而下的加工和自下而上的加工。“图式概念与框架、脚本等概念均相近，其基本思想是一致的。”①

图式比较稳定，我们加工信息的方式也比较稳定。图式使我们以比较固定的方式

---

① 荆其诚．简明心理学百科全书[M]．长沙：湖南教育出版社，1991：496.

获取信息；每个人的图式是不同的，这就使我们在人格方面有比较固定的个别差异。

四、自我图式

自我图式(self-schema)是“一套关于自己的认知概念，能组织和指导与自己有关的信息的加工过程”①。自我概念在人格心理学中占有极重要的位置，自我概念比较稳定，它在自我的认知表象、在获取信息和与周围人交往方面起着重要的作用。

马尔库斯(H. Markus)认为，自我图式是“对来源于过去经验的自我认知的泛化，组织并引导着关于自我方面的信息加工”。他的一项研究表明：自我图式由生活中最重要的方面组成，由个人最根本的信息构成。例如，姓名，体型，与父母、配偶、儿女的关系表象等。自我图式的特征是理解个体差异的重要因素，如教育家会将有关教育的信息纳入自我图式之中。

自我图式提供了一个组织和储存相关信息的框架。如果有了某一个主题很强的图式，从记忆中提取信息就会比零散储存信息容易得多。研究者用大学生做被试，在屏幕上出现 40 个单词，要求大学生按“是”或“否”的按钮。其中有 30 个问题并不涉及被试的自我图式；其余 10 个单词在加工这些信息时涉及个人的自我图式。要求被试在三分钟内尽可能多地回忆这 40 个单词，结果表明：被试回忆与自我图式有关的单词的效果比其他单词好(如图 3 - 8 所示)。

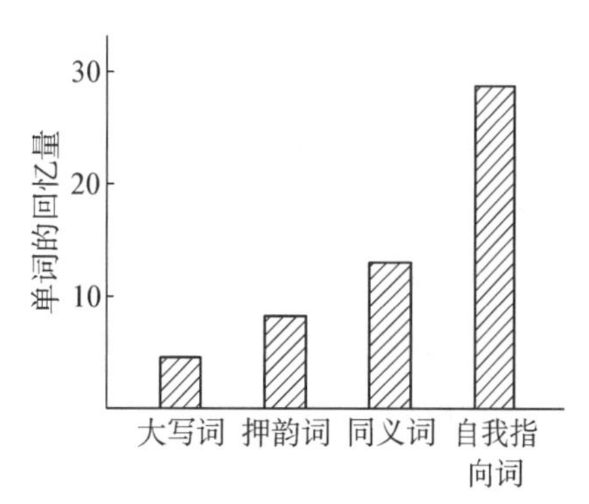

图 3 - 8 主题词对回忆量的影响

五、可能自我

可能自我是对自己将会成为什么样的人的认知结构。研究表明：人的行为不仅受自我的影响，而且受“我将来将成为怎样的人”的认知表象的影响，即受将来自我的影响。例如，同样是两个人去黄山旅游，一个观察得很仔细，一个一般性地看看。因为前者准备成为旅游家，后者没有这个准备。

研究表明，可能自我有两种重要功能：①激励未来的行为。例如，某人每天早晨锻炼身体，是希望以后成为一名运动员；某大学生努力攻读 MBA(工商管理硕士)课程，是希望将来成为一名经理。②帮助我们解释自己的行为和周围事件的意义。例如，对于一个把音乐家作为可能自我的人来说，“唱歌”的意义与一般人不同，可能会引起他更多的注意和更强烈的情绪反应。

---

① 荆其诚. 简明心理学百科全书[M]. 长沙：湖南教育出版社，1991：706.

健康的可能自我是鼓舞人们前进的巨大动力，为人们提供奋斗的目标，为人生的航船指明方向。因此，培养青少年健康的可能自我具有特别重要的意义。研究表明，不健康的可能自我与青少年中的潜在问题有关。超过 1/3 的犯罪青少年具有不健康的可能自我。

第七节 行为主义学习论和社会认知论人格理论的评价与相关研究

一、评价

从 20 世纪 20 年代以来，行为主义理论经历了无数挑战，经历了时间的考验，至今仍是一种独具一格的人格理论，是当代心理学中的一个大学派。斯金纳是新行为主义的代表人物，他用操作条件反射原理来解释人格。与人格特质理论和精神分析理论不同，他们强调研究个体可观察的外显行为，拒绝使用传统心理学中的一些基本概念，把人格等同于行为，并设计了许多实验，严格控制条件，具有坚实的实验基础。他们重视环境在人格形成中的作用。但是，斯金纳用观察老鼠行为得到的数据来解释人类行为，否定了人类行为的自觉性、能动性和社会性。不可否认，人类对一些刺激，在特殊情况下会作出不由自主的反应，但并不像斯金纳所认为的那样，这不是人类的主要行为。他们对人格的理解面太窄。

多拉德和米勒试图把赫尔的学习论和弗洛伊德的理论综合起来。他们研究了人类学习的四个要素和人类的四种冲突。与斯金纳一样，他们认为人类的大多数行为是习得的；与斯金纳不同的是，他们认为不仅那些简单的外显行为是习得的，而且语言以及弗洛伊德所说的压抑、移置、冲突等复杂行为也是习得的。斯金纳把语言看作外显行为，他们则认为语言有其内部的认知功能。多拉德和米勒更加注意行为学习的内部心理机制，并认为动物实验资料只能作为人类行为的参考。

凯利被认为是认知革命前的理论家。他十分重视个人分析或解释事件的方式，开创了个人建构和个人建构系统研究，并将此作为他人格理论的核心。在凯利看来，人格就是个人对事物的看法，建构就是人格单元，认知结构就是人格结构。他用人类的信息加工理论来解释人格是符合时代精神的。他于 1955 年出版的《个人结构心理学》受到许多心理学家的高度评价，已经被译成多种文字广泛出版。伯格称凯利的理论是“‘认知’人格理论的源头”。凯利认为人是科学家，要重视人的主观能动性。他认为，个人能不断调整自己的构念系统，认识世界，并预测未来。但是，凯利有许多概念是从观察和实验中得来的，有些概念太模糊。他否定客观世界的存在，把人格看作个人对事物的一种看法，过分强调认知，忽视客观现实，受到学者的批评。凯利轻视情感在人格中的作用和地位。其实，没有情感的人格是不完整的。

罗特被认为是第一个提出社会学习论的人。他强调预期的社会学习论，其主要贡献是对心理学中的两大流派，即强化理论和认知理论进行了综合。他既重视"期待"等认知过程，也很强调许多操作性定义，同时还是一名心理治疗师，他主要采用行为治疗，特别是认知行为疗法，从而使社会学习论在心理治疗中得到应用。

班杜拉重视认知变量在行为中的作用，不仅强调外部事件，也强调内部事件的作用，在很大程度上克服了行为主义在意识问题上的局限性。他精心设计了许多实验，研究社会关心的问题。他重视人的因素在行为中的作用，使行为主义与人本主义在目标上逐渐接近和一致。他把认知变量引入行为主义的人格理论，与当代认知人格学派联系起来。班杜拉的社会认知理论、自我效能理论，不仅对人格心理学，而且对临床医学也有重大而深远的影响。班杜拉致力于科学创新。他提出了观察学习、三元交互理论和自我效能理论，对心理学的发展和许多实践领域都作出了重大的贡献，但同时也存在一定的局限。

首先，班杜拉重视观察和模仿在人类学习和人格发展中的作用，认为人可以通过观察进行学习，但表现这种行为需要通过强化。这对教育工作有一定的意义。但是，他过分强调模仿在学习中的作用。因为人类学习中的许多行为模式需要通过多次实践才能形成，而不是通过一两次观察就能形成的。他特别强调模仿的作用，但忽视了人的主动性和创造性，只能培养缺乏开拓精神、人云亦云的人。在模仿学习实验中，观察者也不总是像班杜拉指出的那样，表现出强烈的攻击性模仿行为。另外，新异性对模仿者很重要。坎伯勃奇指出，观察者对新异行为的模仿与对熟悉行为的模仿相比较，对前者的模仿在攻击性倾向上比对后者的模仿高 5 倍。其次，班杜拉的自我效能理论也有一定的局限性，即只有在成功标准清晰、明确以及意识的控制下，自我效能感才最为有效。最后，班杜拉的交互决定论比传统的行为决定论前进了一大步。他明确指出了人、行为和环境的交互作用，但没有重视遗传的作用，没有考虑到人与行为背后的生物现实。同时，班杜拉的理论也缺乏对人格个别差异普遍性的论述。正如艾森克所指出的："在具体性—普遍性这个连续体上，班杜拉走得太靠近具体的一端，以致没有对个体差异进行任何普遍性的论述。"

行为主义和社会认知论都建立了一套心理治疗程序，用数据和客观标准判定疗效。这对儿童、精神病人或有严重情绪障碍的患者比较适合，疗程相对比较短，方法也比较容易掌握，通过治疗，确实能使患者感觉到好一点，快乐一点，但有些心理治疗程序只是帮助患者转移注意，矫正效果可能只是短暂的。例如，斯金纳的代币奖励可能存在治标不治本的短暂效应，行为主义者对行为疗法的有效性估计过高。

米歇尔与班杜拉一样，被认为是认知革命后的理论家。他用认知变量解释人格，用从认知心理学和社会学习论借鉴来的模型取代特质论。米歇尔认为在共同特质维度上的特征可以为一般行为提供有用的总体概括，但忽略了在跨时间和跨情境下可以从同一个人身上观察到行为上的显著不同。他强调情境的具体性，认为人遇到事件时会与一个复杂的认知—情感系统单元(指个体所有的心理表象)发生交互作用,并最终决定行为。他不仅强调外部事件的重要性,也强调内部事件的重要性,认为在交互作用中,不仅环境塑造人,人也在塑造环境。他用心理表象差异来解释人格差异,称这些心理表象为认知结构,还提出和研究了几个新的认知结构。

米歇尔的社会认知理论建立在科学实验研究的基础上。他重视实验和概念的界定,研究的课题都是人类的重要行为,不必再从动物研究资料来推论人的行为,这具有重大的社会意义。社会认知理论最近越来越强调认知和自我调节,不仅强调行为,而且强调认知和情绪,他们一直关注心理科学各方面的进展,随时调整自己的理论,以便与心理科学的发展配合一致。但是该理论还处于发展阶段,还没有一个清晰的模型,缺乏统一的理论架构,还不是一个整合的理论,他们的内在变量和语言的自我报告法等受到严谨的行为论者的批评,他们对人格心理学中的某些重要问题还缺乏研究,有些概念还有待于进一步界定。1995 年,他和舒达又提出了认知—情感系统理论。这是一个新型、动态、整合的关于意识的大理论,解释了人类跨情境差异的实质和原因。这个理论提出了五个人格单元,强调认知,重视情感,其内涵比 1973 年提出的社会认知理论的人格结构更丰富。

二、 相关研究

高自我监控—低自我监控研究的进展

斯奈德(M. Snyder)提出了一个新概念"自我监控"(self-monitoring)。高自我监控者指对情境中适当线索高度敏感并能及时调整自己行为的人;低自我监控者指不大注意社会信息,多根据认知和感受来调整自己行为的人。自我监控适度,可以平衡对情境的敏感性与具有独立和坚忍不拔者的观点之间的关系。

斯奈德发现,高自我监控者与低自我监控者之间有重大的人格差异。高自我监控者有下列特点:①能很好地交流感情,表达自己的行为意向;②讲话有时会与事实有出入;③能正确推测他人的情绪;④能识别情境,在不同情境中行为变化较多;⑤对他人友好,外向、开朗,较少担忧、焦虑或紧张不安;⑥在自我表征方面较少受心理状态改变的影响;⑦能记住较多的他人信息,推测他人的特质。

当情境重要的时候,人格的影响也是重要的,并体现出个体差异。斯奈德还编制了"自我监控量表"(如表 3-3 所示)。

表 3-3 自我监控量表

项 目	评价
我的行为常常表现我真实的内心感受	F
在晚会和社交集会中，我不会试图去做或讲他喜欢的事	F

续　表

项　目	评价
社交时，我不懂得怎么做，就以他人的行为作为参照	T
有时候，在他人面前我体验比实际更深一点的情感	T
与人一起看喜剧片时，我会比一个人看时笑得多一点	T
在不同情况下，与不同的人相处，我的行为常常像不同的人	T

注：T = 真，F = 假。

第四章　人本主义的人格理论

人本主义心理学(humanistic psychology)是20世纪60年代在美国兴起的一个心理学流派,因为强调人的本性及其主观经验的重要性而得名。人本主义心理学反对心理学中的两种贬低人格的还原论,既反对行为主义的机械还原论,又反对弗洛伊德的生物还原论。在人本主义心理学出现前,心理学家武德沃斯在1963年曾指出:"行为主义和精神分析几乎平分了现代西方心理学的世界。"因此,人本主义心理学被称为心理学中的第三种力量。代表人物是马斯洛和罗杰斯等。

车文博教授指出:人本主义心理学具有以下主要特点。

(1) 在研究对象上,它不是从动物、患者或一般人中去选取,而是从精英、名人或心理健康者中去抽样。

(2) 在研究内容上,它主要不是探讨低级心理现象和认知历程,而是专门研究人的高级的整合的动力心理,如人的本性、潜能、价位、尊严、创造力和自我实现等富有意义的根本问题。

(3) 在研究原则上,它不拘泥于传统心理学的学院式研究,而重视结合广泛的社会问题开展应用心理学的研究。

(4) 在研究方法上,它不热衷于自然科学的实验方法,而采用整体分析和现象学的方法。①

人本主义心理学家沙弗概括了人本主义心理学的中心论点。

(1) 具有强烈的现象学倾向,强调人的主观体验,对人的主观世界心理内容有强烈的兴趣,但不因人本主义心理学关心人的主观性就否认它的科学性。

(2) 坚持人类的统一与完善,吸取了格式塔心理学的优点,并将其进一步深化。

(3) 在承认人的发展的同时,认为人类有一种不可缺少的自由和自主倾向,能克服自身条件的限制。

(4) 主张按意识的本来面目来看待意识经验,反对精神分析和行为主义的还原论。

(5) 相信不可能对人性进行穷尽的解释,因为人的人格有无限发展的可能性,人有实现自己的潜能,不断超越自我的能力。②

美国人本主义心理学会主要根据下列四项原则开展活动。

(1) 心理学的研究对象主要是经验着的个体。

(2) 人本主义心理学家研究的重点是人的选择性、创造性和自我实现,而不是机械还原论。

(3) 人本主义心理学研究个人和社会有意义的问题。

---

① 车文博.西方心理学史[M].杭州:浙江教育出版社,1998:536.

② 扎莫菲尔.人格心理学派述评[J].国外社会科学,1982(04).

(4) 心理学应注重人的尊严和提高人的价值。

当前,人本主义心理学的人格理论虽然没有像过去那样受欢迎,但在人格心理学家领域仍占有重要的位置。罗杰斯的心理治疗理论受到广泛的认同,马斯洛的需要的层次理论也得到了许多心理学研究者的验证。

今天,作为一个学术运动的人本主义心理学已经消失,但是人本主义心理学的某些思想和理论已经渗透进了人格心理学之中,成为其不可缺少的一个部分。

人本主义的人格理论在专业人员和公众中受欢迎的程度先上升随后下降。在20世纪60年代和70年代早期,青年对人本主义最富有热情。

第一节　马斯洛的自我实现理论

美国心理学家马斯洛(1908—1970)是人本主义心理学的主要创始人之一。他1908年生于美国纽约州,童年时孤独而不幸,他在图书馆里的图书的陪伴中长大,没有朋友。年轻时学过法学、文学。他早年信仰华生的行为主义,曾根据行为主义理论来教育自己的孩子,但失败了。他指出,任何有孩子的人绝不可能是行为主义者。他认为,整体论、动力论和对文化因素的强调三者结合起来,可以形成一种比较全面的人格理论,而机体论是联结整体论和动力论的桥梁。第二次世界大战期间,他深深地意识到战争给人类带来的悲剧,决心通过健康人或自我实现者的研究,证明人类有能力战胜仇恨,征服毁灭。马斯洛崇敬格式塔心理学的创始人之一韦特海默(Max Wertheimer)和美国文化人类学家本尼迪克特,希望深入了解他们,在这种思想指导下,他致力于研究自我实现的人。马斯洛致力于帮助建立健康和幸福的人格。

马斯洛于1934年获威斯康星大学博士学位。毕业后,他在哥伦比亚大学与桑代克(E. L. Thorndike)共事,在布鲁克林学院执教14年。在此期间,他认识了霍妮、弗洛姆和阿德勒,特别是遇到了韦特海默和本尼迪克特。1967年他被选为美国心理学会主席。1951年去邦迪斯大学工作,一直到去世。马斯洛一生努力了解心理学如何帮助人们建立幸福、健康的人格。他在1968年写道:“弗洛伊德提供了心理学的悲观一部分……我们必须用健康的另一半来补充。”

马斯洛的主要著作有:《动机和人格》(1954)、《存在心理学探索》(1962)、《宗教、价值和高峰体验》(1964)、《人性能达到的境界》《1970》等。

一、需要和动机

马斯洛认为,需要是动机产生的基础,动机是人类生存和发展的内在动力。

马斯洛的人格理论的中心是动机理论,也就是需要的层次理论。他把人类的需要分为两类:一是沿生物进化逐渐变弱的本能需求,称低级需要;二是随生物进化逐渐显示出的潜能,称高级需要。人的基本需要应该得到满足,潜能要求实现,这是马斯洛自我实现理论的基本点。马斯洛认为人类的基本需要是按照层次组织起来的。他把人类的高级需要和低级需要联系起来，纳入一个连续的统一体之中。人类的需要是按层次组织起来的系统。

(一) 需要层次论

马斯洛起初提出人类有五种基本需要(生理需要、安全需要、归属和爱的需要、尊重需要和自我实现的需要)，后来他又在尊重需要和自我实现的需要之间增加了认知需要和审美需要(如图 4－1 所示)。他指出，只有低级需要基本满足后才会出现高一级的需要，只有所有的需要相继满足后，才会出现自我实现的需要。马斯洛把认知需要、审美需要和自我实现的需要统称为成长需要。

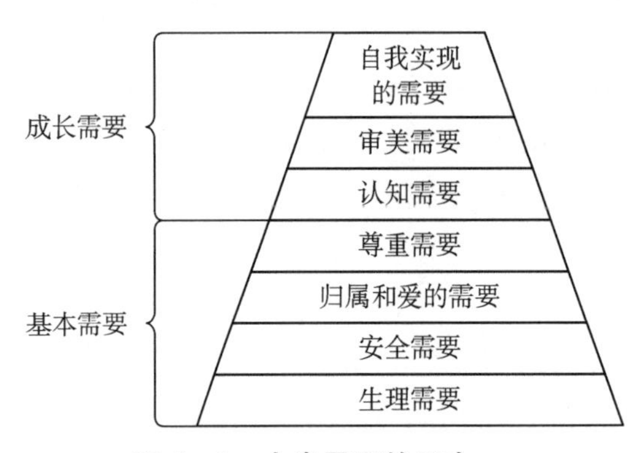

图 4－1　人类需要的层次

马斯洛认为自我实现的需要是创造的需要，是追求实现自我理想的需要，是个人特有潜能的极度发挥，个人会做一些自己认为有意义和有价值的事。马斯洛指出，你是什么角色，就应该做什么样的事，这种动机就叫自我实现。音乐家应该演奏音乐，画家应该画画，诗人应该挥笔作诗等。马斯洛指出，不同层次需要的发展，与个人的年龄增长相适应，也与社会的经济与文化教育程度有关。对于大多数人来说，自我实现需要的满足，仅仅是个人的奋斗目标，只有人类中的少数人，才能达到真正的自我实现境界，成为自我实现者。

后来马斯洛又把人的需要概括为三大层次：基本需要、心理需要和自我实现需要(如图 4－2 所示)。他后来认为，在自我实现的需要之上还有一个超越需要。

马斯洛指出，个人发展更多地像波浪式地演进，各种不同的需要的优势由一级演进到另一级(如图 4－3 所示)。例如婴儿时期主要是生理需要，后来才产生安全需要、归属需要和爱的需要，青年时才产生尊重需要等。

马斯洛在 1970 年系统地总结了需要和动机的理论，这是他对需要和动机理论更全面的表述。他认为，在自我实现需要之上，还有一个超越需要。他认为，处于超越需要

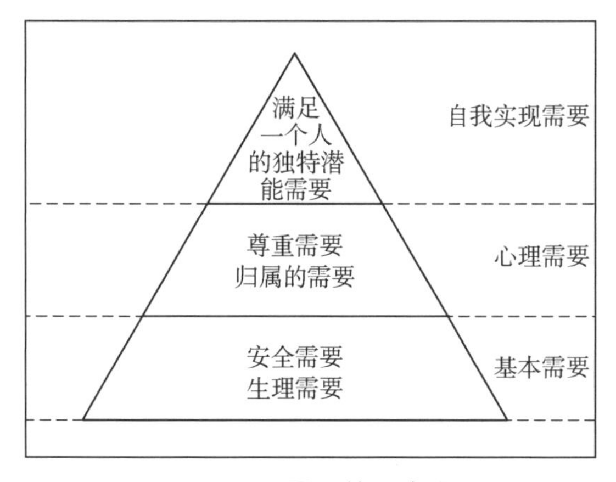

图 4－2　需要的层次图

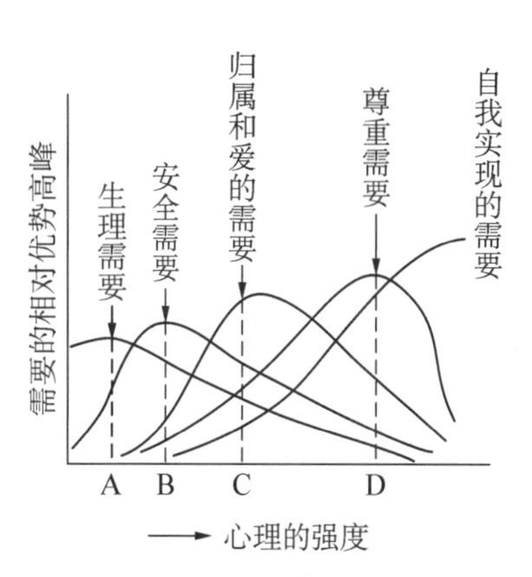

图 4－3　需要层次和不同的心理发展时期

的人，他们生活安全，被别人爱和爱别人，有信心，善于思考并有创造力，富裕。超越需要导致更高的意识层次，超越自我和个人的潜力。马斯洛认为，很少有人能达到这种境界（如图 4－4 所示）。目前，马斯洛的超越需要论述已被写进一些大学的心理学教材，评论这种理论的著作文章还不多。

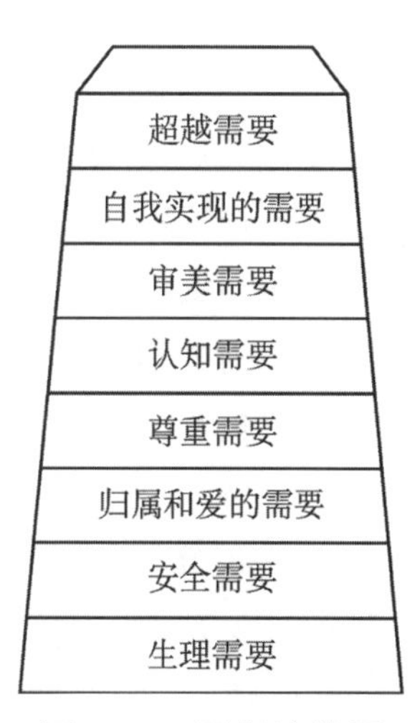

图 4－4　马斯洛的需要层次

（资料来源：R. J. Gerrig & P. G. Zimbardo，2003）

马斯洛的需要层次理论最初带有一定的机械性，一些心理学家对马斯洛的这种看法有所批评。但是，后来马斯洛在谈到基本需要层次的固定程度时指出，基本需要的各个层次的固定程度并非那样刻板，实际上有许多例外，有许多常见的颠倒情况。例如，有些人把尊重需要看得比归属和爱的需要更为重要；有天赋创造性的人，尽管缺乏生理需要的满足，但仍有所创造；有些人为了某种理想或价值，可以牺牲自己的一切，他们是“坚强”的人，不惜牺牲而坚持真理。

（二）低级需要和高级需要

马斯洛认为，低级需要比高级需要更为强烈，并与动物的需要相类似。高级需要强度较弱，但是越是高级的需要越能体现人类的特征。除了人类以外，没有任何其他动物具有最高层次的需要。

高级需要和低级需要之间的区别在于以下四个方面：①在种族发展的过程中，高级需要出现得比较晚。同样，在个体发展过程中，高级需要出现得也较迟，有些高级需要到中年才会出现。②高级需要比低级需要较少直接同生存有关。③高级需要的满足比低级需要的满足的愿望更强烈，高级需要的满足能够产生极度的幸福、思想的平衡和丰富多彩的精神生活。④高级需要的出现和满足比低级需要要求有更多的先决条件，高级需要作用的发挥也要求有更完美的环境条件。

（三）似本能需要

基本需要究竟是什么呢？马斯洛指出，“基本需要是一种似本能需要”，他认为人的基本需要从低级到高级都具有似本能性质，或者说都是由人的潜能所决定的。“似本能”是马斯洛需要理论中的一个极其重要的概念。他用似本能这个术语代替本能这个术语，用来表达人类需要的本性。似本能需要是天生的，但是微弱的，极易被环境条件所改造。

在人类行为和动物行为的关系上，马斯洛在指出它们之间的连续性的同时，还强调二者之间的区别，反对当时流行的人兽不分的倾向。他指出，本能是强大的和不可改变的，这种情况对于低等动物来说也许是真实的，但对于人类来说却并非如此。人类的本能活动已经“削弱”了，已经被文化“淹没”了，人类的似本能需要是“用低语而不是用喊叫来表达自己”，是微弱的和含糊不清的。人类不再有像动物那样具有那种刻板地支配它们做什么和怎样做的本能。马斯洛还指出，随着动物的进化，可以有一些类似本能的冲动或潜能出现，这一类冲动或潜能在某些高等动物中已经能够明显地看到。他在研究黑猩猩时发现，在黑猩猩中已经有明显的友爱合作，甚至利他行为。马斯洛认为，本能性的低级需要是为一般动物和人类所共有，高级需要是为人类和一部分接近人类的动物所共有，而创造性，他明确指出是为人类所独有。马斯洛认为越是高级的潜能，越带有人性的特征。在谈到低等动物的需要时，他指出：“老鼠除了生理动机之外，几乎是没有别的动机。”

在内因和外因的关系上，马斯洛强调内因和生物性的作用，但也给环境的作用留下余地，这是因为潜能是比较微弱的先天因素，在后天才能发展和实现。马斯洛认为，环境对于人类似本能需要的实现有巨大影响。改善文化的意义就是在于给人类的内在生物倾向以一个更好自我实现的机会。需要的理论包括了健全社会的概念，所谓健全社会就是能促进人类潜能最充分发展的社会。他指出，潜能是主导因素，环境是限制或促进潜能发展的条件，环境的作用在于容许或帮助人类实现自己的潜能。

二、自我实现论

自我实现论（self-actualization theory）是人本主义心理学基本理论的核心。[1]

马斯洛认为，自我实现是一个人力求变成他能变成的样子。马斯洛指出：“一位作曲家必须作曲，一位画家必须绘画，一位诗人必须写诗，否则他始终无法安静。一个人能够成为什么，他就必须成为什么，他必须忠实于他自己的本性。”[2]

---

① 车文博．西方心理学史[M]．杭州：浙江教育出版社，1998：559.

② 马斯洛．动机与人格[M]．许金声，等，译．北京：华夏出版社，1987：53.

马斯洛调查“自我实现的人”是从他对两位导师——韦特海默和本尼迪克特的崇敬开始的。他最初并不是为了研究，只是为了理解两位导师的人格特征。马斯洛发现这两个人身上有许多共同的特征，这使他极度兴奋并且开始寻找具有同样特征的人。结果他如愿以偿地一个接一个地发现了这样的人。他寻找那些能够充分发挥自己才能的人、全力以赴工作的人、把工作做得最出色的人。他在历史人物、熟人和学生中挑选这种人物。最后他选择了 48 人，对他们进行深入研究。在这 48 人中，有 12 人是“很有可能的”自我实现者；10 人是“部分”的自我实现者；26 人是“潜在的或可能的”自我实现者。他所研究的人物中有贝多芬、爱因斯坦、罗斯福、斯宾诺莎、歌德、詹姆斯、杰斐逊、林肯和弗洛伊德等人。在他的研究中，对有些被试是直接研究的，对另一些被试则是以回顾的方式进行研究的。

马斯洛发现自我实现者大多是中年或较年长的人，或者是心理发展比较成熟的人。他还认为，一个人的童年经验与他的自我实现有密切关系。对两岁以内儿童的爱的教育特别重要。童年失去了安全、爱和尊重的人是很难自我实现的。他提出教育应该是“有限度的自由”，控制过严或过分放纵对“完美人性”的培养，对人的自我实现是不利的。马斯洛认为绝大多数人只能在爱和归属需要与自尊需要之间的某一层次上度过一生，估计只有百分之一的人才能成为自我实现者。

(一) 自我实现者的积极特征

经过广泛的观察，马斯洛提出自我实现者具有下列积极特征：①良好的现实知觉；②对人、对己、对大自然表现出最大的认可；③自发、单纯和自然；④以问题为中心，不是以自我为中心；⑤有独处和自立的需要；⑥不受环境和文化支配；⑦对生活经验有永不衰退的欣赏力；⑧神秘或高峰体验；⑨关心社会；⑩深刻的人际关系；⑪深厚的民主性格；⑫明确的伦理道德标准；⑬富有哲理的幽默感；⑭富有创造性；⑮不受现存文化规范的束缚。

1986 年休格曼(D. B. Sugarman)完成了一项相关研究，研究表明：自我实现者的性格特征基本上与马斯洛研究的结果相一致。休格曼研究的自我实现者有下列特征：①现实知觉准确；②能接受自己和他人；③有自发性；④集中在自身以外的问题上；⑤ 喜欢独处；⑥能够自治，并不随波逐流；⑦欣赏美好事物；⑧有强烈的高峰体验；⑨人际关系密切；⑩能尊重别人；⑪有明确的伦理道德准则；⑫富有创造性。

另一项相关研究是希尔(N. Hill)做的，他用 25 年的时间，采访了 500 名各行业的先进人物，他分析归纳出成功者的 15 个性格特征：①目标明确；②自信；③有储蓄的习惯；④有进取心和领导才能；⑤有想象力；⑥充满热忱；⑦有自制力；⑧付出多于报酬；⑨有吸引人的性格；⑩思想正确；⑪专注；⑫有合作精神；⑬敢于面对失败；⑭宽容他人；⑮己所不欲，勿施于人。这 15 个性格特征都很重要，其中目标明确和专注最为重要。希尔的研究表明：名列前三位的是亨利・福特、富兰克林和华盛顿。

(二) 自我实现者的消极特征

马斯洛认为自我实现者是健康的和创造的人，但“决不存在完人”，自我实现者不是十全十美的完人。马斯洛在他研究的自我实现者身上发现许多次要的缺点。马斯洛指出：他们也具备挥霍、戆直或轻率的习惯。他们可能刚愎自用、易烦恼和令人讨厌。他们还存在一点虚荣、自夸和对自己亲人的偏袒，有时也会发怒。自我实现者有时会表现出令人吃惊的冷酷无情和铁石心肠。他们如果发现他们所长期信赖的人不忠实，就会果断地与他们绝交。他们之中的许多人对亲友死亡的悲哀摆脱得非常迅速。

三、 高峰体验

马斯洛认为，高峰体验是一种超越一切的体验。其中没有焦虑，人感到自我与世界和谐统一，感受到暂时的力量和惊奇。这是自我实现或创造性潜能带来的最高喜悦。

马斯洛指出，许多人都有片刻的自我实现体验，这种体验对自我实现的人来说，则远比一般人来得频繁。高峰体验可以在不同场合下发生，强度也不一样，但时间不长久。人们在发现真理时，家庭生活和谐时，欣赏艺术陶醉时，对自然景色迷恋时都可能出现高峰体验。他要求许多大学生描述他们的一些接近高峰体验的经验，然后归纳为：整体性，完美，活泼，独特性，轻松，自我满足和真、善、美的价值等几方面。

马斯洛在晚年研究了具有创造才能的人身上的某些神秘经验。他说，这种人能够体验到“充满幸福的时刻，甚至充满极乐的、入迷的或狂欢的时刻”，即体验到高峰体验。他认为人一旦进入这个体验，就会失去自我意识，而与宇宙融为一体，就会领悟到真理的本质，甚至还能把握生活的真谛或者秘密。

马斯洛指出，高峰体验是一种同一性的体验。人在高峰体验时有最高度的同一性，最接近他真正的自我。自我实现，作为人本性的实现，是人与自然合一，这时人会有一种返回自然与自然合一的愉悦的情绪。自我实现作为个人天赋的表现，也是人与自然合一。自我实现者经常体验到高峰体验。

马斯洛指出，高峰体验有这样一些后效：具有一定的疗效，能消除病状；可以朝着一个健康的方向改变一个人对自己的看法；可以多种方式改变一个人对他人的看法以及与他们的关系；可以或多或少改变一个人对世界的看法；能把一个人解放出来，使之具有更大的创造性、自发性和独立性。这与班杜拉等人的自我效能理论的看法一致。

第二节 罗杰斯的自我理论

美国心理学家罗杰斯(Carl R. Rogers，1902—1987)小时候是伊利诺斯州一个很聪明的孩子，特别喜爱科学。1919 年，他进入威斯康星大学学习农业，并选修了一些心理学课程。后来去哥伦比亚大学继续学习心理学，毕业后，在纽约的一个儿童指导诊所工作。后来他曾在俄亥俄州立大学和芝加哥大学任职。1957 年到威斯康星大学工作。罗杰斯不断与弗洛伊德的心理治疗和行为主义心理学学派展开争论。1956 年,美国心理学会给他颁发特殊科学贡献奖。1963 年,罗杰斯在加利福尼亚建立了人类研究中心,对科学的兴趣和对人的真正关心贯穿了他的一生。罗杰斯非常相信现象学的方法优于任何一种科学方法。他指出,就他的思考方式而言,这种个体的、现象学的研究方法要比任何传统的、努力思考的经验的途径更好,尤其是当个体可以觉察所有的反应时,它实际上能够最深刻地洞察经验的真正意义。现象学是一种主观唯心主义学说。现象学的人格理论认为,一个人在一定时间里的行为主要是由这个人对世界的知觉决定的。人与人之间存在不同,是由于对现实的看法不同。罗杰斯认为,每个人都存在于以他的经验为中心的世界之中。罗杰斯深受马斯洛自我实现理论和德国戈尔德斯坦(Kurt Goldstein)机体论的影响。戈尔德斯坦认为,有机体是一个整体,它的任何部分发生变化,都会影响整体;有机体是由一种主观的内在驱力,而不是由各自独立的多种内驱力激发的,这种内驱力就是个人对实现自身先天潜能的不断追求。马斯洛和戈尔德斯坦又深受场论的影响。心理学中的场论认为,个人行为是由构成整体心理物理场的各种力的联合作用决定的。

罗杰斯是人本主义心理学的另一位大师,是人本主义心理学最有影响力的人物之一,几十年来在努力建构人本主义心理学。他是人本主义心理治疗的先驱,创立了“以人为中心”“交朋友小组”等治疗方法。他的人格理论是从他的心理治疗中发展起来的。他提出了人格的自我理论,并进一步把人本主义心理学理论扩展到了社会生活中的许多领域。罗杰斯在他生命中的最后 15 年致力于研究解决社会冲突和世界和平的问题。晚年,他还去了苏联和南非等地工作。

罗杰斯的主要著作有:《问题儿童的临床治疗》(1939)、《来访者中心治疗》(1951、1966)、《心理治疗和人格改变》(1954)、《论人的成长》(1961)、《学习的自由》(1969、1983)、《卡尔·罗杰斯论交朋友小组》(1970)、《卡尔·罗杰斯论个人的力量》(1977)、《一种存在的方式》(1980)等。

一、自我概念

罗杰斯的人格理论深受现象学的影响。他指出,每一个人都以独特的方式来看待世界,这些知觉就构成了个人的现象场(phenomenal field)。现象场由知觉的总体组成,关键是自我。自我概念是罗杰斯理论的基础。

(一)“自我”的心理学解释

威廉·詹姆斯十分重视自我在心理学中的地位。1890 年他在《心理学原理》一书中把自我分为主格的我和宾格的我。他又把自我分为物质的我、精神的我、社会的我和纯我,并且提出了自我发展的阶段。詹姆斯虽然对自我作了详细的分析,但他的哲学观点是主观唯心主义的，他认为，凡属于我或与我有关的一切事物都是自我的内容，这样就扩大了自我的概念，混淆了主观和客观的界限。当时的心理学家杜威(J. Dewey)和包德温(J. M. Baldwin)等人也都强调自我的重要性。但是，1910年，行为主义心理学在美国流行后，自我在不客观的罪名下被否定了，直至20世纪30年代，被忽视多年的自我，在奥尔波特、谢里夫(Sherif)和坎德里尔(Cantril)等人的大力倡导下，才得以得到重视。此后，自我理论层出不穷，自我概念成为当代人格心理学中的重要概念。

弗洛伊德在《论自恋》(1914年)一文中阐述了自我概念，提出了自我内驱力和自我力比多的学说。他的《自我与伊底》(1923年)一书的发表，标志着他的自我心理学思想的重大发展。他在这本书中，把自我看作人格结构的一个组成部分，它具有多种防御机能。后经安娜·弗洛伊德、哈特曼、斯皮茨、埃里克森等人的努力，形成和发展了精神分析的自我心理学。

国外心理学家对自我的理解很不统一，众说纷纭。霍尔等人指出，大致有两种解释：①自我是主管行为的心理过程（自我即过程）；②自我是个人对自己的态度和感觉（自我即对象）。显然，弗洛伊德对自我的看法属于第一种，罗杰斯对自我的看法属于第二种。

(二) 罗杰斯的自我概念

罗杰斯把个人对自己的了解和看法称为“自我概念”，其中主要包括“我是个什么样的人”和“我能做什么”。自我是现象场中在内容上与个体自身明显相关的一部分，它是从现象场中逐渐分化出来的。婴儿早期的现象场是一个混乱的、没有分化的简单的整体，以后逐渐通过语言媒介，开始知觉到他的整个经验中包含着“自我”这部分经验，部分现象场就分化为自我。自我形成后，表现出自我的特征。

罗杰斯认为自我概念具有四个特点：①自我概念是对自己的知觉，它遵循知觉的一般原理，它是心理学中相当基本的组成部分。②自我概念是有组织的、连贯的、有联系的知觉模型。虽然自我是变动的，但它总保持着有组织和连贯的性质。自我并不是由许许多多互不相干的条件反应所组成，它是一个有组织的整体。新的成分会使其变化，但始终保持它的完形性质。③自我不是指存在于我们头脑中的另一个人，不是指我们内部的一个小人。它只能表征那些关于自己的经验，并非控制行为的主体。可见，罗杰斯的自我概念是描述性的，弗洛伊德的自我有动力和解释性。④自我虽然也包括潜意识的东西，但主要是有意识的或可以进入意识的东西，它通常可以为人所觉察到。

罗杰斯区分了经验和意识。当经验用符号表示时，就进入意识之中。他指出，语词、视觉表象和听觉表象都可以成为进入意识的媒介符号。有时人们会拒绝或者歪曲某种经验，从而阻止它们进入意识，或者以歪曲的形式进入意识。

应该指出，罗杰斯一开始是反对使用自我概念的，因为他认为这个概念是模糊的、不科学的。但后来他发现，在心理治疗过程中，在没有任何指导语的情况下，让病人自由表达他们的问题时，他们经常以自我作为话题的中心。这使他逐步相信自我的存在，自我是个人经验中的一个重要成分。自我概念首先出现在罗杰斯 1947 年的一篇论文中。他提到一位病人魏小姐，治疗开始时，她说："我所做的事实在不像我，好像不是我自己做的。""我对事情没有感情，我担心我自己。""我不理解我自己。"后来至第九次治疗时(38 天后)，她的自我概念已有很大的改变。她说："我对自己越来越有兴趣了。""我有独特的地方，有我自己的兴趣。""我能够承认我并不是总是正确的。"这个案例使罗杰斯改变了对自我概念的看法。从 1947 年开始，罗杰斯强调自我概念是人格的一部分。在以后的 40 年中，他更强调自我重要性，并从临床和实证两个方面对它进行不断的探索和研究。

罗杰斯还提出，理想的自我，它是人们向往的自我。他认为理想自我与真实自我越接近，个人就越感到幸福和满足；如果真实自我和理想自我差距很大，就会造成不愉快和不满足。

(三) 现实自我和理想自我的测量

理想自我(ideal self)是个体最希望拥有的自我，即个人向往的自我，包括与自我有潜在关联、个体赋予高度价值的感知和意义。现实自我(real self)是个体对自己在与环境相互作用中表现出的综合现实状况和实际行为的意识。

研究表明，心理健康的人的现实自我和理想自我非常接近。如果二者完全一致，相关系数就是 +1.0。当然，实际上很难有人会在每个方面都与理想自我完全一致。如果现实自我与理想自我无关，就是零相关；如果自我概念与理想自我完全相反，就是负相关。二者的相关系数离 +1.0 越远，就越不能成为完善的人。高夫(H. G. Gough)等人 1978 年的一项研究表明，真实自我与理想自我一致者，其人格特质表现为容易相处、合作性强、工作效率高和适应性强等；二者相反，其人格特质则混乱、不友好、迟钝和笨拙等。1983 年，高夫等人的另一项研究表明，现实自我与理想自我的高相关与个体的积极调节有关。1968 年巴特勒(J. M. Butler)的研究表明，个体患者在自我中心的治疗过程中，理想自我与现实自我之间的相关系数可以逐渐提高。

罗杰斯要求为自我概念提供一个实质性的测量方法，他最初把每一次治疗的会谈记录下来，然后用语义分析法将与自我有关的词分类，取得了一定的效果。

后来，罗杰斯采用斯蒂芬森(W. Stephenson)发明的 Q 分类技术(Q-sort method)，表 4-1 是 Q 问卷中的常用句。他发现这种技术很适合人本主义心理学的人格模型，就很快广泛运用了。Q 分类技术假设患者能准确描述自己的现实自我和理想自我，而且二者在治疗前有很大分歧。

表 4-1 Q 问卷中的常用句

我很聪明	我有野心	我了解我自己	我容易与他人相处
我常有负罪感	我是个冲动的人	我很懒	我常感到被强迫
我是个乐观的人	我很容易焦虑	我常感到开心	我独断独行
我很自由地发泄我的情绪	我对自己要求很高	我喜怒无常	我能对自己的问题负责

（资料来源：Charles & Michael, 2008）

运用 Q 分类技术的研究分以下几步：①给被试一定数量的卡片，卡片上的句子写着个人各种可能的自我概念，如“我常常焦虑”“我鄙视自己”“我披着一件虚伪的外衣”“我真实地表达自己的感情”等。②要求被试根据自己的情况，从最适合的特质到最不适合的特质，将卡片分成几堆，排放在中间的一堆是被试不能决定上面所写的句子是否像自己，即中性卡片。实验前，规定好卡片的数目，使卡片分配成常态状（两端最少，中间最多）。例如，100 张卡片可以分成 9 堆，每堆的卡片数依次为 1—4—11—21—26—21—11—4—1。③要求被试根据理想自我对这些卡片再分类，描述出他最希望成为的人，即理想自我。通过 Q 分类技术，可以对他人的评定与被试自己的评定进行比较，也可以对理想自我与现实自我进行比较。这样，治疗师和患者就可以清楚地看到患者现实自我概念和理想自我概念的轮廓，并计算出理想自我与现实自我之间的相关系数，为治疗提供依据。

1961 年，罗杰斯成功治疗了一个来访者，使其现实自我概念与理想自我概念之间最初的巨大协调大为减少。他使用来访者中心疗法治疗一位婚姻不幸的 40 岁妇女，她对女儿的心理问题感到很内疚。治疗前的 Q 分类测验中，该妇女的理想自我与现实自我之间的相关系数只有 +0.21，二者差异很大，现实自我与理想自我是分离的。在治疗的不同阶段，罗杰斯对患者又进行了 Q 分类卡片测验。经过 5 个半月的 40 次治疗，她的理想自我与现实自我的相关系数提高到了 +0.69，一年后进一步提高到 +0.79，她开始变得与以前不同，能更准确地看待自己了（如图 4-5 所示）。

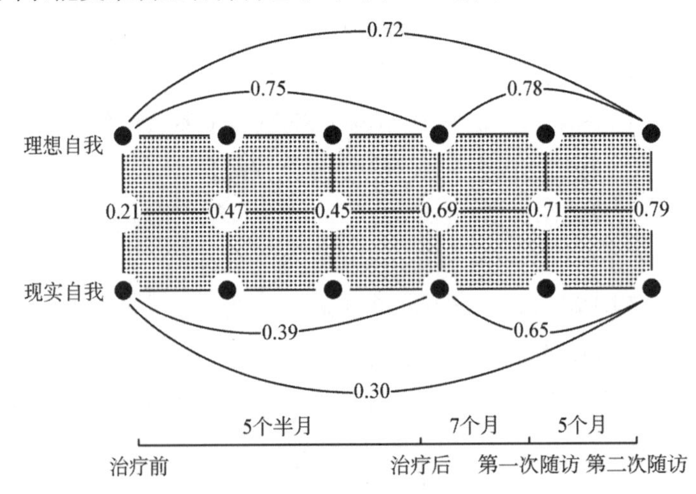

图 4-5 一位 40 岁女患者现实自我与理想自我的变化

巴特勒和黑格(G. V. Haigh)的研究也表明,经过治疗,患者的理想自我有所提高。实验组 25 人(来自芝加哥大学心理咨询中心),每个人都接受 6 次以上的治疗。控制组 16 人,在年龄、性别、经济地位、文化程度等方面与实验组水平相当,但没有进行心理治疗。同样的测验进行了 3 次,要求被试分别描述他的理想自我与现实自我,结果如表 4-2 所示。

表 4-2　理想自我与现实自我的相关系数

组别＼相关系数＼时间	治疗前	治疗后	追踪(6个月—1年)
实验组	-0.1	0.34	0.34
控制组	0.58		0.59

从表 4-2 可以看出,控制组的理想自我与现实自我的相关系数没有显著改变,但实验组的理想自我与现实自我的平均相关系数显著增加,而且这种增加一直持续到治疗后的 6 个月至 1 年。这说明,患者的理想自我与现实自我之间的分歧已经大幅度减少,患者更接近理想自我。

近年来,人本主义心理治疗师广泛使用的是布洛克(J. Block)1961 年编制的“加利福尼亚分类卡片”。它与斯蒂芬森的 Q 分类技术相似。布洛克的 Q 分类法包括 100 张卡片,每张卡片上都印有自我描述的话,先要求被试阅读这些卡片,然后要求他们根据自己的情况把卡片分成九类:第一类绝对不符合;第二类很不符合;第三类相当不符合;第四类有些不符合;第五类吃不准是否符合;第六类有些符合;第七类相当符合;第八类很符合;第九类绝对符合。

二、自我实现倾向

与精神分析和行为主义不同,人本主义心理学者重视有机体趋向成长和自我实现(self-actualization)的基本倾向。

罗杰斯指出:“说它是促使自我实现的成长趋势也好,说它是前进动力也好,它都是生命的真谛。”人本主义心理学家不会满足于眼前的需要,而是会积极地寻求发展。罗杰斯认为,自我实现是人格结构中的唯一动机。人类有一种天生的自我实现动机,所有别的动机(从人类最基本的觅食活动到最崇高的艺术创造)都是自我实现的不同表现形式。这种动机可以解释个体的一切行为。自我实现是个体力图在遗传的限度范围内发展自己的潜能。罗杰斯在《当事人中心疗法:它的实践、含义和理论》(1951)一书中指出:“人类有机体有一个中心能源,它是整个有机体而并不是某一部分的机能……对有机体的完成、实现、维持和增强的一种趋向。”他在《在当事人中心框架中发展出来的治疗、人格和人际关系》(1959)一书中指出:“这个基本的追求实现的倾向,是本理论体系中所假定的唯一动机。”罗杰斯在上述两本书中分别提出和系统阐述了他的人格理论。

罗杰斯指出，人格就是一个人根据自己对外在世界的认识而力求自我实现的行为表现。

罗杰斯不主张把许多动机同时并列，也不主张分别阐明每一种动机的作用，而是强调动机的单一性质。他形象地阐述了人生的自我实现过程。他说，人生好比长在大海边的一棵大树，它笔直、坚强、活泼，并不断地茁壮成长。

对于人性，罗杰斯与弗洛伊德的看法根本不同。弗洛伊德认为“性本恶”，而罗杰斯认为“性本善”。罗杰斯对人性的看法是乐观的，认为个人可以挖掘潜能并获得幸福。弗洛伊德认为，人类和动物一样，具有各种需要、内驱力和动机，对于人类那些不受任何约束的性欲和攻击性，必须加以控制。罗杰斯则认为，人性是善的。他说，人没有兽性，只有人性。人的行为是一种理性很强的活动，基本上是朝向自我实现、成熟和社会化的方向前进的。他认为，人类完全没有必要控制自己的需要，正是世界对人类的需要加以控制，才使人变坏了。由于恐惧和防御，个体可能产生不符合人性的行为，如难以置信的残酷，令人毛骨悚然的毁灭和幼稚、具有攻击性、对社会危害极大的行为。但是，罗杰斯发现，存在于一切人身上的积极的实现趋向，同样存在于他们的内心深处。人们的工作是要去发现存在于他们内心深处的那股强烈的向善力量。他指出，实现趋向是存在于每一个人生命中的驱力，它使个体变得更有社会责任感。

罗杰斯认为，有机体对一切经验的评价都是以实现趋向作为参照系的，他称之为“机体评价过程”(organismic valuing process)。经验与自我实现趋向一致，个体会产生满意的体验，并接近和保持这些经验；经验与自我实现趋向相抵触，个体会产生不愉快的体验，并回避或消除这些经验。因此，作为一种反馈系统，“机体评价过程”可能使个体调节自己的经验，并朝向自我实现。

罗杰斯的自我实现论述可以概括为三个要求：①自我实现是人类的一种自我趋向动机。人类有机体不仅依靠自我实现来维持生存，而且由它促进生长，在遗传限度内充分发展自己的潜能。②个人可以作适当的自由选择。个人顺着自我趋向，可以作适当的自由选择。即使自我概念与现实经验不协调，引起适应困难，个体也能自我调整，恢复和谐。③人类除了天生的自我实现动机外，还有关怀的需要和自尊的需要两种习得的需要。人人都有关怀的需要，都想从别人那里得到爱护和认可。关怀有时是无条件的，如“我爱你，不管你的行为如何”，但通常是有条件的，即这种关怀来自个体特定的行为。罗杰斯的治疗方法以无条件关怀为基础，患者在无拘束、无顾虑和充分被接受的气氛中，依靠本身的自我趋向去自由选择，达到自我实现，促进心理健康。自尊的需要发展较迟，实际上就是那些为他人所赞许的行为和价值观的内化。在这个意义上，它与弗洛伊德的“超我”相类似。

三、机能健全者

自我实现倾向使人更成熟、更独立、机能更健全。他们表现的是真实自我，不会作假。他们按自己的机体评价过程生活，而不是以外来的价值条件为标准。他们认为，幸福不在于个体的所有生物性需要都得到满足。罗杰斯认为，人的本性就是要努力保持一种乐观的感受和对生活的满足，这种美好的生活不是静止的，幸福是在持续不断的奋斗之中。

罗杰斯认为，机能健全者具有下列特征：①经验开放。与心理障碍患者不同，机能健全者认为一切经验都不可怕。他们不拒绝或歪曲某些经验，而是正确地将它们符号化，变为意识，因此他们的人格更广泛、更充实和更灵活。②自我与经验和谐。机能健全者的自我结构与经验相协调，并能不断变化，以便同化新经验。机体在评定事物价值时，总是以自己的机体经验为根据，不大受外界力量的左右。③人格因素发挥作用。机能健全者较多地依赖对情境的感受，不怎么依赖智力因素。他们常常根据直觉行动，行动带有自发性。他们的行为既受理性因素的引导，也受潜意识和情绪因素的制约，他们的所有人格因素都在起作用。④有自由感。机能健全者能接受一切经验，生活充实，信任自己，有很大的自由。他们相信自己能掌握自己的命运，在生活中有很多选择的余地，感到自己所希望的一切自己都有能力去达到。⑤创造性高。机能健全者在他们所做的一切事情上都表现出创造性。他们的自我实现伴有独创性和发明性。即使已经满足了原始性动机，并已达到平衡状态，个体仍然活泼、主动、积极地去做事情。⑥与人和睦相处。机能健全者乐意给他人无条件的关怀，生活与他人高度协调，同情他人，受到他人的欢迎。

四、 心理治疗和人格改变过程

（一）罗杰斯的心理治疗

罗杰斯的理论来自治疗实践。他不仅仅是著名的人格理论家，更是一位著名的心理治疗家。心理治疗占去了他大部分的时间，只有了解了他的心理治疗，才能深刻地理解他的理论。罗杰斯所提出的心理治疗方法称罗杰斯治疗，包括个人中心疗法和交朋友小组两种形式。通过几十年的临床实践，罗杰斯对心理治疗过程的论述已有了变化和发展。

1. 个人中心疗法

（1）非指导性疗法（nodirective therapy）

1940 年，罗杰斯把他的治疗方法称为非指导性疗法，他认为如果向患者提供适当的条件，那么他们就会自己叙述问题和自己解决问题。治疗者只需要帮助患者澄清思路，使患者更好地认识自我，逐步克服自我概念和理想自我之间的不协调，达到自我治疗。他指出："材料是患者所提供的，治疗只是帮助患者接受并澄清他体验到的各种情绪。"

（2）患者中心疗法（client-centered therapy）

在非指导性疗法中，罗杰斯特别强调治疗者应该尽量减少对患者报告的指导、分析和解释。在初期，治疗者仅仅提供患者清楚地了解他们问题实质的气氛，消极地等待患者诉说问题的原因。后来，他把治疗看成一种患者和治疗者双方共同卷入的活动。治疗者在这个活动中积极地了解患者的现象场或内部参考系。罗杰斯所说的“患者”的原文含有“委托人”“当事人”的意思，他认为治疗者不应把对方看作病人，而是双方应享有同等权利，参与治疗过程。“患者中心疗法”又称“委托人中心疗法”。

（3）个人中心（person-centered）

罗杰斯思想发展到现阶段——个人中心阶段，他的理论已经超出了治疗过程，并扩展到婚姻、家庭、教育、民族团体问题和国际关系等领域。在现阶段，罗杰斯还强调完整的个人，人是一种完整的实在，是一个统一体，而不仅仅是一个以某种角色身份出现的人（如患者、学生、治疗者或教师等）。

2. 交朋友小组

交朋友小组是利用群体力量来改变人的行为的心理治疗形式。在美国，有几百万人参加交朋友小组。参加的人不完全是病人，也有正常的人，他们希望通过交朋友小组的活动使生活更快活、更自然。但是，情绪过度紧张、自我评价或人际关系方面有严重问题的人不能参加，因为这可能加剧他们的情绪紊乱，造成忧郁、退缩和丧失信心等。每一个交朋友小组由 10 余人组成，可以是定期聚会，也可以是临时聚会。组内设有促进者（facilitator）。在开始时，成员之间可能出现攻击或敌意等现象，后来通过促进者的工作，逐渐使成员间建立温暖、友好、真诚的良好气氛，使成员体会到其他成员对他们的关怀和尊重，最后，增强了成员的自尊，使成员能毫无防御地揭示自己的真实自我，不良行为得到改变。

3. 治疗气氛

心理治疗是使不协调的自我转变为协调的自我，这种转变的关键是治疗气氛。罗杰斯指出，如果提供三个条件，治疗效果就能达到。这三个条件分别如下。

（1）协调与真诚

治疗者要真诚地表现自我，表里一致，不戴假面具，这样可以使患者感到治疗者是一个可以信赖的人，才能彼此交流情感和思想。治疗者要让患者分享自己的情感，即使对患者来说是一种消极的情绪，也不应该有虚伪的成分，不要装扮成关心和喜欢的样子。

（2）无条件的关怀

治疗者要真诚和深切地关心病人，将他看成一个人，给他完全的和无条件的关心，提供给他一个没有威胁感的环境，便于他探索内心的自我。即使患者在叙述他的可耻的或焦虑的感受时，治疗者也不能有鄙视或冷漠的表现，要相信患者自己能够改正，使不协调的自我逐渐转变为协调的自我。

（3）设身处地

治疗者要耐心地倾听患者的谈话，以便设身处地地体会患者的内心世界。

一些研究者支持了罗杰斯对治疗气氛的重视。如哈尔金德（Halkider）1958 年的研究表明，治疗者对患者的协调、关怀和设身处地，跟疗效确实有关。菲得勒(Fiedler)1950年的研究表明，专家更能造成理想的治疗关系，专家与患者在造成友好关系的能力上相似，而与治疗者的理论立场无关。

(二) 人格改变的过程

罗杰斯指出，如果治疗有效，人格就发生改变。人格改变表现在七个方面，每一个方面又分为七个阶段，由低阶段至高阶段成为一个连续尺度。低的一端是固定和僵化，高的一端是改变和运动。

第一方面：情绪流露的情况。

低阶段：情绪没有流露；高阶段：情绪及时和自然流露。

第二方面：经验的方式。

低阶段：个人回避经验；高阶段：个人接受经验为内在参照。

第三方面：不协调的程度。

低阶段：个人未曾意识到自我矛盾的叙述；高阶段：个人能够认出不协调。

第四方面：自我的交流。

低阶段：个人回避表达自我；高阶段：个人经验到自我，并且能够表达自我。

第五方面：解释经验的方式。

低阶段：个人固执经验；高阶段：个人认为经验是可以改变的。

第六方面：对问题的态度。

低阶段：避开问题或认为与自己没有关系；高阶段：接受问题，并积极解决问题。

第七方面：与他人的关系。

低阶段：逃避亲近的人；高阶段：在与他人的交往中发展自己。

(三) 心理治疗的结果

心理治疗使患者剥下他们应付生活的伪装，毫无防御地揭示自己的真实自我。罗杰斯指出，在治疗过程中，个人真正成为一个人，他在实际生活中能够有效地控制自己，并随心所欲地建立稳固的社会关系。人没有兽性，只有人性，而这种人性已经释放出来了。心理治疗使患者发生以下几个方面的改变。

1. 评价的改变

在治疗过程中，患者从使用别人的价值观转向肯定自己的价值观。

2. 防御和经验方式的改变

在治疗过程中，患者防御性减少，更灵活、更清楚地意识到过去不曾意识到的事情，知觉更分化，经验也更开放。

3. 自我概念的改变

在治疗过程中，患者的自我变得更清楚、更积极和更协调。

4. 对他人的看法和方式的改变

在治疗过程中，患者对他人的评价也朝好的方向改变。

5. 人格变得成熟和健全

通过人格测量发现，在治疗过程中患者的人格发生了改变。患者行为上更成熟，自发行为减少，并且不易受挫折。

五、以学生为中心的学习

1969年，罗杰斯把自己的理论扩大到教育方面，出版了一本系统阐述人本主义教育观点的书，即《学习的自由》(*Freedom to Learn*)，要求革新教育思想和教育的方式方法。他反对传统教育把学生置于被动地位和学生必须掌握教师传授的知识，死记硬背以应付考试的做法。在传统教育中，教师是权威，处于教育过程的中心地位，与学生互不信任，学生处于恐惧状态，无权选择课程，这导致学生言行不一，好奇心和创造性受到限制和扼杀。他认为，传统教育应该被否定，以学生为中心的教学不应该带有传统教学的烙印。罗杰斯的教育思想深受杜威的影响。

(一) 教育目的

罗杰斯认为，教育的目的应该是促进变化和学习，培养能适应变化和知道如何学习的人。只有学会如何学习和如何适应变化的人，只有认识到没有可靠的知识而去寻求知识的人，才是有教养的人。在当代世界中，只有变化是唯一可以作为确定教育目的的依据，而这种变化取决于过程，不是取决于静止的知识。

罗杰斯指出，这种教育目的培养出来的人，其人格应该是充分发展的，具有下列特征：①创造性。对经验采取开放态度，能容纳不同意见，经常有新的经验和感受。一切刺激都通过神经系统自由传导，不受防御机制的歪曲。只有这种经验才是对意识和自我和谐充分有效的。他们能创造性地适应各种新旧刺激。②建设性。只要有发展的条件和机会，就能成为理性的、适应社会的人。这种人的自我实现倾向突出，积极向上，对他人抱有建设性的态度，信任别人，也容易受他人尊重和信任。③行为独立自主并合乎规律。行为不受制于他人，独立自主，并合乎规律，但不能预测和控制自己的行为。④自由选择行为。行为主义者认为行为完全由环境刺激决定，他们有选择行为的自由。

(二) 学习过程

罗杰斯对学习过程提出自己的一些看法和见解。具体如下：①人类有一种学习的天然倾向。罗杰斯认为，人类具有天生的自我实现动机，天生具有好奇心和求知、发展的欲望，学习总是持续不断的，在学习过程中，愉快超过痛苦。②学生正确理解所学内容的用处时，学习效果最好。③学习效果与自我有关。罗杰斯认为，自我结构具有稳定性和一致性。当需要学习者改变自我结构时，这种学习有可能被抵制；必须改变自我结构的学习，在威胁程度最小时容易进行；当学习者自我概念威胁很小时，经验非常容易掌握，学习效果最为理想。④大量的学习是通过“做”进行的。学生积极参加实践活动，可以促进学习。⑤学习者全心投入其中的自发学习，效果最好。当学习者的认知和情绪共同投入学习活动时，学习最深入，保持的时间也最长。⑥对学习的学习是最有用的学习。对学习的学习导致对经验采取开放的态度，允许变化，在变化中保持和不断完善自我。

第三节　人本主义的人格理论的评价与相关研究

一、评价

以马斯洛和罗杰斯为代表的人本主义心理学的人格理论，反对弗洛伊德和行为主义贬低人格的还原论。他们恢复了人的尊严，以人为本，重视人，重视整体、健康的人，努力关注人格的积极方面，把人格心理学的研究范围扩大到人类精神生活的许多方面，研究目标提高，研究人类生活中有重大意义的主题，如自我概念、人性的自我实现、需要层次理论、以人为中心的疗法等。

马斯洛将人类的需要由低级到高级纳入一个连续的统一体之中，他的动机理论关注基本的生活需要，忽视了高级需要。需要层次理论已经受到一些研究的支持，并且在管理等领域中得到应用，推动了工业和商业的发展。

罗杰斯创建的治疗方法对焦虑症、适应性障碍的疗效较好，但要依赖患者的报告评价治疗是否恰当。这种以人为中心的疗法是罗杰斯的一大贡献。当然，这种疗法是否适用于所有的心理问题，特别是对比较严重的心理问题是否有效呢？1986年，戴维森(G. C. Davison)等人指出：“作为一种针对不幸者并非严重心理失调者的帮助方法，来访者中心疗法使人们更好地理解自己。它可能是很有效的，也是很合适的……然而，正如罗杰斯自己所告诫的那样，他的治疗方法可能并不适用于那些严重的心理失调患者。”有人认为，这种疗法对于治疗者来说较容易操纵。最近的研究发展开始强调治疗者在治疗过程中的积极作用。但无论如何，个人中心疗法和强调病人的作用仍是一种积极有效的、创新性的心理治疗和心理咨询技术。

人本主义心理学依赖现象学，轻视实验研究的方法，这就限制了它的研究范围和科学价值。仅仅通过谈话就详尽地了解被试(患者)心理的做法显得过于简单化了。事实上，许多信息并不为意识所了解，有时人们也会以扭曲的方式报告自己的经验。有人认为，人本主义心理学的大部分内容都是一种信念，而非科学研究的结果。有人相信人本主义，是因为他们的看法与价值观一致，而不是被证据所说服的。人本主义心理学的一些基本概念比较宽泛、笼统、不易确定、很难测量，要对他们的研究效度作出评价是很困难的。

人本主义心理学忽视童年经验的作用，有些理论缺乏科学论证，缺乏实验根据。1974年，坎吉米认为：应该发展一种“实验的人本主义心理学”。

人本主义心理学忽视了一些决定人格的主要因素，如童年时的早期经验、遗传作用等，他们没有对此进一步研究。马斯洛的需要层次理论宣传抽象的人性，认为高级的社会需要也是遗传的。人本主义人格理论的一些基本理论，需要进一步的实验验证和客观的测量指标。

二、 相关研究

(一) 流畅体验

奇克森特米哈伊(M. Csiksentmihalyi)等人的流畅体验(flow experiences)研究和马斯洛的高峰体验的研究相似。奇克森特米哈伊近年来用流畅体验来描述个人生活中最快乐和最有价值的时刻。该研究被认为是人本主义理论的最新进展。

奇克森特米哈伊把人们很自然、轻松、愉快的体验称为流畅体验。他认为，这种体验不是发生在休息时或娱乐时，而是发生在工作过程中。他指出：“这种最美好的时刻通常发生在完成很困难又很有价值的任务时，此时身心都达到了极限。”只有通过努力发现生活的真谛，并努力去完成它，才能体验快乐，享受生活。他们研究发现，爱学习的中学生并不是想得高分，即不是为了获得奖励，而是学习本身使他们着迷，使他们得到满足。任何工作都可以成为快乐的源泉。例如，我们沉浸在写作中时，流畅体验就会发生。奇克森特米哈伊的快乐观与马斯洛一致，流畅体验与高峰体验相似，属于个人的成长。享受来自奋斗，幸福来自对自己生活的控制，从中他归纳出流畅体验的八个特征：

(1) 个体有一定的技能，任务具有挑战性，需要个体全身心投入，但是个体能完成。

(2) 个体很难把自己和工作分开，个体的注意完全被活动所吸引，具有自发性。

(3) 工作方向明确合理。

(4) 反馈清晰，个体知道自己是否完成任务和达到目的。

(5) 个体全身心投人工作，会忘记生活中的不愉快。

(6) 个体体验到控制环境的愉悦。

(7) 个体失去自我意识，注意完全集中在活动的目标上。

(8) 个体失去时间感，几个小时像几分钟一样，相反的情况也有。

(二) 需要的个体发展

心理学工作者研究了9—15岁儿童的需要发展，研究表明：

(1) 9岁儿童的主导需要仍是生物性需要，有些社会性需要虽有明显发展，但没有占主导地位。在各种社会性需要中，以下三种需要均有所发展：

① 既有利于自己也有利于他人的需要，如交往、友谊、爱、合作等。

② 只有利于自己的需要，如受人尊重、独立自主等。

③ 只有利于他人的需要，如公正、使他人满意等。

(2) 10 岁儿童的生物性需要尽管仍具有相当的力量，但占主要地位的需要已被交往、受人尊重和公正所代替，其他社会性需要处于从属地位。

(3) 11 岁儿童主导地位的需要是交往、受人尊重、公正、友谊等，自我完善需要已有相当大的力量，美的需要开始具有明显的力量。

(4) 12 岁儿童的交往、受人尊重、公正、友谊以及爱和美的需要比 11 岁儿童更强烈。虽然他们的生物性需要仍有不小的力量，但它是同某些社会性需要融合在一起起作用的。这个年龄的儿童，有利于他人的社会性需要开始获得相当大的力量。

(5) 13—14 岁儿童的主导性社会需要包括交往、受人尊重、公正、友谊、自我完善和美感。在这个年龄阶段的儿童中，与社会性需要相比，他们的生物性需要的力量显得很弱。

(6) 15 岁儿童除了延续前述主导性社会需要外，还增加了独立自主的需要。这个年龄阶段的儿童，有利于他人的需要大大增强了。

(三) 需要的层次性研究

一项相关研究证实了人类需要的层次性。中国社会科学院研究人员石秀英等人在马斯洛需要层次理论的基础上，采用问卷测量及相关统计等方法对来自全国 12 所大学的部分学生进行研究，得出了“各类需要间确实存在着层次关系”的结论。他们得出的 14 个大的需要层次是生理保存、生理享乐、生活保障、平等自由、相互报恩、交往帮助、物质丰富、兴趣爱好、人际情感、适应胜任、超越尊严、丰富发展、发挥成就、贡献服务，与马斯洛的需要层次有很高的相似性。

(四) 内在动机研究

人本主义心理学学派的两位领袖马斯洛和罗杰斯强调自我实现的动机。罗杰斯主张把自我实现作为生活的唯一动机；马斯洛则提出了人类动机的层次观，认为有与紧张降低相关的生理需要，而人类层次较高的动机常常是紧张增强的，即人具有创造性和努力实现自己潜能时所表现的那些动机。

马斯洛和罗杰斯的观点在德西(E. L. Deci)和瑞安(R. M. Ryan)的著作中有了进一步的表述。德西和瑞安认为，人类有着发展兴趣、施展才能、战胜挑战的天生自然倾向，称为内在动机(intrinsic motivation)。为学习而学习是内在动机，为奖励或经济利益而学习是外在动机，他们发现，没有奖励的被试与为奖励而工作的被试相比，对工作更有兴趣，奖励对学习不是必需的。内在动机比外在动机推动力大，维持时间长。具有内在动机的人完成工作后会体验到成功感，对工作有兴趣，与具有外在动机的人单纯为了奖励相比，他们的工作既经济又富有积极作用，有利于心理健康发展。德西和瑞安把他们的观点推广到社会：在社会控制的外部形式（如威胁、最后限期）下去完成任务，会降低内在动机；个体获得增长能力的机会并把动机作为自我决定时，内在动机很可能增长。弗林克(C. Flink)等人的一项研究表明，在四年级的儿童中，对一部分人采取高压控制策略，对另一部分人采取非控制方式，结果，前者的成绩要差得多。与此相似的一项研究表明，重视学习目的（内在动机）产生的效果比重视成绩目的（外在动机）产生的效果更为有益，控制策略对个人的创造性和成就动机有负面影响。

近年来，奇克森特米哈伊等人用乐观体验描述个人生活中最快乐和最有价值的时刻。这也是一种人类的动机，是创造性的源泉。

动机的种类多种多样，驱力紧张降低，仅仅是动机的一种。早在1961年，奥尔波特已经提出了“机能自主”(fuctional autonomy)的概念，人类的活动可以不为奖励，而为自我理想服务。人本主义心理学创始人也指出，人类的高层次动机指向成长，并伴随着愉快的体验。

（五）交往需要

交往需要(need of affiliation)与马斯洛需要层次中的多种需要相关。大多数人渴望与他人有广泛的社会接触，交往在人类的产生、发展中有极重大的作用，人际交往被认为是个体心理发展的必要条件。只有在社会生活过程中，通过人际交往，个体心理才能得到正常发展。交往需要是指个人为什么发送信息和向谁发送信息的需要。

希尔研究了人们为什么要与他人交往，认为有四个主要原因：通过将自己与他人比较，以减少不确定性；从他人那里获得情感支持；从他人那里获得注意或表扬；从社会获得互动刺激。

社会支持能起到缓解压力的作用，交往需要有利于身心健康。喜欢高水平社会支持的人，社会压力比较低，有利于身心健康。科恩(S. Cohen)和赫伯曼(H. M. Hoberman)1983年测量了压力对身体症状（如失眠、头疼等）的影响，发现低水平社会支持的人，压力对身体症状的影响更大。伯克曼(L. F. Berkman)和赛姆(S. L. Syme)做了一项长达9年的纵向研究：与活下来的人相比，死去的人在研究开始时在社会上比较孤立，更多的是单身，较少与家人和朋友接触、交谈。阿特金斯(C. J. Atkins)进一步综合了几项研究，发现长期的社会孤立者比有良好社会接触的人更有可能死于心脏病。

（六）亲密需要

1. 亲密需要概述

亲密需要(need of intimacy)是寻求与他人建立非常亲密的个人关系的需要。

亲密需要和交往需要是两种重要和关键的社会需要。这两种需要使我们与他人保持联系的动机，也就是接触社会，深入到社会关系中，与他们相互作用。交往需要高的人渴望拥有大量的社会联系，亲密需要高的人则寻求与他人建立非常亲密的个人关系。

一般认为，亲密需要高的人往往朋友相当少，但与朋友的关系非常亲密。

麦克亚当斯(D. P. McAdams)和瓦利恩特(G. E. Vaillant)的一项研究测量了一组30岁男人的亲密需要，17年后再评价他们的社会适应性。结果发现，亲密需要高的人比亲密需要低的人有更显著的社会适应性，生活更幸福，婚姻更稳定。

麦克亚当斯将亲密需要作为人格的一个维度，认为每个人都有对亲密的需要，但需要的强度差别很大。他发现，亲密需要高的人比亲密需要低的人更有热情，更值得信赖。

麦克亚当斯的另一项研究表明，亲密动机获高分者用在人际交往上的时间多，关心与他人的关系，很少对同伴发号施令，与群众保持近距离，见面时常用“我们”这类词。

1992年，麦克亚当斯发现，亲密动机得分高的人，“真诚”“可爱”更显著，“支配性”更低，交谈时表现出更多的微笑和目光接触。

2. 亲密感流动模型

纳普(A. L. Knapp)和万杰利斯蒂(M. L. Vangelisti)发展了一种亲密感流动模型。这个模型由十个相互作用的阶段组成。建立亲密关系的五个互动阶段：萌芽阶段—尝试阶段—加强阶段(双方默契水平逐渐提高，交流模式逐渐趋向独特)—整合阶段(两人分享亲密感，并确认是一对)—承诺阶段(公开宣布双方已经作出承诺)。亲密关系恶化的五个互动阶段：分化阶段—划界阶段—停滞阶段—躲避阶段—结束阶段。在后五个阶段中，双方交流的次数和质量不断下降，最后完全停止交流。

第五章　人格的类型论和特质论

人格的类型理论(亦称类型论)和人格的特质理论(亦称特质论)是两种主要的人格理论。类型论是用一种或少数几种主要特质来说明人的人格;而特质论同时用人的多种特质来说明人的人格。例如,类型论的人说某人是外向的人;特质论的人说某人是活泼、开朗、爱交际、当机立断且不拘小节的人。类型论是一种性格分类的理论,特质论是一种性格分析的理论。

由于人格的复杂性,研究者划分的标准不同,所以,存在多种类型论和特质论,下面是几种主要的类型论和特质论。

第一节　人格的类型论

一、我国古代学者对人格的分类

我国古籍中有许多关于人格的论述。在春秋战国时期,第一个论述人格的是孔子,孔子说:"性相近也,习相远也。"[①]意思是人性是在先天"相近"的自然本性的基础上,由于后天习得而发展起来的不同的社会本性。《尚书》中提出"九德",实际上把人的人格分为九类(如表 5-1 所示)。

表 5-1　《尚书》中的九种性格类型

序号	性格类型	序号	性格类型
1	宽宏大量又严肃谨慎	6	正直不阿又态度温和
2	性格温柔又坚持主见	7	大处着眼又小处着手
3	行为谦虚又庄重自尊	8	性格刚正又不鲁莽行事
4	具有才干又谨慎认真	9	坚强勇敢又诚实善良
5	柔顺虚心又刚毅果断		

公元 3 世纪,受《尚书》的影响,三国时,刘劭在《人物志》一书中对人的性格作了系统的论述。他认为人与人之间在性格上的个别差异很大,他将人的性格划分为 12 种类型(如表 5-2 所示)。[②]

---

① 《论语・阳货篇》。

② 中国大百科全书总编辑委员会《心理学》编辑委员会,中国大百科全书出版社编辑部. 中国大百科全书・心理学[M]. 北京:中国大百科全书出版社,1991:203.

表 5－2　刘劭所划分的性格类型和性格特征

类型	性格特征	优缺点
强毅之人	狠刚不和	厉直刚毅，材在矫正，失在激讦
柔顺之人	缓心宽断	柔顺安恕，每在宽容，失在少决
雄悍之人	气备勇决	雄悍杰健，任在胆烈，失在多忌
惧慎之人	畏患多忌	精良畏惧，善在恭谨，失在多疑
凌楷之人	秉意劲特	强楷坚劲，用在桢干，失在专固
辩博之人	论理赡给	论辩理绎，能在释结，失在流宕
弘普之人	意爱周洽	普博周洽，弘在覆裕，失在溷浊
狷介之人	砭清激浊	清介廉洁，节在俭固，失在拘扃
休动之人	志慕超越	休动磊落，业在攀跻，失在疏越
沉静之人	道思迴复	沉静机密，精在玄微，失在迟缓
朴露之人	申疑实硌	朴露劲尽，质在中诚，失在不微
韬谲之人	原度取容	多智韬情，权在谲略，失在依违

二、荣格的类型论

在国外心理学类型论中，以瑞士心理学家荣格所提出的内倾型（内向型）和外倾型（外向型）最为有名，并为许多心理学家所认同。

1913 年，荣格在慕尼黑国际精神分析会议上提出了内倾型和外倾型性格，后来，他又在 1921 年发表的《心理类型学》一书中系统阐明了这两种类型。他在该书中论述了一般态度类型和机能类型。

（一）一般态度类型

荣格根据力比多（libido）①流动的方向决定人的性格类型。个体的力比多的活动倾向于外部环境，就是外倾型的人；力比多的活动倾向于自己，就是内倾型的人。外倾意指力比多的外向转移。内倾意味着力比多的内向发展。外倾型（外向型）的人，重视外在世界，爱社交，活跃，开朗，自信，勇于进取，对周围一切事物都很感兴趣、容易适应环境的变化。内倾型（内向型）的人，重视主观世界，好沉思，善内省，常常沉浸在自我欣赏和陶醉之中，孤僻，缺乏自信，易害羞，冷漠，寡言，较难适应环境的变化。

荣格认为，没有纯粹的内向型或外向型的人。实际生活中，绝大多数的人都是二者兼有，只是某一方面相对占优势。

有人研究了内向型人格和外向型人格，每种类型还能分出五种亚型（如表 5－3 和

---

① 荣格认为，凡来自本能的力量均可称为力比多，既可是性方面的，也可是非性方面的。

表5-4所示）。弗赖德（M. Freyd）等人指出，内向型的人有54种特征。例如，难以决断、怕面临危险、固执、感受性高、喜欢写日记等；外向型的人则相反。

表5-3 内向型的亚型

内向型的亚型	对应的人格特征
孤独型	沉默寡言、谨慎、消极、孤独
思考型	善于思考、深入钻研、提纲挈领
丧失自信型	自卑、自责、罪恶感强
不安型	规矩、清高、小心
冷静型	小心谨慎、沉着、稳重

表5-4 外向型的亚型

外向型的亚型	对应的人格特征
社交型	爽朗、积极、能言善辩、顺应
行动型	现实、说干就干、易变化、好动
过于自信型	瞧不起人、过高估计自己
乐天型	胆量大、大方、不拘小节
感情型	敏感、喜怒哀乐变化无常

（二）机能类型

荣格指出，个人的心理活动有感觉、思维、情感和直觉四种基本机能。感觉（感官知觉）告诉我们存在着某种东西；思维告诉我们它是什么；情感告诉我们它是否令人满意；而直觉则告诉我们它来自何方和向何处去。一般地说，在荣格看来，直觉是允许人们在缺乏事实材料的情况下进行的推断。

按照两种态度类型与四种机能的组合，荣格描述了人格的八种机能类型。

1. 外倾思维型（the extroverted thinking type）

这种类型的人，既是外倾的，又是偏向于思维的，他们的思想特点是一定要以客观的资料为依据，以外界信息激发自己的思维过程。例如，机器是怎样开动的，为什么水加热到一定温度就会变成蒸汽等。科学家是外向思维型，他们认识客观世界，解释自然现象，发现自然规律，从而创立理论体系。荣格认为，达尔文和爱因斯坦这两位科学家在思维外向方面得到了最充分的发展。外倾思维型的人，情感压抑，缺乏鲜明的个性，甚至表现为冷淡和傲慢等人格特点。

2. 内倾思维型（the introverted thinking type）

这种类型的人，既是内倾的，又是偏向于思维功能的。他们除了思考外界信息外，还思考自己内在的精神世界，他们对思想观念本身感兴趣，收集外部世界的事实来验证自己的思想。哲学家属于这种类型。荣格指出，德国哲学家康德是一个标准的内倾思维型的人。内倾思维型的人，具有情感压抑、冷漠、沉溺于玄想、固执、刚愎和骄傲等人格特点。

3. **外倾情感型**(the extroverted feeling type)

这种类型的人，既是外倾的，又是偏向于情感功能的，他们的情感符合客观的情境和一般价值。荣格指出，外倾情感型的人在爱情选择上表现得最为明显。他们不太考虑对方的性格特点，而考虑对方的身份、年龄和家庭等方面。外倾情感型的人，思维压抑，情感外露，爱好交际，寻求与外界和谐。

4. **内倾情感型**(the introverted feeling type)

这种类型的人，既是内倾的，又是偏向于情感功能的。他们的情感由内在的主观因素所激发。内倾情感型的人，思维压抑，情感深藏在内心，沉默，力图保持隐蔽状态，气质常常是忧郁的。

5. **外倾感觉型**(the extroverted sensation type)

这种类型的人，既是外倾的，又是偏向于感觉功能的。他们头脑清醒，倾向于积累外部世界的经验，但对事物并不过分地追根究底。外倾感觉型的人，寻求享乐，追求刺激，他们的情感一般是浅薄的，直觉是压抑的。

6. **内倾感觉型**(the introverted sensation type)

这种类型的人，既是内倾的，又是偏向于感觉功能的。他们远离外部客观世界，常常沉浸在自己的主观感觉世界之中。外倾感觉型的人，知觉来自外部世界，是客观对象的直接反映；内倾感觉型的人，知觉深受自己心理状态的影响，似乎是从自己的心灵深处产生出来的。他们艺术性强，直觉压抑。

7. **外倾直觉型**(the extroverted intuitive type)

这种类型的人，既是外倾的，又是偏向于直觉功能的。他们力图从客观世界中发现多种多样的可能性，并不断地寻求新的可能性。他们对于各种尚孕育于萌芽状态但有发展前途的事物具有敏锐的洞察力，并且不断追求客观事物的新奇性。外倾直觉型的人，可以成为新事业的发起人，但不能坚持到底。

8. **内倾直觉型**(the introverted intuitive type)

这种类型的人，既是内倾的，又是偏于直觉功能的。他们力图从精神现象中发现各种各样的可能性。内倾直觉型的人，不关心外界事物，脱离实际，善幻想，观点新颖，但有点稀奇古怪。荣格认为，艺术家属于内倾直觉型。

荣格并没有截然地把人格简单地划分为八种机能类型，他的心理类型学只是作为一个理论体系用来说明人格的差异，实际生活中，绝大多数人都是兼有外倾型和内倾型的中间型。上面用来说明每一种类型的模式都是典型的极端模式。没有纯粹的内倾型的人或外倾型的人，只有在特定场合下，由于情境的影响而使一种态度占优势。每个人也能同时运用四种心理机能，只不过各人的侧重点不同，有些人更多地发挥这一种心理机能，另一些人则更多地发挥另一种心理机能。此外，外倾型或内倾型也并不影响个人在事业上的成就。例如，李白具有较明显的外向性，杜甫具有较明显的内向性，但是，他们都是唐代的伟大诗人。

由于荣格的人格类型的划分是根据他的力比多学说，而力比多是本能的力量，所以这一理论忽视了人格的社会性，并且带有神秘色彩。另外，荣格提出的八种机能类型，并不是从实际生活中归纳出来的，而是用数学的综合方法凭主观演绎出来的，各种类型之间界限不清，几种类型的特征也说不清楚。不过，他对内倾型和外倾型两种态度类型的论述部分内容是符合实际的，这种理论已被广泛地应用到教育、管理、医学和职业选择等领域，因为这种简单划分带来了使用上的方便。现在已有许多研究证实内外倾是人格的主要特质（维度），心理学家编制了测量内外倾的量表，在 *EPQ* 和 *MMPI* 等量表中也都包含有内外倾分量表。近年来，心理学工作者的研究表明，人格的内向性与外向性具有复杂的结构，它们由许多特质构成。

三、 威特金的类型论

威特金（H. A. Witkin，1916—1979），美国心理学家，1936 年获心理学哲学学位。1940 年在布鲁克学院任教，开始研究空间定向问题，决心毕生研究人的个别差异。威特金长期在美国新泽西州普林斯顿教育测验服务社心理学研究部工作。他开拓出了场依存性——场独立性认知方式的研究领域。他的著作有：《从知觉看人格》（1954、1972）、《心理分化》（1962、1974）、《个人适应与文化适应的认知方式》（1977）、《认知方式的实质与起源》（1981）等。

威特金等人在研究知觉时发现，有些人很难从视野中离析出知觉单元，有些人较易从视野中离析出知觉单元。他根据场的理论，将人划分为场依存性和场独立性两种类型。场依存性的人，较容易受当时环境中的其他事物（包括知觉者本身的状况）的影响，很难离析出知觉单元；场独立性的人，较少受知觉当时的情境影响，较易于离析出知觉单元。许多研究表明，大多数人处于场依存性和场独立性之间，或多或少受当时情境的影响，处于中间状态。因此，大多数人是相对场依存性的人或相对场独立性的人，但为了表述上的简明，也称之为场依存性的人或场独立性的人。场依存性和场独立性是认知方式中的一个主要的方面，也是研究得最多的方面。威特金指出，场依存性的人和场独立性的人，是按照两种对立的信息加工方式工作的，场依存性的人，倾向于以外在参照（客观事物）作为信息加工的依据；场独立性的人，则倾向于更多地利用内在参照（主体感觉）。

（一）场依存性和场独立性具有普遍性和稳定性

1. 普遍性

认知方式的场依存性和场独立性维度不仅存在于知觉过程中，而且普遍地存在于思维和性格等领域中。

场依存性的人,独立性差,并且容易受暗示;场独立性的人,有较大的独立性,并且不易受暗示。

场依存性的人,对于需要找出问题的关键成分和重新组织材料的任务感到困难;场独立性的人,比较容易完成要找出问题的关键成分和重新组织材料的任务。

场依存性的人,更多地利用外在参照,用外在的社会参照来确定自己的态度和行为,他们的行为是社会定向的;场独立性的人,更多地利用内在参照,他们的行为是非社会定向的。具体地说,场依存性的人,社会敏感性强,容易注意他人提供的社会线索,并且容易受他人的影响;场独立性的人,社会敏感性差,不大注意他人提供的社会线索,比较独立、自信、自尊心强。场依存性的人注意他参与的人际关系;场独立性的人喜欢孤独的非人际情境。场依存性的人对他人有兴趣;场独立性的人关心抽象的概念和理论。场依存性的人善于并爱好社交,社会工作能力较强;场独立性的人不大善于社交。

2. 稳定性

许多实验表明,个人在场依存性和场独立性连续维度上的相对位置是相对稳定的。人类的认知方式和性格特征在发展上具有一致性。威特金等人自 1967 年起对 1 584 名大学生(男女各半)进行了为期十年的追踪研究。他们发现,场独立性的学生比较一贯地偏爱需要认知改组技能的、与人联系较少的学科(如自然科学);场依存性的人比较一贯地对认知改组不感兴趣,偏爱人际关系的学科。此外,进入大学时所学学科与认知方式不符合的学生,在大学毕业或进入研究院时,大多转向与自己认知方式一致的学科;而认知方式与所学学科符合的学生,一直保持原来所选择的学科,他们的成绩也是比较好的。

(二) 评定场依存性和场独立性的测验

1. 身体顺应测验

早期这个测验主要用来测试当外在视野线索与内在线索(身体垂直知觉)不一致时,个体主要参照哪一种线索进行垂直判断。后来,人们发现这种测验上的个别差异在许多心理活动中都存在,具有稳定性,因此,它就成为测定场依存性的一项测验。测验时,被试坐在一间小的斜屋内,实验者要求他把身体调正。结果发现,场独立性的人,在调正身体时,主要不考虑屋子的位置,更多地利用身体内部的经验作为参照;场依存性的人,往往调正身体以与斜屋看齐,即他在确定身体位置时,以环境作为主要参照物。

2. 棒框测验

测验时,被试坐在暗室内,面前放着一个可以调节倾斜度的亮框,框中心装有一个能够转动度数的亮棒,实验者要求被试把亮棒调到垂直。结果表明,场依存性的人,倾向于外在参照,他们调节亮棒与亮框看齐,即根据框的主轴来判断垂直;场独立性的人,倾向于更多地利用内在参照,他们往往利用感觉到的身体位置,把亮棒调成接近于垂直。

3. 镶嵌图形测验

简单图形暗含在复杂图形中，要求被试把简单图形分离出来，这需要重新组织材料的能力。场独立性的人比场依存性的人容易分离出简单图形。

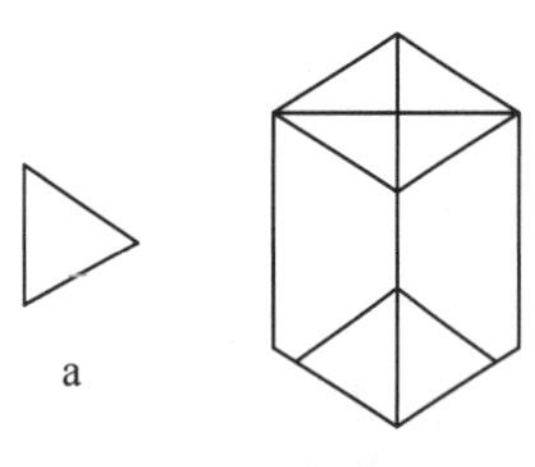

图5-1 镶嵌图形测验举例

这是一个简单的镶嵌图形测验的例子，它测量你从复杂图形中发现某种简单图形的能力。在图5-1中，左图是一个叫作a的简单图形，右图是一个复杂图形，其中隐藏着图形a，请你在这个复杂图形中找到a，并用笔把它描出来。被试要在复杂图形的线条上描绘出简单图形，不仅大小要相同，而且方向也要一致。

场依存性的研究是现代研究人格问题的一大趋势，在国外心理学界很受重视。场依存性是性格的一个重要维度，他们的研究丰富了人格心理学理论，对教育、医学和管理等具有重大的实践意义。例如，场依存型的人适合学文科，场独立型的人适合学理科等。威特金等人所运用的几种测验，使用方便，与实际情况对照，有相当高的符合程度。

(三) 场独立性—场依存性研究的进展

1. 场独立性—场依存性与内向、外向的关系

对场独立性和场依存性与人格的内外向维度关系，存在着两种不同的观点：①艾温斯(F. L. Evans)和托尔斯塔德(P. T. Towrstud)等人的研究表明，二者相关程度很高，很可能是人格的一种特质反映。②塞格里斯(J. A. Cegalis)和费恩(B. L. Fine)等人的研究表明，二者没有相关，是人格的两种不同特质。

北京师范大学张厚粲教授等人(1988)认为，“场依存性—场独立性认知方式与内外向性格有着本质的区别，二者之间无显著相关，可以认为是人格的两种不同特质(维度)……但是，二者之间存在某种程度的一致性，因此，它们在人格表现中互相影响，互相制约，共同存在于人格这一统一体中”。

2. 场独立性—场依存性的年龄和性别差异

张厚粲教授和郑日昌教授等人1982年对场独立性、场依存性的年龄和性别差异进行了研究。结果如下：①场独立性的程度有随年龄增长而增长的趋势。小学生与中学生、中学生与大学生之间，均存在着很显著的差异，但与同龄人相比，人们在场独立、场依存维度上的相对位置是稳定的。②初中男生的场独立性显著高于女生。这项研究表明，场独立性—场依存性有着明显的年龄差异和性别差异。

3. 场独立性—场依存性与教学工作的关系

关于场独立性—场依存性对教学的影响，我国心理学工作者和教育工作者进行了

大量的研究，取得的研究成果主要有下列几项。

① 场独立性学生和场依存性学生对学科的倾向性大致与国外的研究相似，即场独立性学生相对偏爱自然科学，场依存性学生相对偏爱人文和社会科学。但这不是绝对的。学生倾向于某类学科，受许多因素的影响，有其社会历史原因。大多数人处于中间状态，只是有些人偏向场独立性，有些人偏向场依存性。

② 场独立性学生与场依存性学生对教材和教师的教学方式有不同的偏爱。场独立性学生容易将结构松散的材料组织得结构严密，因而比较容易适应结构不太严密的教学方法；场依存性学生喜欢有严密结构的教材和教学方法，更需要教师的明确指导和讲授。

③ 场依存性学生比场独立性学生更需要对自己作业的反馈信息。

④ 在表扬条件下，场独立性学生和场依存性学生在学习效率上没有明显差别；在批评条件下，场依存性学生的学习效率明显降低。

⑤ 场依存性教师倾向于建立一个和蔼、富有人情味的教学环境，偏好课堂讨论的教学方式；场独立性教师则偏好课堂讲授的教学方式，并善于当学习的定向指导。

⑥ 1988 年，张素兰和冯伯麟研究了场独立性和场依存性对集中识字与分散识字效果的影响。结果表明，在集中识字中，场独立性学生的成绩显著优于场依存性学生；在分散识字中，场独立性学生的成绩与其集中识字的成绩相比，出现下降趋势；而场依存性学生的成绩与其集中识字的成绩相比，有较大幅度的提高。这表明，场独立性学生适合集中识字，场依存性学生适合分散识字。

四、 斯普兰格的类型论

德国哲学家和心理学家斯普兰格(1882—1963)是狄尔泰的学生，其思想还受康德哲学的影响。他曾任莱比锡大学、柏林大学和杜宾根大学的教授。他反对冯特把心理经验分解为元素的观点，认为人是一个整体而和环境发生关系。他根据人的生活目标和价值观把人分为 6 种类型。他的主要著作有：《社会科学概论》(1905)、《生活方式》(1914)、《人本主义与青年期心理学》(1922)等。

斯普兰格认为，人以固有的气质为基础，同时也受文化的影响。他在《生活方式》一书中提出，社会生活有六个基本领域(理论、经济、审美、社会、权力和宗教)，人会对这六个基本领域中的某一个领域产生特殊的兴趣，并树立相应的价值观。据此，他将人的人格分为六种类型(理论型、经济型、审美型、社会型、权力型和宗教型)。这是理想(理论)模型，具体的个人通常是主要倾向于一种类型并兼有其他类型的特点。

(一) 理论型的人

这种类型的人以追求真理为目的，认识是精神生活的主要活动，情感退到次要地位。他们总是冷静而客观地观察事物，关心理论方面的问题，力图根据事物的本质，根据自己的知识体系来评价事物的价值，但碰到实际问题时往往束手无策。他们对实用和功利缺乏兴趣，以追求真理为生活目的。理论家和哲学家属于这种类型。

(二) 经济型的人

这种类型的人总是以经济的观点看待一切人和事物，把经济价值提到一切价值之上。他们根据实际功利来评价人和事物的价值，以获取财产和利益为其生活的主要目的。实业家属于这种类型。

(三) 审美型的人

这种类型的人以追求美为最高人生意义，不大关心实际生活，总是从美的角度来评价事物的价值。自我完善和自我欣赏是他们的目的。艺术家属于这种类型。

(四) 社会型的人

这种类型的人重视爱，认为爱他人是人生的最高价值和意义所在，有献身精神，有志于增进社会和他人的福利。社会型的最高和最普遍形式是母爱。努力为社会服务的慈善、卫生和教育工作者都属于这种类型。

(五) 权力型的人

这种类型的人重视权力，并努力去获得权力，凡是他人的所作所为总是由自己决定。

(六) 宗教型的人

这种类型的人坚信宗教，生活在信仰中，总感到上帝的拯救和恩惠。他们富有同情心，以慈善为怀，以爱人爱物为目的。神学家属于这种类型。

奥尔波特指出，每个人或多或少地具有这六种价值倾向，但并不表示真有这六种价值类型的人存在。

五、 弗洛姆的类型论

弗洛姆(1900—1980)出生在德国法兰克福的犹太人家庭，1922 年获海德堡大学的哲学博士学位，1933 年迁居美国。他认为，人来自自然、来自动物，但与自然界和动物界分离，这种分离使人有选择自己生活的自由，但同时也产生了焦虑。弗洛姆强调社会环境在人格形成和发展中的作用。他的主要著作有：《逃避自由》(1941)、《健全的社会》(1955)、《爱的艺术》(1956)等。

弗洛姆是当代新弗洛伊德主义的理论权威。他指出，弗洛伊德学说的基础是家庭，阿德勒、沙利文、霍妮等人虽然强调文化因素和社会因素，但最后仍然归结于家庭。弗洛姆与他们不同，他把文化与经济、政治、社会意识形态等结合起来，强调社会中的大的切面对性格的影响。他把性格分为两个部分:“社会性格”和“个人性格”。“社会性格”是性格结构的核心,为同一文化群体中的一切成员所共有;“个人性格”是同一文化群体中各个成员之间行为的差异。人的性格主要由社会性格决定,在此基础上表现出个人性格的差异。他的一个十分重要的观点是“性格的形式受社会和文化形态影响”。他指出,人格是由气质和体格受生活经验的影响所决定的。

弗洛姆将人格类型划分为两大类型:生产倾向性①和非生产倾向性。前者是健康的人格,后者是不健康的人格。

具有生产倾向性的人与马斯洛提出的自我实现的人相似。弗洛姆认为,具有生产倾向性是人类发展的一种理想境界或目标,但任何社会中都没有人能够达到这一点。获得生产倾向性的唯一方法就是生活在健全的社会中,生活在促进创造性的社会中。具有生产倾向性的人,能充分发挥潜能,成为创造者,对社会作出创造性的贡献。

他们首先创造了自我。这是最重要的产物。他们的另外四个方面是创造性的爱、创造性思维、幸福感和道德心。

(一) 创造性的爱

纯正的爱是以创造性为基础的,因此称为“创造性的爱”。弗洛姆重视爱的力量在人格培养中的作用,认为在创造性的爱中,自我会得到充分发展。他指出,人——属于不同时代、不同文化的人——都面临着同样的需要解决的问题:如何克服孤独感而结合在一起,如何超越个人的独自生活而找到共同和谐的愉快生活。生存问题全部或完善的答案在于用爱达到人与人之间的结合以及同另一个人的结合。

他还指出,成熟的爱是双方在保持一个人的完善性和人格的条件下的结合,是人类的一种积极力量。爱首先是给予,而不是接受;创造性的爱除了给予外,还包括四个基本因素:关心、责任、尊重和了解。这充分体现了爱的积极主动性。

(二) 创造性思维

创造性思维是由对客体的强烈兴趣和关心促成的。其特征是客观性,即个体对客体的尊重,对事物如实的了解。创造性思维是客观性与主观性的统一,集中在事物的整体上,而不是一个方面。

(三) 幸福感

具有生产倾向性的人是愉快的。他指出,幸福感是一个人在生活艺术中取得成功的证明,幸福是最伟大的成就。幸福不仅是一种愉快的感觉和状态,也是一种有机体增强的状态。它给人带来活力的日益增长、身体的健康和个人潜能的实现。

---

① 倾向性(orientation),指一个人的普遍的态度或观点。

(四) 道德心

具有生产倾向性的人的道德心是自我的呼声，而不是外部代理人的声音。他们的人格是自我指导和自我调节的。健康人格对行为的指导是内在的，“我愿意做这件事，因为我应该如此”。

除了生产倾向性外，弗洛姆又提出了几种非生产倾向性，他认为，这些只是“理想类型”。在实际生活中，每一个人的人格结构中并非只有一种倾向性，而是几种倾向性的混合。

六、 霍兰德的类型论

美国学者霍兰德（1919—2008）是著名的职业指导专家，他提出了人格—职业匹配理论。他指出，学生的人格类型、学习兴趣和将来的职业准备密切相关。人们在不断寻求能够获得技能、发展兴趣的职业。经过几十年的研究和一百多次的实验，他提出了系统的职业指导理论。他把人格划分为六种类型：社会型、调查型、现实型、艺术型、企业型和传统型，并认为社会上的每一个人都可以划分出一种主要的人格类型。每一种人格类型的人，对相应的职业感兴趣。霍兰德的著作有《职业决策》等。

1. 社会型

这种类型的人喜欢社会交往，关心社会问题，对教育和宗教活动感兴趣，相应的职业有护士、教师、教授、社会学家、社会工作者等。

2. 调查型

这种类型的人喜欢智力活动和抽象的工作，相应的职业有数学、物理、化学和生物学等自然科学工作者，电子学工作者，计算机程序编制者等。

3. 现实型

这种类型的人喜欢有规律的具体劳动和需要基本技能的工作，相应的职业有修理工、机械工、电工、制图员和农民等。

4. 艺术型

这种类型的人喜欢文学和艺术，善于用艺术作品来表现自己，感情丰富、爱想象，富有创造性，相应的职业有作家、艺术家、雕刻家、音乐家、管弦乐队指挥、编辑、评论家等。

5. 企业型

这种类型的人富有冒险精神、性格外向、喜欢担任领导工作，具有说服、支配、使用语言等能力，相应的职业有董事长、经理、营业部主任、推销员等。

6. 传统型

这种类型的人喜欢有条理和系统性的工作，具有友好务实、善于控制和保守等特点，相应的职业有办事员、办公室人员、打字员、档案工作者、会计、出纳、秘书、接待员等。

霍兰德研究了各种人格类型之间的关系。他指出，除了大多数的人可以主要划分为某一种人格类型外，每一种人格类型又都有两种相近的人格类型、两种中性关系的人格类型，还有一种相斥的人格类型（如表 5－5 所示）。

表 5－5　人格类型关系

人格类型	关　系		
	相　近	中　性	相　斥
社会型	艺术型　企业型	传统型　调查型	现实型
调查型	艺术型　现实型	传统型　社会型	企业型
现实型	调查型　传统型	艺术型　企业型	社会型
艺术型	调查型　社会型	企业型　现实型	传统型
企业型	社会型　传统型	现实型　艺术型	调查型
传统型	现实型　企业型	社会型　调查型	艺术型

各种人格类型之间的相关可用六角模型来表示（如图 5－2 所示）。

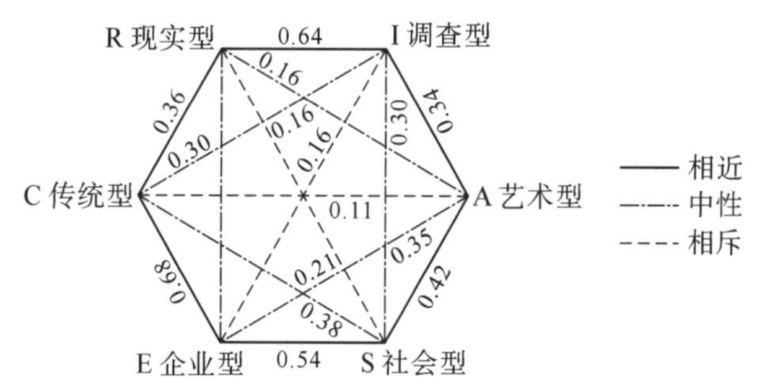

图 5－2　霍兰德的人格类型六角模型（交叉线上的数字是类型间的相关）

（资料来源：Holland 等，1970）

霍兰德认为，在人格类型和职业类型匹配上主要有三种模式。

1. 协调

人格类型和职业类型相重合。例如，艺术型的人在艺术型的职业环境中工作；传统型的人在传统型的环境中工作。在这种模式中，个人会感到有兴趣和内在的满足，并能最充分地发挥自己的聪明才智。

2. 亚协调

人格类型和职业类型相近。例如，现实型的人在调查型的职业环境中工作。在这种模式中，个人经过一段时间的努力工作，也能适应这种职业，并且能够做好工作。

3. 不协调

人格类型和职业类型相斥。例如,艺术型的人在传统型的职业环境中工作。在这种模式中,个人对职业毫无乐趣,并且不能胜任工作。

霍兰德从实际经验出发,并经过长期的实验研究把人的人格类型主要划分为六种,并指出各种人格类型之间的相近、中性和相斥的关系,具有科学性。他把人格类型与职业指导结合起来,致力于人格类型和职业的匹配,对职业指导具有重大意义。但是,心理学的研究表明:一个人对某一种职业很感兴趣,并不意味着他就一定能胜任这项工作,对工作有兴趣是做好工作的一个前提条件,影响职业的心理因素是多种的和复杂的,而且研究表明:兴趣是可以在工作中培养的。

人格的类型理论为数众多,除上述几种外,比较著名的还有:

(1) 英国心理学家培因(A. Bain)和法国心理学家李波(T. Ribot)根据个体的智力、情绪、意志三种心理机能何者占优势来确定人格类型。他们把人的人格类型划分为理智型、情绪型和意志型。理智型的人以理智支配行动,依理论思考而行事;情绪型的人不善于思考,凭感情办事;意志型的人目的明确,主动追求和憧憬未来。此外,还有一些中间类型,例如理智—意志型等。

(2) 奥地利心理学家阿德勒根据个体的竞争性不同,把人的人格类型划分为优越型和自卑型。优越型的人好强,总想胜过别人;自卑型的人有很重的自卑感,在活动中表现为退让、不与人竞争等特点。

(3) 苏联心理学家列维托夫(Н. Д. Девитов)根据社会方向性和性格的意志特征,把学生划分为四种人格类型。

① 目的方向明确和意志坚强型。

② 目的方向明确,但坚持性、自制力有某些缺陷型。

③ 缺乏目的方向性,但意志坚强型。

④ 缺乏目的方向性且意志薄弱型。

第二节 人格特质论

流行于美国和英国的特质论是用特质来解释人格。“特质”(trait)一词大体上可以作为“特性”的同义词,是我们用来描述某人人格特点的词。勤奋、友好、羞怯、安静、自主、内向等都被认为是人格特质。特质论从提出至今只有几十年,但已具有重大影响。伯格查看了最近三期的《人格》《人格研究》和《人格与社会心理学杂志》三种英文杂志中有关人格的所有文章指出,66 篇相关文章中有 50 篇包含对特质的测量。一般认为,当前人格特质论仍是人格心理学的重要组成部分。

所有人格特质几乎都能用图 5-3 中的曲线来表示,例如自尊、焦虑、成就动机等。任何人都处在该连续体上的某一个位置,或多或少地具有这些特质,并基本上呈正态分布,即极高和极低都是少数,大多数人处于中间部位。

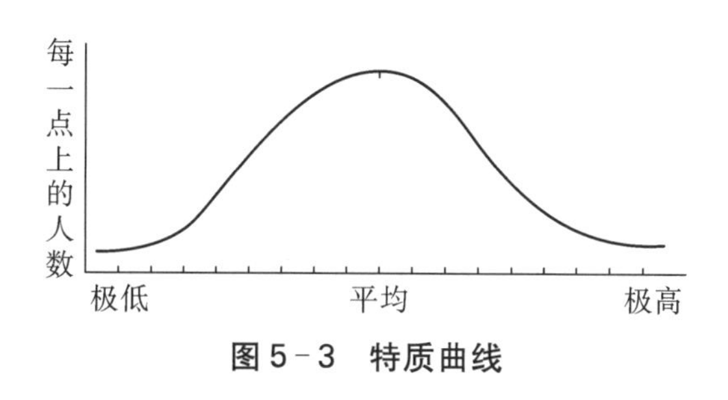

图 5-3　特质曲线

关于人格的特质论已形成三点基本共识:①人格由个体的一组特质组成,特质是构成人格的基本单位,决定个体的行为;②人格特质在时间上是相对稳定的,并具有跨情境的稳定性;③了解人格特质,可以预测个体行为。人格特质论者认为,人格特质是所有人共有的,但每一种特质在量上是因人而异的,这就造成了人与人之间的人格差异。

在心理学中,"特质"一词的含义因人而异。最广义、最笼统的是 A. C. 英格利希(A. C. English)和 H. B. 英格利希(H. B. English)的解释。他们认为,"特质"一词在心理学中可以用来指个体的任何持久特征,只要这个特征与他人有所区别。根据他们的意见,不仅个体的外部行为特征、内在人格倾向可以称为特质,个体的身体和生理特征也可以称为特质。

德雷格(Dreger)把人格特质论划分为统计性的和非统计性的两大类。前者划分特质时使用统计分析的方法,偏重个体间相同特质量的差异,比较强调特质之间的相互依赖性。这种观点以卡特尔、艾森克和吉尔福特(J. P. Guilford)等人为代表。后者划分特质时使用逻辑和语义分析的方法,偏重个体各种特质的不同,比较强调特质之间的独立性。这种观点以奥尔波特、坎特(E. W. Kantor)和罗巴克(A. A. Roback)等人为代表。

一、中国学者的特质论

林传鼎教授在 1937 年曾用历史评估法和心理测量法对唐宋至清代 34 位历史人物进行特质分析,获得 10 种类型下的 50 个特质,如好奇、斗争、情绪、独断和志气等。①

在董仲舒的中国传统人格五因素理论的基础上,燕国材教授和刘同辉教授进一步提出"仁、义、礼、智、信"的特征和内涵。②

王登峰教授用"词汇学假设"的研究方法,得出中国人的人格结构由七个因素构成:外向性、善良、行事风格、才干、情绪性、人际关系和处世态度,确立了中国人人格结构的

---

① 林传鼎. 唐宋以来三十四个历史人物心理特质的估计[M]. 北京:辅仁大学心理系,1939.

② 燕国材,刘同辉. 中国古代传统的五因素人格理论[J]. 心理科学,2005,28(4):780—783.

“七大”因素模型，对“大五”模型提出质疑。编制了多种中国人人格量表。①②

王垒教授运用新的方法，要被试自由想象描述人格的词，动态化地分析人格结构。发现了三个方面的人格因素：实际自我、理想自我和应该自我，每个方面又包括几个因素。③

杨波博士建立了265个中文人格特质术语表，得出古代中国人的4个人格因素：仁、智、勇、隐，组成了古代中国人人格维度，其中以仁为核心。体现了儒家以“仁”为先，克己修身的思想。④

二、奥尔波特的特质论

奥尔波特(1897—1967)是美国人格心理学家，出生在印第安纳州的蒙特祖玛。父亲是内科医生，母亲是小学教师。他一共有三个哥哥。其兄弗洛伊德・亨利・奥尔波特(Floyd Henry Allport)是一位社会心理学家。他的家庭充满浓厚的爱和信任，一家人过着勤奋、平安、虔诚的清教徒生活。母亲培养了他探究哲学的热情，父亲让他帮助护理病人。父母培养了他博爱、有责任心和爱劳动的美德，他终身关心人类福利事业。他善于言词，词汇十分丰富，“足以吞下一本词典”，但不善于游戏和活动，生活在一个孤独的小天地中，无法加入同伴的活动。奥尔波特在哥哥的影响下，于1915年考入哈佛大学。读完本科和研究生课程后，他于1922年获得哲学博士学位。1922—1924年，他先后就读于柏林大学、汉堡大学和剑桥大学。

当奥尔波特还是一个22岁的青年时，他去见过弗洛伊德。他走进弗洛伊德的办公室时，弗洛伊德一直静坐在一旁注视着他。为了打破沉默，奥尔波特讲了一个4岁男孩的故事。电车上的一个4岁男孩，有明显洁癖，感到周围都很脏，不断地调换座位。讲完这个故事，弗洛伊德用一双治疗家的慈祥的眼睛盯着他，说：“你就是那个男孩吗?”奥尔波特大吃一惊，认为精神分析学家过于钻研人的潜意识。奥尔波特认为，心理学家应更多地研究人的外显动机，而真正了解一个人的动机的最好办法，就是去询问他本人。他一生都厌恶精神分析。他认为，人格是一个不断发展着的整体，并不团结于过去的习惯，而是指向未来。1924年他回哈佛大学任教，他在1929年的国际心理学大会上发表论文:《什么是人格特质》，提出了特质作为人格的基本单位。并在美国最早开设了人格心理学课程——《人格:它的理论和社会历史领域》。1937年出版了名著《人格:心理学的解释》。书中概述了他的人格特质理论，受到许多心理学家的肯定。奥尔波特是心理学界的元老。他善于在丰富的人格心理学理论中吸收各家之长，并对各种人格理论中

---

① 王登峰，崔红. 中国人人格量表(QZPS)的编制过程与初步结果[J]. 心理学报，2003，35(01)：127—136.

② 郑雪. 人格心理学[M]. 广州：暨南大学出版社，2007：129—130.

③ 王垒. 人格结构的动态分析[J]. 心理学报，1998，30(04)：409—417.

④ 杨波. 古代中国人人格结构的因素探析[J]. 心理科学，2005，28(03)：668—672.

的糟粕加以否定。他于1939年任美国心理学会主席，1963年获美国心理学基金会金质奖章，1964年获美国心理学会杰出科学贡献奖，还是英国、德国、法国和澳大利亚的心理学会名誉会员。但是，他忽视了人的社会本质，忽视了社会历史条件在人格形成和发展中的作用。

奥尔波特的主要著作有：《人格特质：分类与测量》（合著，1921）、《A—S反应研究》（合著，1928）、《价值研究》（合著，1931）、《人格：心理学的解释》（1937）、《动机的机能自主》（1937）、《人格的本质》（1950）、《生成：人格心理学的基本看法》（1955）和《人格的类型和成长》（1961）等。

（一）什么是特质

1. 特质的含义

奥尔波特在总结当时人格多种解释的基础上，在他的名著《人格：心理学的解释》中提出人格就是一个“真实的人”。后来又进行了补充，1937年，他提出“人格是个体内在心理物理系统中的动力组织，它决定一个人对环境独特的适应性”。1961年他又把“对环境独特的适应性”改为“独有的行为和思想”。

奥尔波特把特质看作人格的基本结构单位。1958年，他提出了10个人格基本单位：智能、气质特点、潜意识动机、社会态度、认知方式和图式（看世界的方式）、兴趣和价值、表述特点、语体特点等。

奥尔波特指出，特质是一种神经心理结构（neuropsychic structure）。他认为：特质除了能够对刺激产生行为外，还能主动地引导行为，使许多刺激在机能上等值起来，使反应具有一致性，即不同的刺激能导致相类似的行为。人是以特质来迎接外部世界的，以特质来组织经验。世界上没有两个人有完全相同的特质，因此，每个人对待环境的反应是不同的。例如，一个具有“谦虚”特质的人，对不同的情境会作出相似的反应（如表5-6所示）。

表5-6　特质使刺激和反应趋于一致的模型

刺激	特质	反应
与领导一起工作→	谦虚	→留意、小心、顺从
访友→		→文雅、克制、依从
遇见陌生人→		→笨拙、尴尬、害羞
与母亲共进餐→		→热情迎合
同伴给予赞扬→		→不露面、不愿为人注意

反之，具有不同特质的人，即使对同一个刺激物，反应也会有所不同。性急的人和性慢的人在等待朋友时态度是不同的。性急的人往往比较焦躁，性慢的人则会比较平

和。奥尔波特指出："同样的火候使黄油融化，使鸡蛋变硬。"

奥尔波特认为，特质是概括的，它不只是和少数的刺激或反应相联系。一个特质联结着许许多多的刺激和反应，使个体行为产生广泛的一致性，使行为具有跨情境性和持久性。但是，特质又具有焦点性，即它与现实的某些特殊场合联系着，只有在特殊的场合和人群中才会表现出来。例如，具有攻击性特质的人，不会在任何场合都对任何人进行攻击，如对亲戚朋友，一般就不会表现出攻击行为。

2. 特质的特点

① 特质不是有名无实的，而是一种实际存在于个体内的神经心理结构。

② 特质比习惯更具有一般性。习惯比特质更特殊，它常常是特质的具体表现，特质是对习惯整合的结果。例如，父母亲鼓励孩子刷牙，孩子天天早上和饭后刷牙，这是习惯。以后，刷牙这一行为融化于更为广泛的习惯系统中，进一步又整合于个人的清洁倾向中，清洁就成为个人的特质了。

③ 特质具有动力性。特质具有指引人行为的能力，它使个人的行动具有指向性。特质是行为的基础和原因，它支撑着行为。奥尔波特认为，特质可以与动机等同。

④ 可以由个体的外部行为来推测特质的存在，并且从实际中得到证明。特质不能被直接观察到，但可以通过观察一个人多次重复的行为推测并证实特质的存在。

⑤ 特质与特质之间只是相对的独立。奥尔波特指出个性是一种网状的和重叠的特质结构，在特质和特质之间仅仅只是相对的独立，而不能把特质看作"孤岛"。特质与特质之间没有严格的分界线。

⑥ 特质和道德判断或标准不能混为一谈。

⑦ 行为或习惯与特质不一致时，并不能表明这种特质不存在。这是因为一种特质在不同个体身上可能具有不同程度的整合。同一个人可能具有相反的特质，由于刺激情境和一时的态度会左右人的行为，所以人的行为在短时间内可能表现得和特质不一致。

特质具有独特性和普遍性两个方面，从特质的独特性来探讨，就是研究这种特质在某一个人的人格结构中的作用和意义；从特质的普遍性来探讨，则要确定人与人之间在性格方面的个别差异。

3. 特质的分类

奥尔波特首先把特质分为共同特质和个人特质两类。共同特质（common trait）是同一文化形态下的群体都具有的特质，它是在共同的生活方式下所形成的，并普遍地存在于每一个人身上，这是一种概括化的性格倾向。个人特质（individual trait）为个人所独有，代表个人的性格倾向。他认为，世界上没有两个人具有相同的个人特质，只有个人特质才是表现个人的真正特质。他主张心理学家应该集中力量研究个人特质。

奥尔波特又把个人特质按照它们对性格的影响和意义的不同，区分为三个重叠交叉的层次：①首要特质(cardinal trait)。这是个人最重要的特质，代表整个个性，往往只有一个，在个性结构中处于支配地位，影响一个人的全部行为。例如，创造性是爱迪生的首要特质，吝啬是葛朗台的首要特质。②主要特质(central trait)。这是性格的"构件"，性格是由几个彼此相联系的主要特质所组成的，主要特质虽不像首要特质那样对行为起支配作用，但也是行为的决定因素。奥尔波特认为，詹姆斯的主要特质是快乐、人道主义和社会性等。③次要特质(secondary trait)。这是个人无足轻重的特质，只在特定场合下出现，它不是人格的决定因素。例如，某人有恐高症等。

奥尔波特花了许多时间做了一个著名的个案研究。他通过对一位叫珍妮·马斯特森(化名)的老妇人的研究来说明个人特质的研究方法。在《珍妮的信》(1965)一书中，他研究了珍妮12年中所写的301封信，确定了珍妮的8个核心特质：爱争吵—多疑、自我中心、独立性、戏剧性、艺术性、攻击性、愤世嫉俗和多愁善感。奥尔波特虽然花了大量时间，但勾画出了一个真实而生动的珍妮。后来有人用电子计算机对珍妮的301封信进行因素分析，结果分析出8个因素：攻击性、占有性、归属的需要、自主的需要、家庭认可的需要、性欲、对文艺的酷爱、自我牺牲。奥尔波特认为，用计算机分析的结果没有得出更多的新东西。

奥尔波特还编制了测量心理的生物学基础和人格的共同特质的"心志"(如表5-7所示)。

(二) 机能自主

机能自主(functional autonomy)也可译为"机能独立"，它的全称是"动机的机能自主"。这是有关动机的一种独特的看法，是奥尔波特个性理论中最著名也是最引起争论的概念。简单地说，机能自主就是一个成年人现在从事这一活动的原因，而不是他原来行动的原因，过去的动机与现在的动机在机能上没有联系。奥尔波特指出，每种动机都有特定的起始点，这种起始点可能是假设的本能或者是器官的紧张和弥散性兴奋。理论上，所有成年人的意图都能追溯到婴儿期的这些起始状态，但随着个体的成熟，联结被打破，联系成为历史，而非机能。例如，一个大学生开始修读一门课程时是因为它是必修课，或者因为时间充裕而选修。后来，他被这门课的内容吸引了，对这门课产生了浓厚的兴趣，这时原发性动机已经平息了，手段变为目的，即"为读书而读书"了。这样，后来的动机已经与过去的动机没有机能上的联系了。

奥尔波特认为，动机是人格心理学研究的重点，也是心理学中的难点。他指出，理想的动机理论应该达到下列四个要求：①动机必须是现实的。反对那种认为儿童时期的动机能够决定人一生的行为的观点。他指出，动机作为个人行动的动力必须是现实的，过去的动机只有现在还存在，才能解释个人的行为。②几种动机是同时存在的。反对把动机归纳为一种因素，他指出，动机的种类是十分广泛的，很难发现普遍的共同特性。③认知过程的重要性。强调动机和认知过程的密切联系。他认为，人总是有愿望

表 5－7　奥尔波特的“心志”

	心理的生物学基础							人格的共同特质														
	身体状况			智力		气质		表现的			态度的											
												对自己		对他人			对价值					
	容貌端正	健康良好	活力大	抽象的（言语的）智力高	机械的（空间的）智力高	感情广	感情强	支配	自我扩张	坚持	外向	批评	自信	合群	利他	社会智力高	理论兴趣高	经济兴趣高	艺术兴趣高	政治兴趣高	宗教兴趣高	
5																						5
4																						4
3																						3
2																						2
1																						1
0																						0
1																						1
2																						2
3																						3
4																						4
5																						5
	不正	不良	小	低	低	狭	弱	顺从	自我退缩	动摇	内向	无批评	自卑	孤独	利己	低	低	低	低	低	低	

和价值观的，不了解个人的计划、愿望和价值观等，就不能真正了解人的动机。因此，为了了解一个人的动机，最好的方法是问他本人现在在想什么。④个人动机模式的独特性。正如两个人不会有相同的特质结构一样，两个人也不会有相同的动机结构，每一个人都有自己独特的动机模式。特质能够激发行为，所以特质能够与动机等同。他指出："动机因素和人格因素的关系如何呢？我认为，所有的动机因素同时也是人格因素。"

珀文指出，奥尔波特反对传统的动机观，并试图把动机归入特质范畴，但同时又指出，并不是所有的动机都是特质，并不是所有的特质都是动机。二者的关系到底如何，这是奥尔波特一直没有能够满意解答的问题。

奥尔波特指出，当动机成为自我的一部分时，对这些动机的追求是它们的本身，而不是外部的强化。因为这些自我独立、自我维持的动机已经是个人的一个组成部分了。

奥尔波特认为有以下两类机能自主的动机。

1. 持续性的机能自主

持续性的机能自主指个人盲目从事的重复活动，这种活动过去曾经为实现某种目的起作用，但现在已经不再发生作用了。这种活动不依赖于奖励和过去的经验，是毫无意义的低水平的活动。例如，一个人虽然已经退休，但是仍然每天早上6点起床准备上班。

2. 自我统一的机能自主

自我统一的机能自主指个人的目标、价值观、兴趣、态度和情操等。奥尔波特认为，并不是所有的行为都是为机能自主的动机所驱使的，人类有许多行为由生物内驱力、强化、习惯和反射活动所引起。不过，人格心理学家应该主要研究人类所特有的机能自主的动机。

（三）自我统一体

自我统一体（proprium）指个性的不同部分具有延续性和组织性，表明存在着一个人格组织结构。又称"统我"。奥尔波特认为，自我的概念也过于狭窄，只涉及个体自我感的一部分，因此，他主张用自我统一体来代替自我。自我统一体是人格统一体的根源，是人格特质的统帅。奥尔波特把自我统一体定义为包括人格中有利于内心统一的所有方面。

（四）健康人格

奥尔波特对人性的看法是乐观的。他选择健康的成人作为主要的研究对象，很少涉及精神病人，他的理论体系是面向健康的人的。他认为，健康的人在理性和有意义的水平上活动，激励他们活动的力量完全是能够意识到的，是可以控制的。健康人的视线向前，它指向当前和未来的事件，而不是向后看，指向童年的事件。

奥尔波特指出，健康的人具有下列特征。

1. 自我广延的能力

心理健康的人活动性很强，他们参与丰富多彩的活动，活动范围很广。他们会参加到人际关系和对自己有意义的工作中去。他们有许多好朋友，有多种多样的爱好，也积极参加政治和宗教活动。

2. 人际交往能力

心理健康的人和他人的关系是亲密的，能够容忍他人的缺点和不足，并且富有同情心。这种人对他人温暖、理解，没有嫉妒心理和占有的欲望。

3. 情绪上有安全感和自我认同感

心理健康的人能够接受生活中的斗争，容忍挫折，对自己也有积极的看法，他们具有一个积极的自我意象。这与那些充满自卑感和自我否定的人是不同的。

4. 具有现实的知觉

心理健康的人能够准确、客观地知觉周围现实，而不是把它们看作自己所希望的东西。这种人善于评价情境，作出判断。

5. 专注地投入自己的工作

心理健康的人拥有自己的技能，能全心全意地投入高技术水平的工作。许多心理学家都指出，专注地投入自己的工作是心理健康的一个重要标志。

6. 现实的自我形象

心理健康的人能够准确理解真实自我和理想自我之间的差别，也能知道自己对自己和别人对自己的看法之间的差别。心理健康的人的自我形象是客观的、公正的，他们能够准确知道自己的优点和缺点，全面地了解自己。

7. 统一的人生观

心理健康的人具有统一的人生观和价值观，并能够把它们应用到生活的各个方面。他们面向未来，行为的动力来自长期的目标和计划。健康的人一生都遵循着经过考虑和选择的目标前进，有一种主要的意向。

奥尔波特的健康的人和马斯洛的自我实现的人有许多相似之处。与卡巴沙(Kobasa)提出的抗压人格特征也有相似之处。

卡巴沙把抗压人格特征称为坚韧人格，他认为：

① 坚韧人格可以克服遗传的患病倾向；

② 个体可能表现出A型人格[①]特征却没有心脏病的风险；

③ 在更高的压力中，内部资源比强有力的家庭支持更重要；

④ 表现出A型人格中除敌意以外的其他行为表现，而且非常享受生活。

---

① A型人格较具进取心、侵略性、自信心、成就感，并且容易紧张。

三、卡特尔的特质论

卡特尔(R. B. Cattell,1905—1998)是在英国出生的美国心理学家,用因素分析法研究特质的代表人物。第一次世界大战期间,他目睹成千上万的伤员在医院接受治疗,意识到生命可能是短暂的,一个人应该努力工作。这种对工作的紧迫感成为卡特尔整个学术生涯的一大特征,甚至圣诞节他还在工作。因此,他发表的论文和著作多得惊人。1924 年获伦敦大学化学学士学位以后,卡特尔转向心理学,1929 年获该校哲学博士学位。在攻读心理学期间,卡特尔一直担任心理学家斯皮尔曼的研究助理。1937 年,他应美国心理学家桑代克(E. L. Thorndike)之邀,在哥伦比亚大学、克拉克大学、哈佛大学和杜克大学工作,1944 年进入伊利诺斯大学,并在这里度过了他大部分的学术生涯。他著有 300 多篇学术论文和 20 多本学术专著,还在达尔文基金会的资助下从事心理学的遗传研究,获得纽约科学会颁赠的华纳格兰奖。

卡特尔研究人格主要采用因素分析法,这与斯皮尔曼和伯特(C. L. Burt)的影响有关。1904 年,英国心理学家斯皮尔曼首先用因素分析法研究智力,并提出智力的二因素理论。受化学元素周期表的影响,卡特尔尝试发展一套构成人格的基本元素(即特质),并给予分类。

卡特尔的主要著作有:《心理的因素》(1941)、《普通心理学》(1941)、《不受文化限制的智力测验》(1944)、《人格的种类和测量》(1946)、《人格研究入门》(1950)、《人格:系统的理论和实验研究》(1950)、《人格与动机的结构和测量》(1957)、《人格和社会心理学》(1964)、《人格的科学分析》(1965)、《多变量实验心理学手册》(合著,1966)、《当代人格理论手册》(合著,1977)等。

(一) 特质概念

卡特尔认为,人格特质是人格结构的基本元素。特质是一种心理结构(mental structure),表现为相当持久和广泛的行为倾向。他指出,人格关系到机体与环境之间产生的所有行为,是可以从这些行为中表现出来的东西,如果给予一定的条件,就可以从人格来预测行为,人格使我们能够预测一个人在特定情境下的行为。

卡特尔研究的核心目的是发现究竟有多少不同的人格特质。他认为,如果把相关特质归类,分离出独特的特质,我们就能确定人格的基本结构。卡特尔与奥尔波特在特质研究取材的来源上思路相同,即主要从自然语言中搜集描述人格的词汇。他们的基本假设是:人格体系包含的行为,语言中都有表征,假如我们收集了描述行为的全部词汇,它们就能包括整个人格。卡特尔在研究工作中广泛使用了因素分析法。

如果测量一组人的以下 10 个特质:抱负(aspiration)、同情(compassion)、合作(cooperativeness)、决断(determination)、忍耐(endurance)、友好(friendliness)、仁慈(kindliness)、坚持(persistence)、创造性(productivity)和关怀(tenderness),那么每个人都

会得到10个分数。可以用相关系数来检验其中一个分数与其他九个分数的关系。例如，友好与关怀具有高相关，这些测验趋向聚合为两组：A组中5个测验高相关；B组中5个测验高相关。这两组实际上是两个大的人格维度，即成就和人际关系（如表5－8所示）。

表5－8 10个测验相关的分组

组群	人格维度	人格特质
A	成就	抱负 决断 忍耐 坚持 创造性
B	人际关系	同情 合作 友好 仁慈 关怀

1936年，奥尔波特和奥德伯特（H. Odbert）从词典40万个词中选出了17 953个人格描述形容词，再将相近的词合并，汇成一个有4 504个描述人格特点词语的词表。后来，卡特尔把它们归纳为171个特质，然后用聚类分析法将171个特质合并为35个特质群（trait clusters）。卡特尔将这些通过聚类分析法得到的特质群称为“表面特质”（surface traits），并对它们进行因素分析，得出16个“根源特质”（source traits），即16种人格基本因素（如表5－9所示）。据此，他编制了16种人格因素问卷。

表5－9 卡特尔的16种人格根源特质

人格因素	名称	人格因素	名称
A	乐群性	L	怀疑性
B	聪慧性	M	幻想性
C	稳定性	N	世故性
E	恃强性	O	忧虑性
F	兴奋性	Q_1	实验性
G	有恒性	Q_2	独立性
H	敢为性	Q_3	自律性
I	敏感性	Q_4	紧张性

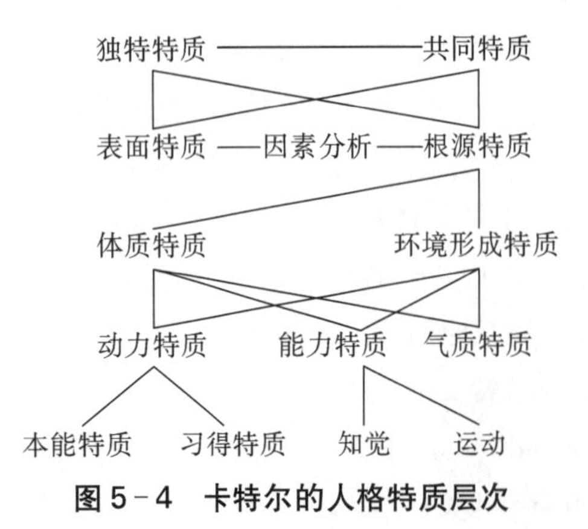

图5－4 卡特尔的人格特质层次

（二）人格结构

经过几十年的研究，卡特尔提出了许多人格特质。他认为，人格中的各种特质并不是无关松散地存在着，而是相互联系的。他在研究人格特质种类的基础上，提出了他的人格结构（如图5－4所示）。

1. 独特特质和共同特质

卡特尔首先将人格特质分为独特特质和

共同特质，认为共同特质是用因素分析法得到的共同因素；独特特质是用因素分析法得到的独特因素。共同特质指人类所有成员共同具有的特质；独特特质指单个个体具有的特质。虽然社会所有成员具有某些共同特质，但共同特质在社会各成员身上的强度是不同的，即使是同一个人，身上的共同特质在不同时期的强度也不相同，个体的各种特质随环境的变化会表现出不同的强度。与奥尔波特不同，卡特尔重视对共同特质的研究。

2. 表面特质和根源特质

卡特尔把人格特质划分为表面特质和根源特质，是对人格心理学的重大贡献。这种划分获得心理学家的普遍赞同，深化了人格心理学的研究。

表面特质直接与环境相关，常常随环境的变化而变化，是从外部可以观察到的行为；根源特质隐藏在表面特质的背后，深藏于人格结构的内层，必须以表面特质为媒介，运用因素分析法才能发现。后者是制约前者的潜在基础和人格的基本因素，是“建造人格大厦的砖石”。例如，大胆、独立和坚韧等人格特质可以在个体身上直接表现出来，它们都是表面特质，在统计学上彼此有高的相关，经过因素分析可以得出共同的根源特质，即“自主性”。在图 5－5 中，自我居于中心位置，自我的外围是根源特质(5、6)，根源特质的外围是表面特质(1、2、3、4)。卡特尔认为，根源特质各自独立，相关极小，而且普遍存在于不同年龄和处于不同社会环境中的人身上，但在每个人身上的强度不同，这决定了人与人之间的人格不同。他还认为，各个根源特质的深度也不一样，根源特质越深刻，就越稳定，对行为的影响也就越大。

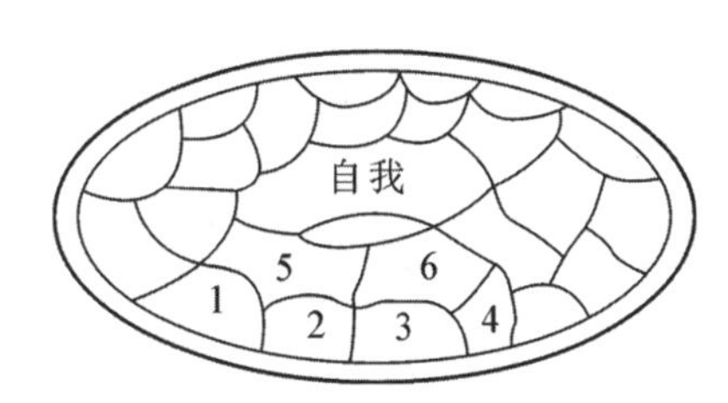

图 5－5　自我、根源特质和表面特质

卡特尔认为，发现根源特质要通过多种资料。研究人格时，他使用了 L 资料、Q 资料和 OT 资料三种人类行为资料。L 资料来自现场，即生活记录资料；Q 资料来自被试本人的回答，即问卷资料；OT 资料是进行标准化测验所得的分数，即客观资料。他认为，OT 资料最好，是测定根源特质的王牌。

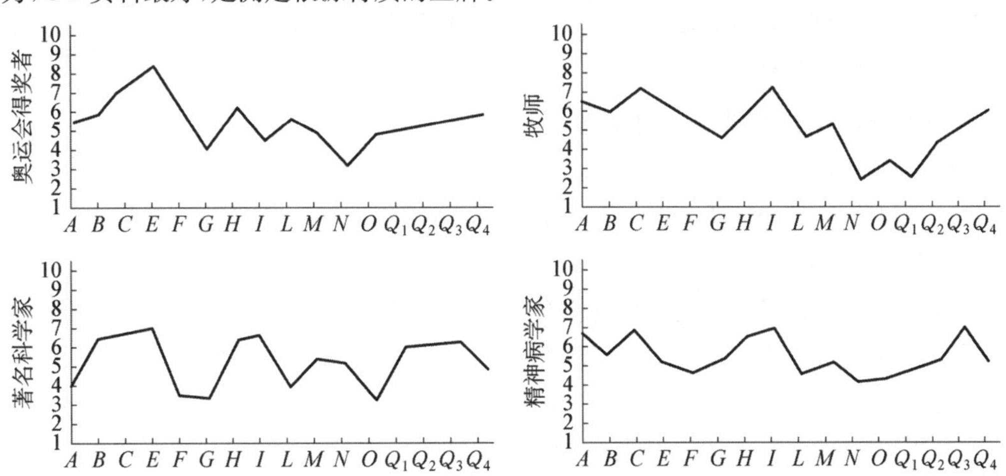

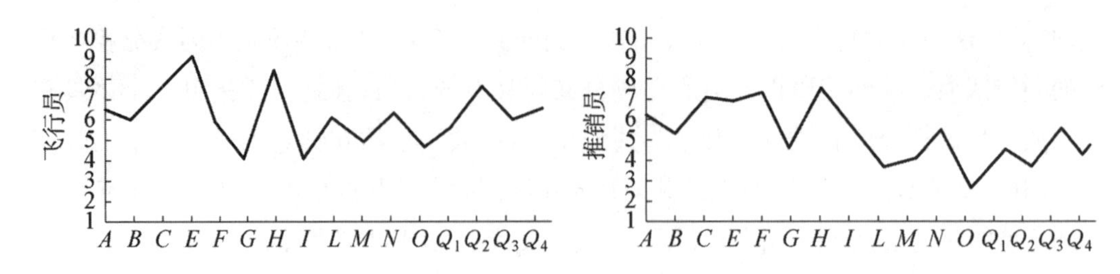

图 5-6 各职业人员“16 种人格因素测验”结果比较

图 5-7 是一组飞行驾驶员、艺术家和作家平均分数的人格特质剖面图。

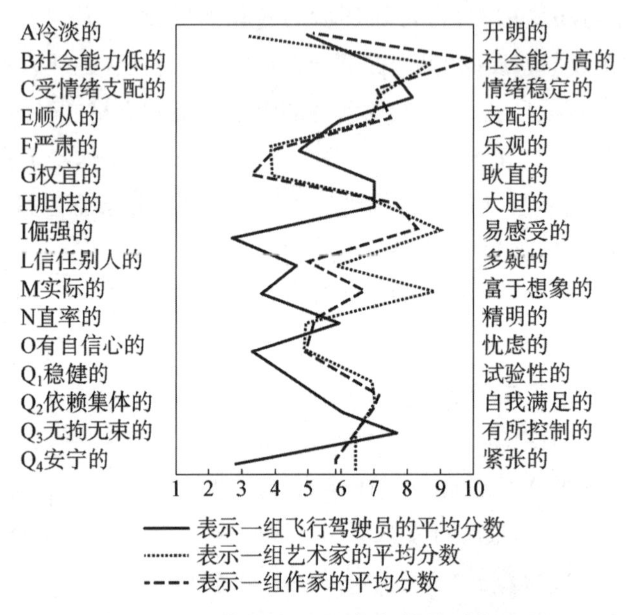

图 5-7 三种不同职业者人格特质剖面图

3. 体质特质和环境形成特质

卡特尔认为，在根源特质中，有些特质是由遗传决定的，称为体质特质；有些特质是由环境决定的，称为环境形成特质。例如，人格因素 A 热情，是体质特质；人格因素 Q_1 试验性，是环境形成特质。

4. 能力特质、气质特质、动力特质

（1）能力特质

卡特尔认为，能力特质决定一个人如何有效完成某一任务，是人格的认知表现。智力是最重要的能力特质。

卡特尔运用多因素分析法，发展了斯皮尔曼和瑟斯顿的理论，发现了两类一般因素（流体智力和晶体智力）、两种较小因素（视觉能力、记忆检索和作业速度）。

（2）气质特质

气质特质决定一个人明确目标后如何行动，反映一个人一般的“风格与节奏”，决定

一个人的行动是温和的还是暴躁的，决定一个人的情绪色彩，是人格的情绪表现。

(3) 动力特质

动力特质促使人朝着某个目标行动，是人格的动机因素。

卡特尔将动力特质区分为本能特质和习得特质。卡特尔认为，这两种特质都是趋向于事物的动机倾向，只是来源不同。本能特质是与生俱来的，习得特质是由环境塑造的。

(三) 人格发展

卡特尔不仅指出遗传和环境对个体人格的发展是重要的，而且要测定个体人格特质中遗传和环境因素所占的比例，并于 1965 年创立了一种多重提取方差分析法(multiple abstract variance analysis method，简称 MAVA)。这种方法以大量的家庭成员为施测对象，将测验材料分为四类：家庭内遗传差异资料；家庭间遗传差异资料；家庭内环境差异资料；家庭间环境差异资料。经过测量，卡特尔发现，在各人的人格特质中，遗传作用和环境作用是不同的。整体人格估计 2/3 是由环境决定的，1/3 是由遗传决定的。

卡特尔指出，在人格发展过程中，遗传因素会限制环境的作用。他用多重提取方差分析法发现，遗传造成的差异与环境造成的差异之间呈负相关，环境使遗传不同的人发生变化，使大多数人在测验时获得中等分数。例如，天生支配性强的人，社会限制他不要那么支配人，而对天生服从性强的人，社会则鼓励他表现得自我肯定一些。

卡特尔还考察了人格特质在时间上的发展。他十分重视早期生活对人格形成的重要性，认为许多人格特质在 7 岁前就已经基本形成了。科恩(J. A. Coan)1996 年指出，多数研究表明，相同的基本特质可以在儿童、青少年、成人身上找到。卡特尔和达马林(F. L. Damarin)1968 年的研究表明，成人表现出来的特质只有 1/3 可以在 4 岁及以下的孩子身上找到，他们还发现，随着年龄的增长，特质有相当大的稳定性。

四、艾森克的特质论

艾森克(1916—1997)是英国心理学家，1916 年出生在德国柏林，并在德国接受早期教育。他童年的大部分时间与祖母在柏林度过。1934 年迁居英国。1940 年获伦敦大学博士学位。第二次世界大战期间，他以心理学家的身份在米尔州急救医院工作。1955 年任伦敦大学心理学教授兼伦敦精神病研究院心理部主任。他深受斯皮尔曼和伯特(C. L. Burt)的影响，重视因素分析，并强调人格的遗传作用，有些学者把艾森克的理论归入生物学派。

艾森克是一个具有极大勇气和特别自信的人。他力图将严谨、定量、实验的科学方法应用于复杂的人格问题研究，他一生好斗，被称为“知识界的斗士”。1982 年他写道，他与弗洛伊德和投射技术对立，提倡行为疗法和遗传研究。面对许多争论，他经常站在现有理论的对立面，反对这些理论。

艾森克的许多贡献可与卡特尔相提并论，他们都采用了因素分析法探索人格的基本单元，发展著名的人格问卷，研究人格的遗传因素和生物基础。他与卡特尔也有不同：第一，他对特质维度强调得要少，将研究兴趣从特质转向维度，提出了著名的三个人格维度，确立了人格结构模型；第二，他对特质的个体差异与生物机能差异的关系作了大量的研究工作。

艾森克将因素分析法与经典的实验心理学方法相结合，他是人格三个维度的创始人。他用特质论的观点，创立了人格类型论，这是一种更高层次的特质论。他对人格维度作了生理学和生物化学的持久和深入的研究，这是艾森克人格理论的独创之处。

艾森克主张用自然科学的方法研究心理学，反对人本主义和精神分析论的研究方法。他认为，人是一个生物社会性的有机体，人的行为是同等地由生物因素和社会因素所决定的。

艾森克的主要著作有：《人格维度》(1947)、《人格的科学研究》(1952)、《人类的人格结构》(1953)、《心理学和精神病学的基础》(1955)、《政治心理学》(1955)、《焦虑和歇斯底里的动力学》(1957)、《精神病人的知觉过程》(1957)、《神经官能症的原因与治疗》(合著)、《艾森克人格调查表》(合编)、《人格的生物学基础》(1967)、《人格结构和测量》(合著，1969)、《人类人格的结构》(第三版，1970)、《心理学百科全书》(主编，1972)等。

(一) 人格结构

艾森克反对把人格定义抽象化。他在《人格维度》中指出，“人格是生命体实际表现出来的行为模式的总和”，这种行为模式由遗传和环境决定，包括认知(智力)、意动(性格)、情感(气质)和躯体(体质)四个主要方面。后来他又指出，人格就是一个人的性格、气质、智力和体格的稳定持久性组织，性格是稳定的意动系统，气质是稳定的情感系统，智力是稳定的认知系统，体格是稳定的身体形态和神经内分泌系统。

艾森克把人格定义为行为模式的总和，并强调人格具有稳定持久的特性。他还分析了这种行为模式的几个重要方面。

1. 智力

艾森克认为，伯特的智力概念最能为一般人所接受。伯特认为，智力是“先天的心理能力总和”。他还分析了瑟斯顿和斯皮尔曼等人之间的分歧。瑟斯顿后来认为可能有一种“二级的普遍因素”存在，普遍因素也扮演重要角色。这样，瑟斯顿与其他因素理论家的观点就十分接近了。艾森克通过临床研究、实验和测量认为，智力可以分为抽象思维能力、学习能力、使手段适合目的的能力。

2. 性格

当前学术界存在两种性格定义：第一种强调伦理和道德；第二种强调意动。艾森克赞同第二种。沃伦把性格定义为“一个直接的意动倾向系统”，强调活动的力量，而不是活动的方向。

艾森克指出，性格是根据调节的原则，抑制本能冲动持久的心理倾向。这就与意志概念十分相似了。他进而认为，人类性格提供了一个连贯稳定的自我控制力和自我定向或自主力的基础。

3. 气质

许多心理学家都把气质看作“由个体遗传性和生活史决定的情感方面的一般特点”。艾森克指出，奥尔波特和弗农(P. E. Vernon)把气质定义分为情绪、生理、运动反应三个主要方面，他赞同奥尔波特的气质定义。

奥尔波特认为，气质指个体与情绪有关的各种现象，包括对情绪刺激的敏感性、习惯的反应强度和速度以及主导心境的特性、心境的强度和变化等，这些个人情绪上的特点常随体质而定，因此主要起因于遗传。西方一些心理学家把这个定义称为“气质的最完整定义”，因为这个定义综合了情绪、生理和运动反应三个方面。艾森克还指出：奥尔波特的定义可以作为基础，但不同意这个定义中气质主要起因于遗传的观点。

(二) 人格维度

艾森克和同事威尔逊(G. D. Wilson)等人对人格维度做了深入研究。他指出，维度代表一个连续的尺度，每一个人都可以或多或少地具有某种特质，而不是非此即彼，通过测定，每一个人都可以在这个连续尺度上占有一个特定的位置。他曾提出五个维度(外内向、神经质、精神质、智力、守旧性——激进主义)，但主要的维度是三个。他认为外内向、神经质和精神质是人格的三个基本维度，这不仅为数学统计和行为观察所证实，而且还得到了实验室内许多实验的证实。他在《人格的科学研究》一书中指出：“到目前为止所得出的维度都近似互相垂直，但在适当的时候，无疑是会分离和派生出其他的维度。”艾森克对人格维度的研究受到各国心理学家的重视，并且已被广泛地应用到医疗、教育和司法等领域。

1. 外内向

艾森克的外内向(extroversion-introversion)与荣格的外内向含义不完全相同。多年来他对外内向维度做了广泛和深入的研究，取得了许多创造性的成果。外向的人不容易受周围环境的影响，难以形成条件反射，在人格上具有情绪冲动、好交际、渴望刺激、冒险、粗心大意和爱发脾气等特点。外向的人从外表上看似乎是不大可靠的人。内向的人容易受周围环境的影响，非常容易形成条件反射，在人格上具有情绪稳定、好静、不爱社交、冷淡、不喜欢刺激、深思熟虑、喜欢有秩序的生活和工作、极少发脾气等特点。内向的人从外表上看似乎是一个略带悲观色彩而可靠的人。

艾森克把外内向这一个性维度与大脑皮质的兴奋过程和抑制过程相联系(如表 5-10 所示)。

表 5-10 外内向与神经过程

向 性	神经过程	
	兴奋过程	抑制过程
外向的人	慢·弱·短	快·强·长
内向的人	快·强·长	慢·弱·短

从上表可以看出，外向的人兴奋过程强度弱，发生慢，持续时间短，因此难以形成条件反射；内向的人兴奋过程强度强，发生快，持续时间长，因此容易形成条件反射。

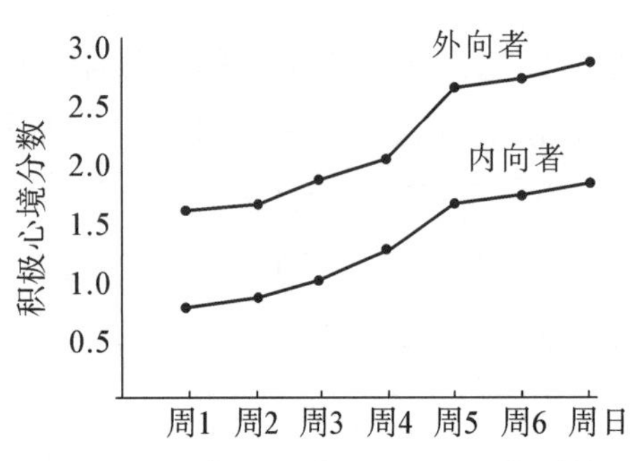

图 5-8 外向和内向的人对快乐的评价

（资料来源：Larsen & Kasimatis，1990）

心理学家拉森（R. J. Larsen）等人的一项研究表明：外向型的人自我报告幸福程度比内向型的人高。要求被试报告自己 84 天里的情绪状态，无论是哪一天，外向型的人的积极情绪水平都比内向型的人高（如图 5-8 所示）。这一特点在时间上相当稳定。外向型的人的得分可以预测他几年后的快乐情况。

研究表明：外向者的大脑皮质唤醒水平通常要比内向者低，这种生理上的差异在人的一生中相当稳定，并发展成成年人外向或内向的风格。

一种非常有趣的螺旋后效实验也表明，外内向与大脑皮质的兴奋过程和抑制过程有关。人们注视着一个转动的螺旋，注视一定时间后螺旋停止转动，这时人会看到与螺旋运动方向相反的运动现象。在心理学中这被称为螺旋后效。艾森克等人发现向性不同的人，螺旋后效的持续时间有明显差异，越是外向的人，螺旋后效时间越短。这是由外向的人的兴奋过程的特点所决定的。

1976 年雷维尔（Revelle）等人做了一项研究，他们推论内向的人在正常条件下，大脑皮质已经具有高度的兴奋水平，如果进一步提高他们的兴奋水平，那么就会降低被试的工作效果。外向的人在正常条件下，大脑皮质兴奋水平相对较低，若提高他们的兴奋水平，就会提高被试的工作效果。实验结果支持了艾森克的观点。内向的人在做言语能力倾向测验时，在放松的条件下（如果不限制时间），他们的得分会很高；但是当给他们服用提高大脑皮质兴奋性的药物（如咖啡因）或在时间上加以限制后，他们的得分就急剧下降。而外向的人则大不相同，他们在放松的条件下得分低，在时间压力（时间上加以限制）和兴奋性药物的作用下，他们的得分就会提高。

外向的人追求刺激，内向的人回避刺激。我们在日常生活中经常能发现这种情况，外向的人一般喜欢吃刺激性和口重的食物，他们抽烟多，喝酒也多，参加冒险性的活动。外向的人和内向的人在审美活动方面也有显著差别，外向的人一般喜欢深色，内向的人一般喜欢淡色。在药物作用方面，兴奋剂的作用相当于内向者的人格特点，抑制性药物的作用相当于外向者的人格特点。

2. 神经质

神经质(neuroticism)又称情绪性。艾森克指出,情绪不稳定的人,表现出高焦虑。这种人喜怒无常,容易激动。情绪稳定的人,情绪反应缓慢而且轻微,并且很容易恢复平静。这种人稳重、温和,并且容易自我克制,不易焦虑。当外向性和情绪不稳定性同时出现在一个人身上时,很容易在不利情境中表现出强烈的焦虑。艾森克进一步指出,情绪性与植物性神经系统特别是交感神经系统的机能相联系。

外内向和情绪性这两个维度,不是臆想出来的,而是已经得到了证实。近年来,卡特尔和吉尔福特等人的研究都强有力地支持这两个互相垂直的维度。艾森克指出,现在有理由说,实验研究几乎完全认可在人格测量描述系统中这两个因素处于醒目和稳定的地位。

艾森克认为外内向和情绪性是两个互相垂直的维度。他以外内向为纬,情绪性为经,组织起他认为基本的 32 种特质,并且与古希腊的四种气质类型相对应,建立了许多人格心理学家所赞同的个性二维模型(如图 5 - 9 所示)。

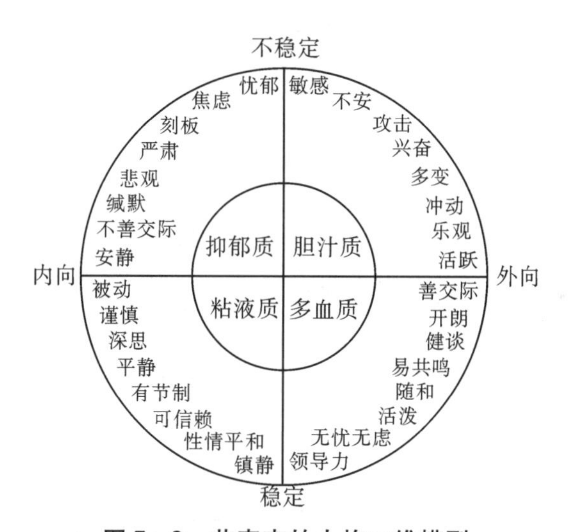

图 5 - 9 艾森克的人格二维模型

表 5 - 11 反映了人格类型与气质类型之间的关系。

表 5 - 11 人格类型与气质类型的关系

类型	气质类型	包括特质
稳定外向型	多血质	善交际、开朗、健谈、易共鸣、随和、活泼、无忧无虑、领导力
稳定内向型	粘液质	被动、谨慎、深思、平静、有节制、可信赖、性情平和、镇静
不稳定外向型	胆汁质	敏感、不安、攻击、兴奋、多变、冲动、乐观、活跃
不稳定内向型	抑郁质	忧郁、焦虑、刻板、严肃、悲观、缄默、不善交际、安静

从上面的图表中还可以看出，稳定外向型包括善交际、开朗、健谈、易共鸣、随和、活泼、无忧无虑、领导力八种特质；稳定内向型包括被动、谨慎、深思、平静、有节制、可信赖、性情平和、镇静八种特质；不稳定外向型包括敏感、不安、攻击、兴奋、多变、冲动、乐观、活跃八种特质；不稳定内向型包括忧郁、焦虑、刻板、严肃、悲观、缄默、不善交际、安静八种特质。如果一个人在活泼的特质上得分高，就可以认为这个人属于稳定外向型；如果一个人在有节制的特质上得分高，就可以认为这个人属于稳定内向型。

艾森克指出，特定的人格维度的结合与特定的行为类型相联系。例如，情绪不稳定与内向维度相结合可能会出现焦虑不安的人格问题；情绪不稳定与外向维度相结合可能会出现进攻好斗等行为问题。

3. 精神质

精神质（psychoticism）又称倔强性，并非暗指精神病。研究表明，它在所有人的身上都存在，只是程度不同而已，但是，如果个体表现出明显的精神质，则容易导致行为异常。如果在精神质项目上得高分，个体就会表现出倔强、固执、粗暴强横和铁石心肠的特点；低分则会表现出温柔的特点。精神质强烈的人，性情孤僻，对他人漠不关心，心肠冷酷，缺乏人性，缺乏情感和同情心，攻击性强。

（三）人格层次模型

艾森克不仅采用特质的概念，而且还采用了类型学的观点。在心理学史上，墨菲和詹生（Jensen）都试图把特质论和类型论统一起来，他们认为，人格类型由特质之间必要的联系所构成。艾森克则认为，特质是观察到的个体的行为倾向的集合体，类型是观察到的特质的集合体。他把类型看作某些特质的组织。许多心理学家认为，在特质和类型关系问题上艾森克处理得相当出色。他在对人格进行广泛研究的基础上，提出了人格层次模型（如图 5－10 所示）。

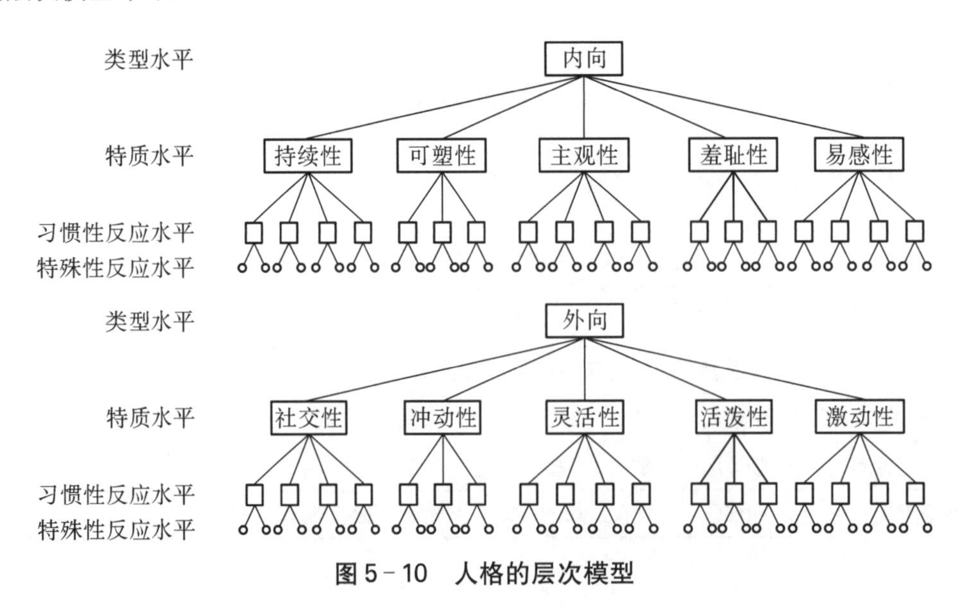

图 5－10 人格的层次模型

在图 5－10 中，人的行为分为类型、特质、习惯性反应和特殊性反应四个水平。外向或内向是上位概念，特质是下位概念，在特质之下又有习惯性反应和特殊性反应。

类型水平(type level)。这是在观察一些不同特质的相互关系的基础上得出来的。

特质水平(trait level)。这是在观察一些不同的习惯反应的相互关系基础上得出来的。

习惯性反应水平(habitual response level)。这是在同样环境中可以导致再次发生的特定反应，如重复实验就会产生同样的反应；如果生活情景重新出现，有机体会以相似的方式反应。

特殊性反应水平(specific response level)。这是个体在一次实验性试验时的反应或对日常生活经验的反应，可能是个体的特征，也可能不是个体的特征。

艾森克提出四种不同类型的因素：①普遍因素(general factors)。这些因素对所有的试验都是共有的。②群因素(group factors)。这些因素在某些试验中是共有的，在另一些试验中并不出现。③特殊因素(specific factors)。在特殊情况下才出现的因素。④误差因素(error factors)。只有在某一偶然机会才出现的因素。行为的四种水平和四种类型的因素是一致的(如表 5－12 所示)。

表 5－12　行为水平与因素的对应

层次	行为水平	因素
1	类型	普遍因素
2	特质	群因素
3	习惯性反应	特殊因素
4	特殊性反应	误差因素

五、吉尔福特的特质论

吉尔福特(1897—1987)是美国心理学家。他出生在美国内布拉斯加州的一个农民家庭，在康奈尔大学就读时，他是铁钦纳(E. B. Titchener)的助手，选修了格式塔心理学家考夫卡(K. Koffka)和苛勒(W. Köhler)的课程。1935—1936 年任西北大学客座教授，1940 年后任南加利福尼亚大学教授，1950 年任美国心理学会主席。吉尔福特是一位著名的人格测量学家，在人格特质分类上作出了贡献。他强调人格的整合性和独特性，提出了著名于世的“智力三维结构模型”。他对智力结构提出了一种动态的看法，认为智力结构应从操作、产物和内容三个维度去考察，并与同事共同设计了测量发散性思维的量表。

吉尔福特的主要著作有：《人类智力的本质》(1967)、《人格的各种因素》(1975)、《改善智力和创造力指南》(1977)等。

（一）人格与人格特质

1959年，吉尔福特指出，人格是各类特质的模式，人格特质是个体间有所不同的可辨认而持久的特性。

图5-11 吉尔福特的人格模型

各种特质是同一人格的不同方面，根据性质可以划分为七类：①需要（need）；②兴趣（interest）；③态度（attitude）；④气质（temperament）；⑤才能（aptitude）；⑥形态（morphology）；⑦生理（physiology）。人格就是由这几类特质组成的统一体（如图5-11所示）。从不同角度可以观察到不同的特质。可以看出，吉尔福特对人格的理解是广义的，既包括心理方面的特质，又包括身体方面的特质。

吉尔福特认为，研究人格的目的是预测人的行为，必须掌握两个方面的信息：情境方面的信息和机体方面的信息。这是因为人的行为是个人所处的情境和机体方面信息交互作用的结果。

吉尔福特认为，人格特质是不能直接观察的，只能根据可以直接观察到的行为推而知之，并称这种行为为"特质指标"（trait indicator）。特质必须具备下列四个条件：①可以测量，一个人具有的某一特质的量称为特质位置（trait position）。②位置是变化的，但变化程度不同：有些特质比较稳定，变化极小；有些特质比较不稳定，变化较大。③不同特质具有不同的普遍性，有些为千千万万人所共有，有些为几个人所共有，有些为个人所独有。④不同特质的指标之间的相关系数是不同的，有些特质的各指标之间相关系数较大，即关系比较密切；有些特质的各指标之间关系较小，即关系比较松弛。

吉尔福特提出了十二个有关人格特质方面的问题：①是否忧郁、容易悲伤？②情绪是否容易变化、不稳定？③自卑感的大小？④是否容易担心某种事情或容易烦躁？⑤是否容易空想、重过程而不能入睡？⑥是否信任别人，与社会协调？⑦是否不听别人的意见而自行其是？是否爱发脾气，有攻击性？⑧是否开朗、动作敏捷？⑨慢性子还是急性子？⑩是否喜欢沉思、愿意反省？⑪是否能当群众领袖？⑫是否善于交际？这十二种特质中，前面四种是情绪稳定性的指标，中间四种是社会适应性指标，后面四种是向性指标。

（二）人格的阶层式结构

吉尔福特认为，人格结构中包括三种特质，形成一个阶层式结构。①基倾（hexis），个体在少数情境中表现出来的某种一致性行为倾向，例如，喜欢参加舞会、宴会等，涉及的范围较小，与习惯相似，但不一定是通过学习获得的。②基本特质（primary trait），位于基倾之上，是人格结构的中间层。每一个基本特质都是几种基倾的共同元素，因此涉及的范围比基倾广得多。例如，社会性是一种基本特质，而喜欢某种社交场合是一种基倾。③类型(type)，位于基本特质之上，是人格结构的最高层。类型是涉及范围极广的特质，由许多基本特质的共同元素组成，因此每个人可以同时具有几种类型。这与一般人格类型论者对类型的看法有所不同。吉尔福特认为，在人格的阶层式结构中，上层特质可以影响或决定下层特质。

吉尔福特对人格的研究是多方面的。早在20世纪30年代中期，他就已设计出几个测验，类似于测量内外向和神经质的量表。他还在1936年对人格量表进行了因素分析，确定了外向性的几个方面：情绪化、羞涩、男性气质等。

第三节　五因素模型

一、五因素模型概述

自从1921年奥尔波特发表《人格特质：分类与测量》以来，经过许多人格心理学家的努力，到20世纪60年代，人格特质的研究已经成为人格心理学研究中的主要项目。但是在人格维度上没有取得较为一致的看法。卡特尔的16种人格模型和艾森克的三因素模型占有主要的地位。直到20世纪90年代，多数特质论者的基本观点已经趋向一致，人格结构由5大因素构成，即“大五”或“大五因素模型”(five-factor Model，简称FFM)。

在特质论研究方面最大的进展就是大五因素的提出与检验。大五因素最早是高尔顿提出的词汇假设，他认为凡是重要的个体差异，在其自然语言中一定有相应的词汇来表示。经过几代人的研究，在人格心理学家一系列的研究中，都得到了5个广泛的因素。五因素模型为多数特质论者认同，有人认为：人格范畴几乎可以用这五因素进行完整的说明。[①] 大五因素具有跨时间的稳定性和跨文化的一致性。该问卷的出版，提高了人格心理学研究的进程，大五因素涵盖了人类心理的各个方面，具有广泛的代表性。有些研究者认为：大五因素是在没有什么理论的前提下得到的，它是一个描述模型而不是解释模型，即不能从理论上说明特质仅仅是这五个因素。大五因素在实践中存在显著的内在相关，并没有包括人格的全部和涉及人格的动态方面。[②]

五因素模型开始于诺曼(W. T. Norman)。他用卡特尔特质量表测量学生，但与卡特尔不同的是，他从数据中寻找正交或独立的因素，获得五个人格因素，即外向性、接纳度、责任感、情绪稳定性和文化。麦克雷(R. R. McCrae)和科斯塔(P. T. Costa)得到

① L. A. Pervin, O. P. John. Handbook of Personality: Theory and Reseand [M]. New York: Guilford Press, C1999:39.

② 张兴贵，郑雪. 人格心理学研究的新进展与问题[J]. 心理科学，2002(06):744—745.

了 80 个量表的评定数据，从中确定了五个因素，即外向性、宜人性、责任感、神经质和开放性(类似于文化)(如表 5－13 所示)。

表 5－13　大五人格因素及其特征

因素	特征	因素	特征
神经质	烦恼对平静 不安全感对安全感 自怜对自我满足	宜人性	热心对无情 信赖对怀疑 乐于助人对不合作
外向性	好交际对不好交际 爱娱乐对严肃 感情丰富对含蓄	责任感	有序对无序 谨慎细心对粗心大意 自律对意志薄弱
开放性	富于想象对务实 寻求变化对遵守惯例 自主对顺从		

(资料来源：R. R. McCrae & P. T. Costa，1986)

表 5－14　大五因素的内涵

因素	命名	涉及的领域
Ⅰ	外向性	生理
Ⅱ	宜人性	人际
Ⅲ	责任感	工作
Ⅳ	神经质	情绪
Ⅴ	开放性	智能

(资料来源：许燕，2009)

研究者对因素的命名不同，一般认同于珀文的看法。珀文等人在《人格心理学手册》一书中提出了如下五个人格因素：①E[①]，外向性、活力、热情(因素Ⅰ)；②A，宜人性、利他性、爱(因素Ⅱ)；③C，责任感、克制、拘谨(因素Ⅲ)；④N，神经质、消极情绪、神经过敏(因素Ⅳ)；⑤O，开放性、独创性、思维开放(因素Ⅴ)。因素Ⅰ、Ⅱ在词汇中比例最大，其次是Ⅲ，最小是Ⅳ、Ⅴ。有趣的是，"OCEAN"这些字母组成了"海洋"一词。这些因素最终被称为"大五"。其中的每一个因素都极为广泛……每一个维度都概括了大量不同的、更具体的人格特征。麦克雷和科斯塔研制了"五因素调查表"(NEO-PIR)，用来测量五因素模型中的五种特质。

---

① E、A、C、N、O 是大五因素英文字的第一个字母。E(extroversion)、A(agreeableness)、C(conscientiousness)、N(Neurotism)、O(openness to experience)。

二、 五因素模型的简短定义

为了正确地理解五个因素的意思，不少研究者认为有必要对五个因素下一个简短的定义。

（1）外向性，指对社会现实世界的积极看法，包括社会性、活跃性、果断性和正向情绪等特质。外倾者爱好交际，通常表现为精力充沛、乐观、友好和自信；而内倾者这方面的表现不突出。有研究者指出："内倾者含蓄而不是不友好，自主而不是追随他人，稳健而不是迟缓。"

（2）宜人性，指亲社会和集体的取向，与对抗性相反，包括利他主义、体贴、信任和谦逊等特质。在宜人性上得高分的人，是乐于助人的、可信赖的和富有同情心的，他们注重合作而不强调竞争；而得低分的人，为人多疑，他们经常为了自己的利益和信念而争斗。有研究发现，宜人性高分者在社会交往中更愉悦，与别人的争吵更少。

（3）责任感，指能促进任务和指向目标的，合乎社会规范的，控制冲动的特质，包括先思后行、遵守规范和规则、有计划、有条理和工作优先等。在责任性上得高分的人，做事有条理、有计划，并能持之以恒；得低分的人马虎大意，容易见异思迁，表现较不可靠。

（4）神经质，指与情绪稳定相反的消极情绪，如感到焦虑、烦躁、悲伤和紧张等。神经质高分者经常感到忧伤，情绪容易波动，更容易因为日常生活的压力而感到心烦意乱；神经质低分者多表现为平静、自我调适良好，不容易出现极端的或不良的情绪反应。

（5）开放性，指与思想封闭相反的特质，如独创性、思维开放性，对多样性、新颖性和变化的需要等。在开放性上得高分的人是不依习俗、独立的思想者；而得低分者大多比较传统，喜欢熟悉的事物。有研究发现，创新的科学家和艺术家在这一维度上的得分高(Feist)。

三、 五因素模型的证据

(一) 跨文化的一致性

一致性(consistency)就是某种特质跨情境的持续性。戈德伯格(L. R. Goldberg)等人认为，这五个因素不仅在英语中出现，在其他语言中也出现，在对人格的表述上可能是全球通用的。对自然语言特质描述词的分析，在多种文化中具有较大的一致性。五大因素标志了人类交往过程中所用基本词汇的主要特质。

由于以上有关"大五"的研究主要是在英语语言中进行的，为了判断五因素模型的普遍性和稳健性，不少研究者还进行了跨语言和跨文化的研究。较早的跨文化研究是在荷兰和德国进行的，其中，荷兰语的研究结论与英语的研究结论非常类似(Hofstee)，德语的研究也非常类似地得到了"大五"(Ostendorf)。近年来，在汉语(Yang & Bond)、捷克语(Hrebickova & Ostendorf)、希伯来语(Almagor)、匈牙利语(Szimark & De

Raad）、意大利语（De Raad）、波兰语（Szarota）、俄语（Shmelyov & Plkhilko）和土耳其语（Somer & Goldberg）等诸多语言中也进行了“大五”的研究，结果在大多数情况下都发现了类似“大五”的因素，总的结论都比较支持“大五”的普遍性，但开放性的可重复性表现较弱。

（二）跨时间的稳定性

稳定性（stability）就是指某种特质跨时间的持续性。五大人格特质具有稳定性，特别是在 30 岁之后，很少变化。麦克雷和科斯塔指出：“在 30 年的过程中，多数成年人会经历生活方式的变化……然而，多数人在五个维度上的特点却不会有显著的变化。”研究者还对小学生进行了研究，结果显示，这五个因素在时间上具有相当的稳定性（如表 5 - 15 所示）。

表 5 - 15　被试五因素调查表得分的稳定性

五因素调查表	25—56 岁		57—84 岁		总体
	男	女	男	女	
神经质	0.78	0.85	0.82	0.81	0.83
外向性	0.84	0.75	0.86	0.73	0.82
开放性	0.87	0.84	0.81	0.73	0.83
宜人性	0.64	0.60	0.59	0.55	0.63
责任感	0.83	0.84	0.76	0.71	0.79

注：表内相关均在 $P<0.001$ 水平上显著。各样本得分的稳定性从 63—127。神经质、外向性和开放性量表的重测间隔为 6 年；宜人性和责任感量表的重测间隔为 3 年。
（资料来源：R. R. McCrae & P. T. Costa，1990）

四、五因素模型的应用

通过五因素调查表，可以比较全面地评估一个人的人格特质，这有助于合理使用人才，选拔员工。1991 年，泰特（R. P. Tett）等人的一项大型研究表明，五因素模型可以比以往的研究更强有力地解决人格维度与工作绩效之间的关系问题，做到扬长避短，人尽其才。

个体在五个特质上的得分，基本上反映了他的人格全貌。根据工作种类，可以全面考虑、综合分析，以便选择最合适该项工作的人，做到使人格类型与职业类型达到最佳匹配。这样，工作人员会感兴趣并得到满足，最充分地发挥自己的才能，在工作上作出创造性的贡献。

1993 年，巴里克（M. R. Barrick）等人研究了在“责任感”上得分高的人与销售代理商之间的关系，结果发现高责任感的员工能为自己设立较其他员工更高的工作目标，雄心勃勃地投入工作，坚持不懈地克服困难，直至成为一名优秀的代理商。大量需要群体合作的工作需要在“宜人性”特质上得高分的人，要求创造性工作的职业需要在“开放性”特质上得高分的人等。

许多研究还表明，高责任感的个体过着有规律的生活，有利于健康长寿，低宜人性和高神经质的人过着的生活不利于身体健康。外向性、神经质、宜人性均与心理健康有关；外向性能预测主观幸福感，神经质能导致负性情绪。

五、五因素模型研究的进展

研究者继续研究，许多结论是与五因素模型一致的，但也有些研究结论不一致。例如，1987 年特莱根（A. Tellegen）和沃勒（N. G. Waller）建议将评价因素引入人格结构，首先提出大七人格模型，增加正价（positive valence）和负价（negative valence）。正价代表老练、机智、勤劳多产；负价代表心胸狭窄、自负和凶暴。阿什顿（M. C. Ashton）等人把与诚实有关的因素作为第六个因素。

研究者也发现，并不是所有的研究结果都与五因素模型的结构相符合。他们中有的发现三或四个因素，有的甚至发现七个因素。大多数研究者认为，五因素模型并不包括评价因素。

（一）三因素模型

英国心理学家艾森克提出了三因素模型（外向性、神经质、精神质），他根据这个模型编制了“艾森克人格问卷”。

特莱根在 1982 年把人格和情绪相互联系起来，提出了人格结构的三因素模型，据此编制了他的“多维人格问卷”（Multidimensional Personality Questionnaire，简称 MPQ），该问卷包括 3 个高阶因素和 11 个层面维度（如表 5－16 所示）。

表 5－16　特莱根的多维人格问卷中高价因素和层面维度

<table>
<tr><th>高价因素</th><th>层面维度①</th><th>高价因素</th><th>层面维度</th></tr>
<tr><td rowspan="2">正情绪</td><td rowspan="2">社会亲密感
幸福感
社会潜能
成就</td><td>负情绪</td><td>攻击
疏离感
紧张反应</td></tr>
<tr><td>强制</td><td>避险
控制
传统主义</td></tr>
</table>

① 特莱根的多维人格问卷中“层面维度”原文如表。

（二）五因素模型

1996年韦克平和许燕用自编的106个词汇的教师人格词表，通过师生的评价得到了五因素模型（如表5-17所示）。

表5-17 教师人格五因素模型

因素	教师自评	学生评定
1	严肃认真—马虎敷衍	傲慢粗鲁—善良随和
2	豁达诚恳—虚伪保守	豁达诚恳—虚伪保守
3	善良随和—傲慢攻击	严肃认真—马虎敷衍
4	机智敏捷—呆板迟钝	机智敏捷—呆板迟钝
5	表达—木讷	独立—依赖

（资料来源：许燕，2009）

该项研究对培养教师的优秀人格起着积极作用。

（三）七因素模型

王登峰教授等人提出了人格的七因素模型，他们根据大量样本以汉字中的形容词为出发点，参照人格中大五因素模型的研究，建立了中国人人格的七因素模型，还编制了人格问卷（参见本书第十章“人格评估”）。

在不同的人格结构中，外向性和神经质是共有的人格因素，开放性是一个分歧很多的因素。

第四节 人格的类型论和特质论的评价与相关研究

一、评价

人格的类型论根据某种原则，把所有人的人格归入某种类型，以便直接地了解人的性格。类型论最早产生于临床医学实践的需要。现已被广泛地应用到教育、医疗、管理、军事和人才选拔等领域。它是群体间个性差异的描述性指标，可以通过人的行为直接观察到。但类型论把极端复杂的人格概括为少数几种类型，必然忽视中间型。这种只注意某种类型的人格，忽视其他类型的人格特征的做法就会导致简单化和片面化。类型论也容易将人的人格固定化、静止化，忽视人格的形成和发展，特别容易忽视影响人格的形成和发展的环境因素。

人格特质论在20世纪40年代后盛行一时，但也有不少人对它提出批评。近来根据已出版的《心理测验》（第三版）的报道，用英文出版的测验有2875种，其中人格测验有 576 种，在各种测验中占第一位。

人格特质论用客观观察、主观问卷、实验和统计的方法，直接研究人的行为特点，具有一定的客观性。特质论者编制了大量的人格问卷，为研究人格提供了一个富有吸引力、简便易行的工具，已为人类实践各领域和各国广泛使用。近期，特质论者编制了大五性格问卷，为多数特质论者认同。特质论者缺乏对特质的理论探讨，他们提出的是解释模型，不能从理论上说明究竟有几个特质，在实践中有些特质存在着显著的内在相关。有些特质论者认为，从特质来预测行为，不如从特质和情境两个方面来预测行为。鲍尔斯等人指出："按照交互作用的理论，行为取决于人格方情境的交互作用。"美国心理学家卡弗(C. S. Carver)等人提出"交互作用论是一种新的特质观"。这一观点得到了心理学工作者的赞同。有些特质论者对遗传因素强调过多，对特质的稳定性、不变性强调过多，没有强调社会环境在人格形成和发展中的作用。从系统论的观点看，人格是彼此联系的成分所构成的多因素、多层次、多水平的统一体，是一个"完整的构成物"，并不是几个特质的简单结合。特质论者倾向于用分离的特质来解析性格，他们还忽视各个特质的发展。

人格类型论和特质论是两种主要的人格理论。各有所长，也各有欠缺之处。从质和整体上表示人格的类型论和从量上分析人格的特质论结合起来，就能取长补短。现在这两种理论已经被结合起来了。

二、相关研究

(一) 情绪模式

近年来，人格特质论的一项重要相关研究是已经区分出比较稳定的情绪模式。作为相对稳定的人格特质，它可以作为能够区别人与人之间差异的依据。这些模式是积极情绪与消极情绪的广度差异、情绪体验的强度差异与情绪表达差异。

1. 积极情绪与消极情绪

研究者认为，情绪由两个维度(积极情绪—消极情绪)组成，每个人都可以在这两个维度上找到自己的位置(如图 5－12 所示)。沃森(D. Watson)等人认为，我们体验这两种情绪的倾向是比较稳定的，如果知道某人在这两个情绪维度上的位置，就能比较正确地预测他几年后的情绪体验倾向。

沙伊尔(M. F. Scheier)和卡弗的研究表明，乐观—悲观维度上的个体差异，稳定的时间约为 3 年。

研究表明，积极情绪和消极情绪是彼此独立的两个维度，不能用一个人积极情绪上的得分去预测他在消极情绪上的得分。积极情绪与消极情绪得分的相关很低，但积极情绪与社交活动水平之间存在正相关，这可能是社交活动能引起积极情绪，也可能是我们感觉良好时更愿意参加社交活动。阿斯平沃尔(L. G. Aspinwall)等人的研究表明，

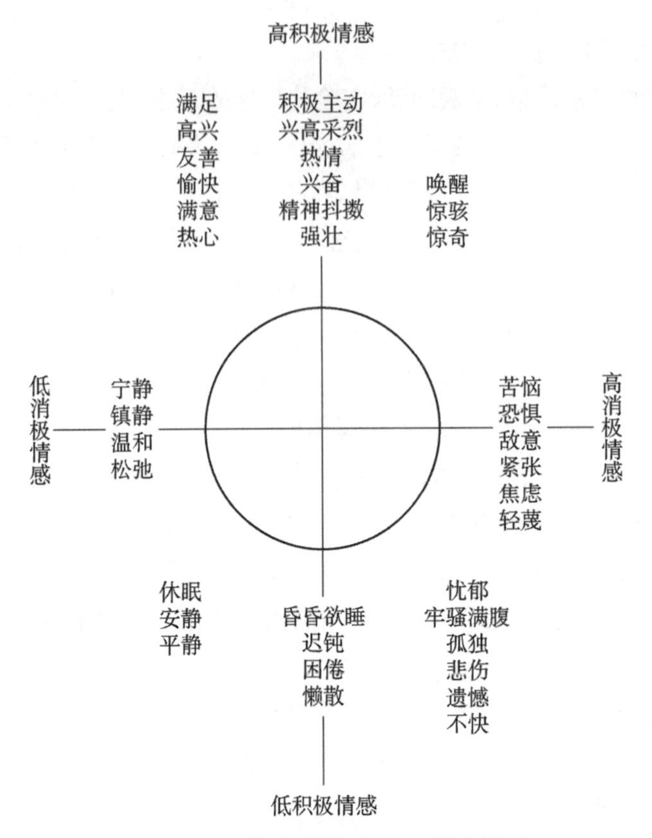

图 5－12　情绪性情感的二维度模型

积极情绪与积极应对和寻求社会支持呈正相关，消极情绪与回避呈正相关。

沃森等人的研究表明，消极情绪与心理压力有关，得分高的人容易受各种情绪问题的困扰，健康问题多。A 型人格会表现出敌意和愤怒，C 型人格会避免表现情绪，特别是负面情绪。孔特拉德（R. J. Contrade）等人的研究表明，A 型人格的人容易得冠心病，C 型人格的人容易得癌症。科恩等人的研究表明，负面情绪与压力容易导致免疫系统功能下降，患传染病等。

研究表明，在区分积极情绪与消极情绪时，大脑皮质显示出单侧化优势倾向。积极情绪的体验和表达与大脑皮质左半球有关，消极情绪的体验和表达与大脑皮质的右半球有关。大脑皮质左侧额叶受伤的患者往往变得抑郁，而大脑皮质右侧额叶受伤的患者可能出现躁狂症。另一项研究表明，被试出现高兴情绪时，大脑皮质左侧前额叶的脑电波活动比右侧明显增加，出现厌恶情绪时则表现为相反部位的脑电波活动。

2. 情绪强度

情绪强度指人们体验到某种情绪的力度或程度。这一维度既适合积极情绪，也适合消极情绪。处在这个维度一端的人对事物总是表现出比较激烈的情绪反应，处在另一端的人对事物总是表现出比较温和的情绪反应。图 5－13 是两个大学生 84 天内的情绪体验情况。他们表现出情绪变化的不同模式：一个情绪时高时低，但不极端；另一个

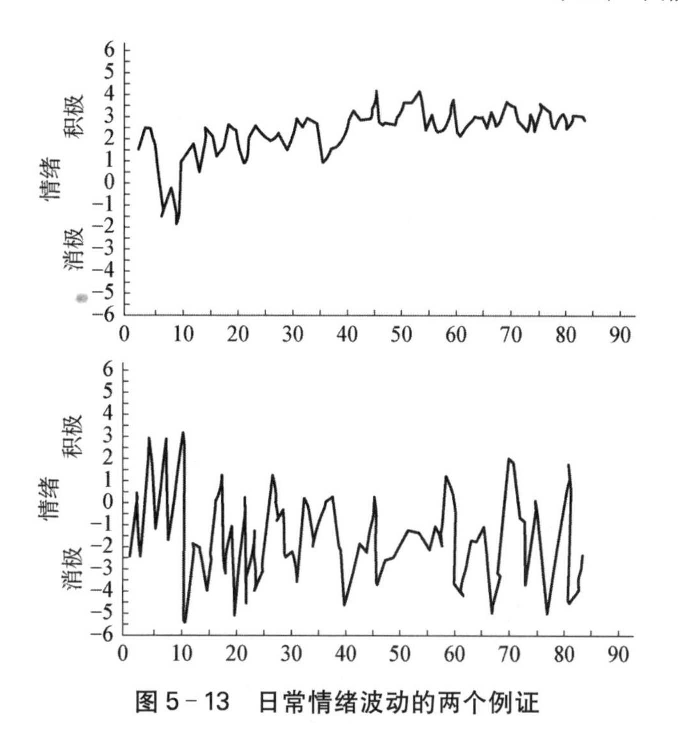

图 5－13 日常情绪波动的两个例证

的情绪反应比较激烈。

人与人之间的情绪体验强度有不同，但在正常范围内是没有好坏之分的，在成就方面都可以多产。1994 年，谢尔顿(K. M. Sheldon)的研究表明，科学家倾向于低情绪强度，艺术家倾向于高情绪强度。

3. 情绪表达

情绪表达指一个人情绪的外在表现，存在着比较稳定的个体差异。一端是情绪表达水平高的人，这些人善于表达情绪，“喜形于色”；另一端是情绪表达水平低的人，这些人几乎没有明显的情绪表达。霍尔(J. A. Hall)的研究表明，女性比男性更富于情绪表达。个体的情绪表达能力对搞好人际关系有重要影响，善于表达的人，容易与对方沟通并化解难题，情绪表达也有益于心理健康。金(L. A. King)和埃蒙斯(R. A. Emmons)的研究表明，高情绪表达者会比低情绪表达者体验到更多的快乐、更少的焦虑和内疚。1980 年弗里德曼(H. S. Friedman)等人发现，高情绪表达者在自尊方面的得分比低情绪表达者要高。在西方，一般情况下，压抑情绪是令人讨厌的，而且有害于健康。在这方面，不同地区有一定的文化差异。

(二) 特质与情绪

在艾森克二维模式中，情绪性就是一个维度。孟昭兰教授指出：“人格特质是由情绪组成的。”①“艾森克排列的人格特质显然就是情绪特质。是情绪状态在人格结构中的

---

① 孟昭兰. 人类情绪[M]. 上海：上海人民出版社，1989：182.

'沉积'。"①普拉切克(R. Plutchik)指出:"如果把人格特质确定在人际关系这个范畴内,那么在人格特质与复合情绪之间,应当说没有什么不同。"②

布洛克运用语义分析法研究人格特质。经过因素分析法得出的相关,排列在圆形图式上,并且也显示出两极性。例如,谦虚和骄傲、满意和悲痛等(如图5-14所示)。

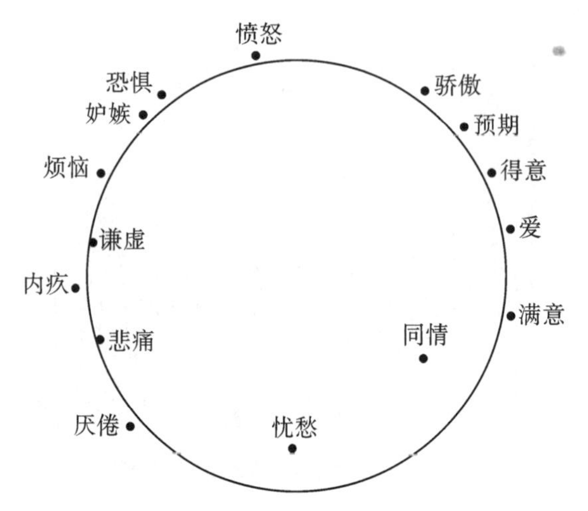

图5-14 布洛克的情绪特质分布模式图

(资料来源:转引自孟昭兰,1989)

普拉切克进一步研究,结果得出,情绪方阵相关形成一个圆形图,许多同义的词排列的位置也比较接近(如图5-15所示)。例如:信赖、容纳、接受,期待、快乐、希望,悲痛、悲伤、厌倦等。

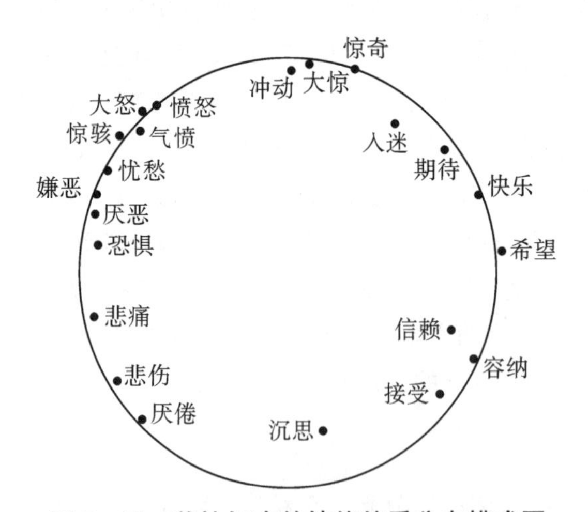

图5-15 普拉切克的情绪特质分布模式图

(资料来源:转引自孟昭兰,1989)

---

① 孟昭兰.人类情绪[M].上海:上海人民出版社,1989:184.

② Plutchik, R. Emotion: A Psychoevolutionary Synthesis. New York: Harper & Row, 1980.

史通等人作了一个包括 40 个情绪词的圆形图(如图 5－16 所示),从图上也可以看出相似的情绪排列在相近的位置上。例如:好争论的、好争辩的、好战的;社交的、亲切的、愉快的等。

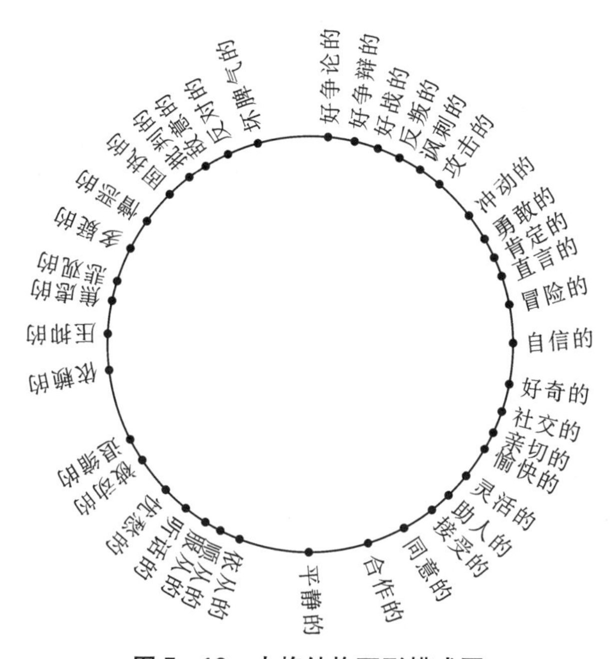

图 5－16　人格结构环形模式图

(资料来源:转引自孟昭兰,1989)

社会认知理论家米歇尔最近提出了人格的新理论:认知—情感系统理论(Cognitive-Affective System Theory),也强调了情感在人格结构中的作用。他认为,每一个人都是一个独特的认知—情感系统,与社会环境发生交互作用,产生个人特有的行为模式。

孟昭兰教授指出:"它们都说明了这样一个共同的问题:人格特质能被复杂情绪所概念化。"①

① 孟昭兰. 人类情绪[M]. 上海:上海人民出版社,1989:187—188.

第六章 积极心理学

第一节 积极心理学概述

谢尔顿和劳拉·金(L. King)2001年指出,“积极心理学是致力于研究人的发展潜力和美德等积极品质的一门科学”。美国积极心理学(positive psychology)思潮是从20世纪90年代开始的。“积极”(positive)一词源自拉丁文“positum”,指“正向的”“实际而具有建设性的”。

美国心理学家塞利格曼(M. Seligman)大力倡导积极心理学,他明确指出,20世纪心理学的一个重要不足之处在于,对强调和理解人的积极品质和力量的重视不够,21世纪心理学家要把它作为工作重心。这是心理学史上第一次在正式场合出现“积极心理学”一词。

塞利格曼指出:积极心理学的思想,源于奥尔波特的特质论和马斯洛的人本主义心理学。他指出,心理学已经有多种治疗心理疾病的措施,但精神病患者却增多了。他们主张研究心理生活中的积极因素,不能依靠问题的修补来为人民谋幸福。他指出:过去的心理学对人类社会作出了很大的贡献,但它背离了心理学存在的本意,很难实现心理学的应有价值和社会使命。在第二次世界大战后,心理学几乎成为一门治疗的科学。

美国心理学家迈耶斯对《心理学摘要》电子版进行搜索,结果表明:1997年至2000年,关于焦虑的文章有57800篇,关于抑郁的文章有70856篇,而涉及欢乐的文章仅有851篇,涉及幸福的文章仅有2958篇,这样关于积极情绪与消极情绪的文章的数量约为14∶1。

积极心理学家法勒(G. Faller)指出心理科学的主要使命有3项:

① 治疗人的精神或心理疾病。

② 帮助普通人生活得更幸福。

③ 发现和培养具有非凡天才的人。

谢尔顿指出,积极心理学是一种“幸福心理学”。积极心理学为所有的人获得最大的幸福而提供技术支持。

积极心理学研究的主题是人的主观幸福感。在人格心理学方面,重点研究人格结构中所包含的积极因素、积极力量和美德。积极心理学的研究主要包括三个方面:一是积极的情绪体验,如幸福感、满足感、幽默、愉悦、欢乐、希望、好奇心、谦虚和审慎等,探讨这些积极情感体验的机制和影响;二是积极的人格特征和品质,如自尊、创造、努力、宽恕、勇敢、坚持、热情、善良、爱、正直、领导能力、合作能力、自制、感恩、虔诚等,探讨这些特征和品质的形成过程;三是积极的社会制度系统,如积极的工作制度怎样促进和谐的工作环境,积极的家庭关系怎样促进个人的成长等。①

---

① 任俊.积极心理学[M].上海:上海教育出版社,2006:21.

第二节 心 理 健 康

健康愈来愈受到重视,健康是幸福的基础。在人的一生中,唯有健康是1。有了健康才有事业、爱情和财产,它们可比喻为0。有了健康还有事业,是10,如果还有爱情,是100,如还有财产,则是1000。这当然是一种通俗的说法,但是我们可以认为,健康对一个人是最重要的,是人生的根本,是人生的基础,是我们为祖国效力的资本。

世界卫生组织在1948年提出健康的定义:"健康不仅是指没有疾病和病症,而且是一种个体在身上、精神上、社会上的良好状态。"后来世界卫生组织还提出了健康应该具有的标准(共10条)。

学者赵静波指出,当今大健康的观念涵盖着健、寿、智、乐、美、德六字。

几乎所有的人格研究者都有关于心理健康的论述,下面是几位人格研究者的观点。

一、弗洛伊德

弗洛伊德虽然没有专门论述健康人格问题,但他对精神病人的矫治,对社会作出了贡献。在人格结构中,他认为强大的自我能够协调好外部世界、本我、超我的关系,否则人就会产生焦虑。

二、阿德勒

阿德勒认为,每一个人都要克服自卑、追求优越。他认为,优越感包含完美的发展、成就、满足和自我实现。后来他把追求个人的优越改变为追求优美和完美的社会。他将心理治疗的目标定为提出目标定向,并且要求人们不断追求优越。

三、荣格

荣格提出了人格的统一性与整体性,反对人格的分裂。他认为,在意识层面上,自我是保证人格统一的关键,在集体潜意识中的自我原型把其他因素吸引到自己周围,达到统一的目的。

四、奥尔波特

奥尔波特选择健康成人作为研究对象。他认为健康的人在理性和有意义水平上活动,是有意识的和可以控制的,他们指向当前和未来,而不是向后者。奥尔波特认为健康的人具有7项特征,这与马斯洛的自我实现的人有许多共同之处。

五、艾森克

艾森克认为,稳定的外向型包括8种特质(善交际、开朗、健谈、易共鸣、随和、活泼、无忧无虑、领导力）。外向型的人具有幸福感。幸福感中的积极情绪和易于社交的性格有关，这种性格的人，容易与他人自然和快乐地相处。许多研究表明，外向性与幸福感呈正相关，能够增进幸福感；神经质与幸福感呈负相关，能够降低幸福感。

艾森克指出情绪不稳定和内向维度相结合（抑郁质）可能导致焦虑不安的人格问题；情绪不稳定与外向维度相结合（胆汁质）可能产生攻击、冲动等行为问题。在教育和管理工作中，要给予这两种人更多的帮助。

六、马斯洛

马斯洛认为，自我实现者是心理高度健康的人，自我实现者具有 15 项积极特征。他的理论具有合理性，但也充满着理想的成分。例如：自我实现的需要和超越需要确实很少有人能达到，这是个人奋斗的目标和努力的方向。他认为人具有积极向上的本质，对人类前途充满着希望。这是很可贵的。他认为，大多数的神经症患者缺乏安全感，是在人际关系中得不到承认与尊敬，没有一种归属感所造成的。在治疗病人时，首先要使他与别人建立良好的人际关系。

七、罗杰斯

罗杰斯对人的看法是积极的，持“性本善”的观点。他相信人生来就有实现趋向和发展潜能的可能。人的行为基本上朝着自我实现、成熟和社会化的方向前进，并提出了“理想自我”的模式。

罗杰斯是人本主义心理治疗大师，创建了世界闻名的“以人为中心”“交朋友小组”等治疗方法，使千千万万的人获得幸福，并进一步把人本主义理论扩展到社会生活中的许多方面。

八、班杜拉

班杜拉的自我效能观点对人的情绪、克服困难、新行为的习得都有积极作用。班杜拉的自我效能观点已成功地运用于健康心理学。这种观点充分发挥了人的主观能动性。不仅对心理学、生理学和医学有极高的价值，而且对辩证唯物主义哲学亦有贡献。

第三节 人格与幸福

解释风格是积极心理学人格分类的标准。解释风格是个人对发生的事件的理由作出一种持久性的解释方式。

一般地说，个人对发生的事件的理由在解释的方式上是不同的。如在归因方面，有人把事件发生的原因归结于外部控制，有人把事件发生的原因归结于内部控制（本书第三章已对罗特的归因理论作了阐述）。还有乐观型与悲观型的解释风格。影响这种风格的原因有多种:父母和教师的教养方式、社会媒体等。尤其个人自身的生活经历是影响个体解释风格最重要的因素。邦斯(Bunce)等人 1985 年的调查表明,具有心理创伤的人更具有悲观型的解释风格。

彼得森(Peterson)等人 2001 年研究了积极力量的行为分类评价系统。包括 6 种美德和 24 种积极人格特征(如表 6－1 所示)。

表 6－1　美德和积极人格特征

美德	界定特征	个人品质
1. 智慧	知识的获得和应用	1. 对世界的好奇与兴趣 2. 爱学习 3. 创造性、独立性和创新性 4. 判断力、批判思维和开放性 5. 情感智力 6. 全局观
2. 勇敢	面对压力誓达目标的意志	7. 英勇、勇敢 8. 坚持性、勇敢 9. 正直、诚实、真实
3. 仁慈	人际交往的积极力量	10. 善良、慷慨 11. 爱与被爱的能力
4. 正义	文明的积极力量	12. 公民的职责、团队精神 13. 公平、正义 14. 领导职责、权利和义务
5. 节制	谨慎处世的积极力量	15. 自我控制和自我调节 16. 谨慎小心 17. 适度、谦逊
6. 卓越	个体与全人类相联系的积极品质	18. 对优秀和美丽的敬畏和欣赏 19. 感激 20. 希望、乐观和对未来的规划 21. 信念和信仰 22. 宽恕、仁慈 23. 风趣、幽默 24. 热心、激情和精力充沛

(资料来源:Peterson & Seligman, 2001)

研究表明:人格对主观幸福感影响比较稳定,情境和生活事件对主观幸福感也很重要。在研究个人的主观幸福感时要兼顾特质和情境两个方面,也不能忽视认知因素。研究主观幸福感要整合人格、情境和认知因素,也应考虑社会文化背景。

塞利格曼 20 世纪 80 年代推论,既然一个人的消极特性能够通过学习而获得,那么一个人的积极品质也可以通过学习获得。

第四节　主观幸福感的测量

主观幸福感的测量方法有多种，最早是单题测量法，这种方法主要用于大规模的测量。多题测量法有多种，近期“消极—幸福”双极的多题量表也发展起来了。当前，阿盖尔编制的“牛津幸福感量表（修订版）”和迪南等人编制的“生活满意度量表”应用得比较广泛。

一、阿盖尔 2001 年编制的牛津幸福感量表(修订版)

该量表有 4 个选项，请被试根据过去一周的体验进行选择（用圆圈把字母 a，b，c，d 圈出来）。计分时，a＝0，b＝1，c＝2，d＝3，把每项得分加起来就是总分。

牛津幸福感量表（修订版）题目举例：

1. a 我感到不幸福
   b 我感到还算幸福
   c 我感到很幸福
   d 我感到极度幸福
2. a 我勉强生活着
   b 生活是美好的
   c 生活是很美好的
   d 我很热爱生活
3. a 我对未来并不很乐观
   b 我对将来感到乐观
   c 我对将来有很多希望
   d 我对将来充满希望
4. a 我对他人不感兴趣
   b 我对他人有点兴趣
   c 我对他人很感兴趣
   d 我对他人有强烈的兴趣
5. a 我对生活都不满意
   b 我对生活中有些事感到满意
   c 我对生活中许多事感到满意
   d 我对生活中每一件事都感到十分满意

……

23. a 我从来没有兴高采烈

b 我有时会兴高采烈
c 我经常会兴高采烈
d 我总是处于兴高采烈的状态

24. a 我认为这世界不是一个好地方
b 我认为这世界还算是一个好地方
c 我认为这世界是一个很好的地方
d 我认为这世界是一个极好的地方

25. a 我想做和我所做的事之间总是有距离
b 我做过一些我想做的事情
c 我做过很多我想做的事情
d 我做的每件事都是我想做的事情

26. a 我很少笑
b 我有的时候会笑
c 我常常笑
d 我经常笑

27. a 我不会安排时间
b 我可以安排时间
c 我能很好地安排时间
d 我能井井有条地安排时间

二、迪南(Diener)等人1985年编制的生活满意度量表

该量表为7点量表,要求被试在最适合自身情况的选项上画一个圈。计分时选1是1分,选2是2分,选3是3分,依此类推。总分就是把每一项得分加起来(如表6-2所示)。

表6-2　生活满意度量表

1. 我大多数生活比较接近我的理想						
非常不同意	不同意	有些不同意	既不同意又不不同意	有点同意	同意	很同意
1	2	3	4	5	6	7
2. 我的生活条件是优越的						
非常不同意	不同意	有些不同意	既不同意又不不同意	有点同意	同意	很同意
1	2	3	4	5	6	7

续 表

3. 我对我的生活是满意的						
非常不同意	不同意	有些不同意	既不同意又不不同意	有点同意	同意	很同意
1	2	3	4	5	6	7
4. 至今，我已经得到了我想要的东西						
非常不同意	不同意	有些不同意	既不同意又不不同意	有点同意	同意	很同意
1	2	3	4	5	6	7
5. 如果生活可以重复，我还是不想改变						
非常不同意	不同意	有些不同意	既不同意又不不同意	有点同意	同意	很同意
1	2	3	4	5	6	7

第五节　积极心理学的进展

一、 积极心理学在国外的进展

当前，积极心理学已从美国扩展到中国、加拿大、日本、欧洲、澳大利亚等地，都受到心理学工作者的关注。

一些关于积极心理学的著作相继出版：例如，塞里格曼的《真实的幸福》，阿斯宾沃和斯道金格的《人类积极力量的心理学》，卡尔的《积极心理学：关于幸福和人类积极心理力量的科学》，2020 年斯奈德和洛佩兹主编了《积极心理学手册》，并参加社会上的一些活动。

二、 积极心理学在中国的进展

积极心理学的研究在我国亦开展起来。一批高质量的论文和专著相继发表。2004 年《新华文摘》全文转载了任俊、叶浩生教授的《积极：当代心理学研究的价值核心》，同年，郑雪教授等人出版了《幸福心理学》一书。华南师范大学组织了一个由 20 多位高级专家组成的研究队伍，并完成了全国教育科学"十五"规划国家重点课题——"不同年龄学生主观幸福感及其与人格特征的关系"。苗元江老师在 2003 年编制了"综合幸福问卷"(Multipe Happiness Questionnaire，简称 MHQ)。南剑飞老师等人在 2004 年提出了员工满意度模型。我国心理学工作者还把积极心理学的理论应用于企业管理、教育和医学等领域，取得了良好的效果。

南京师范大学叶浩生教授指出："虽然积极心理学的历史极其短暂，但是它的影响日益增强，已经超出美国，波及世界各国的心理学界，成为一场名副其实的、声势浩大的心理学运动。"①

① 任俊. 积极心理学[M]. 上海：上海教育出版社，2006：21.

第七章 智　　力

黄希庭教授在《人格心理学》一书中指出："为什么讨论人格时要论及能力呢？这是因为能力也是一种重要的人格特质。"①

国外心理学工作者奥尔波特、卡特尔、吉尔福特和米歇尔等人都认为，智力是人格结构中的重要成分。

智力（intelligence）又称"智能"或"智慧"。它是心理学中的一个普遍概念，但由于它的复杂性，至今还没有公认的统一的定义。探讨智力和智力结构，对于深入了解智力的本质，合理设计智力测验，丰富人格的内涵，确定培养人格的策略都有重要意义。

智力是一个长期争论的问题，有人甚至说，智力的定义是一项没有穷尽的探索。我国古代和古希腊的一些哲学著作中都已涉及智力的概念。在我国先秦诸子的书里，"智"与"知"常常通用，如"知者不惑"（《论语・子罕》），"知者不失人，亦不失言"（《论语・卫灵公》）。我国古代史书《国语》把智力概括为"言智必及事"（《国语・周语》），这大体上与现代教科书中说的"能顺利地完成活动任务"相似。在英国心理学家高尔顿等人的著作中，智力用来表示人的心理能力。"intelligence"的词源是拉丁文"inter legence"，原意是"合起来"的意思。

智力与能力的关系，大体上有以下三种不同的看法：①智力就是能力。有些心理学家把智力和能力看作同义词。我国林传鼎教授在 1981 年提出："智力就是能力或智能。"②能力包括智力。苏联心理学家倾向把能力看作一个总概念，包括智力。例如，1979 年，苏联心理学家波果斯洛夫斯基等人把能力分为一般能力（智力）、专门能力和实践活动能力三类。我国张厚粲教授认为："能力……它在多个方面都有表现，它可以表现在肢体或动作方面的能力，表现在人际关系方面即交际能力，表现在处理事务方面的才能……而智力则只表现在人的认知学习方面。"③智力包括能力。西方心理学家倾向把智力看作一个总概念，智力包括能力，他们把智力理解为各种能力的综合。例如，美国心理学家瑟斯顿认为，智力包括七种平等的主要能力。

第一节 我国学者的智力理论

一、刘劭的智力理论

我国三国时刘劭提出了多种智力论，被认为古代心理学智力的高峰。他认为，智力与能力是两个独立的概念，既有联系又有区别。他在智力独立论的基础上提出了 4 种智力、10 种能力和 14 种智能。他提出的 4 种智力如表 7－1 所示。

---

① 黄希庭. 人格心理学[M]. 杭州：浙江教育出版社，2020：451.

表 7－1 刘劭的四种智力

智力	基本特征	认识对象
道理之家	质性平淡。思维精细深刻，能掌握自然变化规律	自然
事理之家	质性警彻。运用谋略机敏通达，善于处理繁杂而紧迫的任务	政事
义理之家	质性平和。能够讨论评判社会事务，辨别其是非得失	社会
情理之家	质性机解。能以自己之情意推知他人之情意，并能适应变化，因事判宜	心理

刘劭的多元智力论在时间上比美国加德纳(H. Gardner)提出的多元智力理论早两千年。他的智力理论对智力的实质进行了深入研究，对人才鉴定等有重要价值。刘劭的智力理论被认为是古代心理学智力理论的高峰。

刘劭在《人物志·材能》篇中提出，人的能力可以分为 8 种类型，例如：立法之能。这类人能够创立法制，宜"司寇之任"；威猛之能。这类人表现威严勇猛，处事严肃，宜"将师之任"。刘劭不只概括了各种类型的能力特点，还指出了各自宜任的官职。①

刘劭在《人物志·流业》篇中，把能力划分为 12 种类型，例如，②法家型，相当于"立法之能"，③术家型，相当于"计策之能"等。②

二、朱智贤的智力理论

朱智贤教授认为，智力是一种综合的认识方面的心理特性，它主要包括：

(1) 感知记忆能力，特别是观察力。

(2) 抽象概括能力(包括想象能力)，且抽象概括能力(即逻辑思维能力)是智力的核心成分。

(3) 创造力，是智力的高级表现。智力不是单一的能力，而是一种综合的整体结构③。

朱智贤教授等人进一步指出："智力的核心成分是思维。"④并且深入地、全面地探讨了思维的特点，具体为：

1. 思维的概括性

思维之所以能揭露事物的本质和规律，主要是思维的抽象和概括过程。思维的概括性是思维最显著的特征。

---

① 燕国材．中外心理学比较思想史：第一卷[M]．上海：上海教育出版社，2009：483.
② 同①，第 483—484 页。
③ 朱智贤．儿童发展心理学问题[M]．北京：北京师范大学出版社，1982：63—64.
④ 朱智贤，林崇德．思维发展心理学[M]．北京：北京师范大学出版社，1986：11—20.

2. 思维的间接性

思维是凭借知识经验对客观事物的间接反映。

3. 思维的逻辑性

思维的逻辑性，就是指思维过程中有一定的形式、方法，是按一定规律进行的。在思维发展的初级阶段，个体思维遵循同一律、排中律和矛盾律。在思维发展的高级阶段，个体思维应该遵循辩证逻辑规律，即对立统一的思维规律、量变质变的思维规律和否定之否定的思维规律。

4. 思维的目的性和问题性

思维首先产生于实践活动向主体提出的新目的、新问题和新要求，而且表现在解决问题过程的思维活动上，也表现在对问题或任务的理解上。

5. 思维的层次性

可以通过个体的思维品质（敏捷性、灵活性、深刻性、独创性、批判性）来确定一个人的思维层次。研究表明：大部分人的思维属于中间水平，思维超常和思维落后者是少数。

6. 思维的产生性

思维产生的产品主要有 4 类：

第 1 类认识性产品，例如，科学考察、调查报告等。

第 2 类表现性产品，例如，文艺作品等。

第 3 类指导性产品，例如，工程图纸、工作设计等。

第 4 类创造性产品，例如，科学技术发明等。

朱智贤教授和林崇德教授在《思维发展心理学》一书中指出："思维能力是人和动物的界线之一，人因为具有思维能力，因而可以认识客观事物的规律，从而能改造世界。人因为具有思维能力，从而能在社会生活中正确定向，创造出人类特有的灿烂文化和高度文明。"①

三、林传鼎的智力理论

1985 年林传鼎教授把智力定义为，人们在获得知识和运用知识解决实际问题时所必须具备的心理条件或特征。他指出智力活动包括下列几个侧面②。

（1）思维。

（2）创造力。

（3）解决问题的能力。

---

① 朱智贤，林崇德. 思维发展心理学[M]. 北京：北京师范大学出版社，1986：《前言》.

② 林传鼎. 智力开发的心理学问题[M]. 北京：知识出版社，1985：61—78.

(4) 元认知能力。元认知指个人对认知活动的认知。元认知的作用大体包括 3 个方面的内容：①元认知知识；②元认知体验；③元认知技能。

林传鼎教授认为，人的智力具有 3 个特征。

1. 智力应该反映客观现实

荀子说："知有所合谓之智"①，这一点揭露了事物的本质属性。因为人的心理按其内容和源泉及其发生方式是客观的。智力也是一样，是人脑对客观现实的反映。这种反映是在实践中通过人已有的知识、经验来进行的。人在实践活动中，积极能动地反映客观现实。

2. 智力应能顺利地完成任务

他认为，智力脱离了人的具体活动是不存在的。智力决定了知识、技能的成就。智力表现于动态的知识、技能中。即表现在知识、技能活动的广度、速度、难度、巩固度、通达度和提取策略上。智力鉴定也离不开人对知识技能的掌握和运用。

3. 智力是"施用累能"和"博达疏通"

"施用累能"②，意思是智力是在使用过程中积累起来的，用则进，不用则退。实践出真知，智力是不断变化的。"博达疏通"，主要包括思维的敏捷性、灵活性、流畅性、扩展性和引起思维活动的质的变化，包括创造性活动和辩证思维。通过"施用累能"做到"博达疏通"，智力要解决实际问题，智力是多维度、多层次的。

四、林崇德的智力理论

林崇德教授认为，智力和能力是不能绝对地分开的，它们同属于人格的范畴。他指出：不论智力还是能力，核心成分都是思维，最基本的特征是概括。智力的成分有：思维、感知（观察）、记忆、想象、言语和操作技能（如图 7－1 所示）。

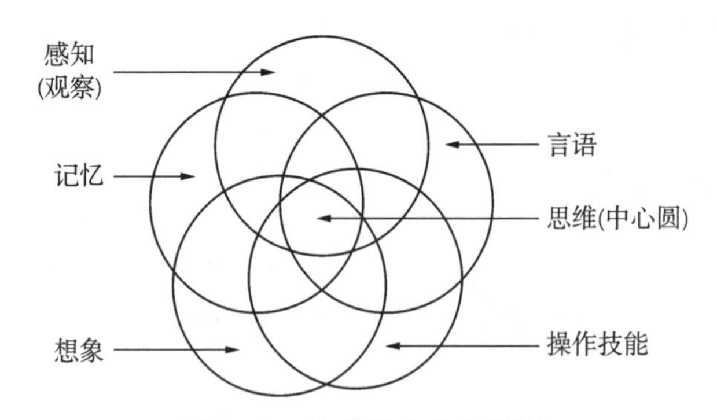

图 7－1 构成智力成分模型

---

①《荀子·正名》。

②《论衡·程材篇》。

思维是智力结构的核心成分。思维的结构是一个多侧面、多形态、多水平、多联系的结构，即有目的、过程、结果或材料。整个结构是由自我意识来监控和调节的，并表现出各种思维品质。

林崇德教授认为，思维的结构是在实践活动中实现的，它依赖一系列的客观条件，并逐步通过内化和结构内部的动力作用获得发展。这种发展表现在：

（1）从种族上看，动作思维、形象逻辑思维和抽象逻辑思维一起发展、变化。

（2）从形态上看，思维结构的发展是一种内化、深入和简缩化的过程。

（3）从顺序上看，思维结构发展要经历一系列的阶段。

五、公众的智力观

北京师范大学张厚粲教授等人在 1994 年研究了中国大众的智力观，发现高智力成人和高智力儿童都具有思维能力、好奇心、想象力、创造力、记忆力这五项特征。

第二节　国外学者的智力理论

国外学者的智力理论大致可以概括为三种：智力的因素理论、智力的结构理论和智力的信息加工理论。

一、智力的因素理论

（一）单因素论

单因素论者认为，人的智力有高低，但只有一种，智力指一种总的能力。高尔顿、比纳和推孟等人都认为智力是单因素的。

（二）斯皮尔曼的二因素论

英国心理学家斯皮尔曼在因素分析的基础上首先提出了智力的二因素论。他认为，智力可以分析为一般因素（G 因素）和特殊因素（S 因素）。智力是由一种单一的 G 因素和系列的 S 因素构成的。完成一项作业都必须依靠这两种因素。但是，他认为 G 因素是智力的首要因素，它基本上是一种推理因素。G 因素在相当程度上是遗传的。

斯皮尔曼发现有五类特殊因素：口语能力因素、数算能力因素、机械能力因素、注意力和想象力。后来，他认为可能有第六种因素，即智力速度（mental speed）。他认为，每一个人的 G 因素和 S 因素都不相同。在个体水平上，一般因素在水平上可能有差异；特殊因素不仅在水平上有差异，在质上亦有差异。

G 因素和 S 因素相互联系，其中 G 因素是智力结构的关键和基础。智力测验的目的就是求得 G 因素。他认为，人在完成任何一种作业时都是由 G 因素和 S 因素决定

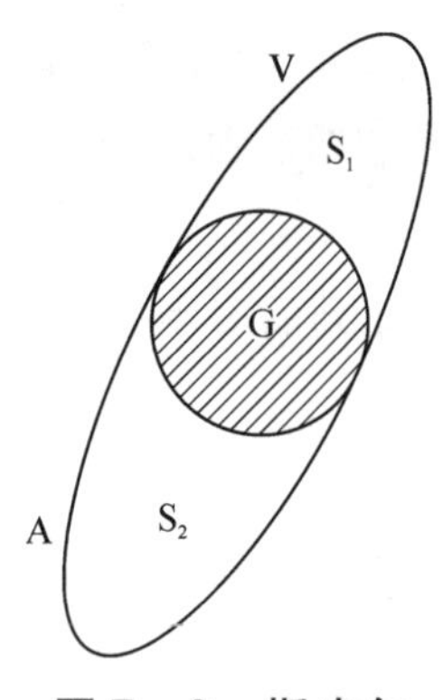

图 7-2 斯皮尔曼的二因素论

的。图 7-2 中的 V 代表词汇测验，A 代表算术测验。这两套测验结果出现正相关，因为每种测验中均有 G 因素（图中斜线部分），但它们不完全相关，每种测验中均包含有 S 因素（图中 S_1、S_2）。

后来，斯皮尔曼虽然没有放弃最初的 G 因素和 S 因素的观点，但他认为可能有群因素（group factor）的存在，它处于中间地位。

（三）瑟斯顿的群因素论

美国心理学家瑟斯顿（L. L. Thurstone）是智力群因素论的创造者，他不同意斯皮尔曼的二因素理论。他认为，因素分析应该用简单结构原则提取因素。某些测验只与某个因素高相关，而与其他测验之间只有低相关，这样就可以得到简单结构。据此他得到了七种因素，称之为"基本心理能力"，即计算、语词流畅、语词理解、记忆、推理、空间知觉和知觉速度。瑟斯顿认为，这七种能力是平等的（如图 7-3 所示）。

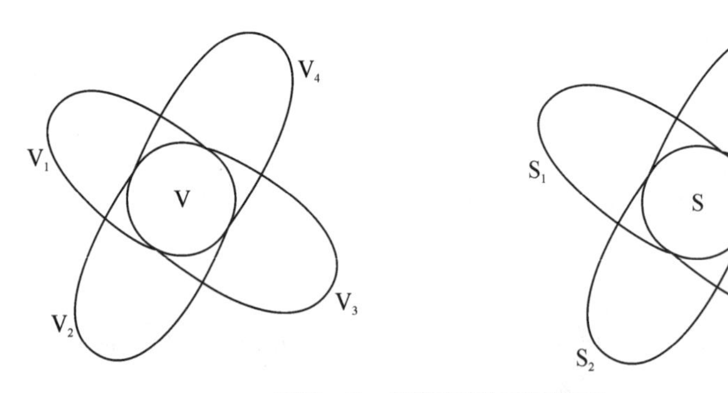

图 7-3 瑟斯顿的群因素论

图 7-3 中的 V 和 S 分别代表言语理解能力和空间知觉能力。但这两种能力是独立的，彼此不相关的。椭圆形 V_1、V_2、V_3、V_4 代表四种言语能力测验，椭圆形 S_1、S_2、S_3、S_4 代表四种空间能力测验。各种言语能力测验和各种空间测验都有相当高的相关。在研究中发现：7 种基本能力之间并不是相互独立的，而是存在着正相关。

进一步的研究表明：有一种低等级的一般能力存在。这种低等级的一般能力对成人来说，心理能力之间存在较低的相关关系，对儿童来说存在较高的相关关系。

瑟斯顿后来修正了自己的看法，提出次级因素（second order factor）的概念。他认为，斯皮尔曼的 G 因素可能就是这种次级因素，但他认为，评价一个人的智力时，分析特殊能力更有用。

斯滕伯格（Sternberg）1985 年指出："瑟斯顿在他的因素中没有包括智力的一般因素。但这七种基本心理能力是彼此相关的。如果对这七种因素进行因素分析，就会出现一个一般因素。”

智力结构的二因素论和群因素论对认识个体智力结构都起着积极作用;但是,二者都把一般能力和特殊能力对立起来。后来,斯皮尔曼和瑟斯顿都修改了自己的看法,观点趋于接近。斯皮尔曼的二因素说现在可以称为“一般因素—群因素理论”,而瑟斯顿的群因素论现在可以称为“群因素——一般因素理论”。

夏克特(Daniel Schacter)等人提出:斯皮尔曼和瑟斯顿的理论均有其正确可取之处。心理学工作者通过研究 1.3 万个被试,认为在过去半个世纪中,几乎所有的研究都能够被纳入三个水平的层次结构(顶部是一般智力,中间是群因素,底部是特殊因素)。

(四) 卡特尔的流体智力和晶体智力理论

在英国出生的美国心理学家卡特尔用多因素分析法发展了斯皮尔曼和瑟斯顿的理论,提出了一个智力结构理论,后来为霍恩(J. L. Horn)于 1982 年所发展和修订。他们最后确定了两个主要因素:流体智力(fluid intelligence)和晶体智力(crystallized intelligence)。

流体智力“主要是先天的,能够适应不同材料并且与过去经验无关的一般因素”。① 卡特尔认为,流体智力比晶体智力更多地来自遗传。它代表一个人的基本生物学上的潜能,指洞察复杂关系的能力。它是获得新概念和在新环境中表示出一般“聪明”和适应性的能力,流体智力主要与神经生理的结构和功能有关,神经系统损伤时,流体智力就会发生变化,相对地说不依赖于教育。知觉的整合能力、反应速度、瞬时记忆和思维的敏捷性等均被认为是流体智力。它几乎参与到一切活动中去,因此,被称为流体智力。类比测验和数列完成测验(如 1、4、9、16、25、……)是对流体智力最好的测量。

晶体智力是“一种一般因素,大部分属于从学校中学到的那种能力,它代表了过去对流体智力应用的结果以及学校教育中的数量和深度;它一般在词汇和计算能力测量的那些测验中表现出来”。② 晶体智力与知识经验的积累有关。知识、词汇和计算方面的能力被认为是晶体智力。它与学习能力密切联系着,包含有大量的知识和技能。这种智力是经验的结晶,因此称为晶体智力。

在人的一生中,流体智力和晶体智力有不同的发展曲线。1963 年卡特尔认为,流体智力在 40 岁以前就开始下降,但晶体智力在人年老时还保持在高水平上。对一些健康的老人进行晶体智力测验(词汇测验),结果发现,他们的成绩几乎与中年人和青年人一样(如图 7-4 所示)。这说明老年人以过去经验为依据的知识和判断能

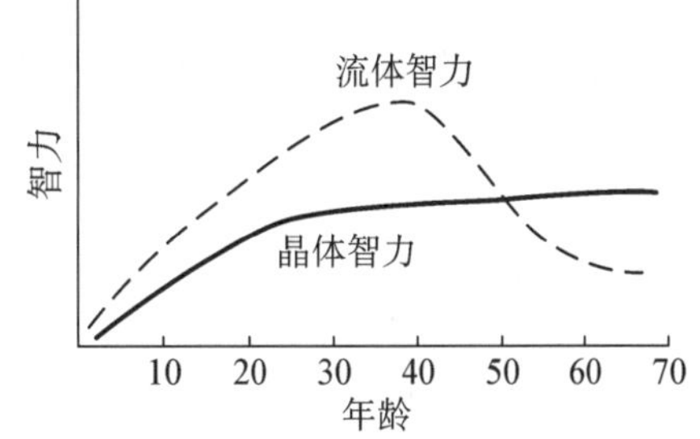

图 7-4 流体智力和晶体智力的发展

---

① R. B. Cattell. The scientific analysis of personality, New Jersey: Transaction Publishers, 1965: 369.

② 同①。

保持不变，在掌握同过去已牢固确立的知识相反的新资料时会感到困难。萨尔斯奥斯(Salthouse)将大脑看作信息加工装置。他认为，晶体智力指“信息”的部分；流体智力指“加工”的部分。

二、智力的结构理论

吉尔福特用因素分析法研究智力，否认G因素的存在，坚持智力的独立性。他同意瑟斯顿的群因素论，但认为智力不止七种，而是多得多，智力结构应该从操作、内容和产物三个维度去考察。

（一）操作

智力的第一个维度是操作(operation)，即心理活动或心理过程。操作有六种：①认知，即发明、知道、理解。②记忆记录。③记忆保持。④发散思维，发散意味着一项给定的信息扩散而成多项信息，以答案的多元化为特征。这是吉尔福特的创新，也是他最富有特色的概念，与创造力密切相关。⑤集中思维，实际上是逻辑演绎能力，以答案二元化为特征。⑥评价，是根据一定标准进行比较的过程。

（二）内容

智力的第二个维度是内容(content)，即信息材料的类型，共有五种：①视觉，通过视觉器官获得具体信息。②听觉，通过听觉器官获得具体信息。③符号，主要指字母、数字等。④语义，指言语含义或概念。⑤行为，指交往的智力。

（三）产物

智力的第三个维度是产物(product)，即信息加工产生的结果，共有六种：①单元，指字母、音节、单词、熟悉事物的图案和概念等。②类别，指一类单元，如名词、物种等。③关系，指单元与单元之间的关系。④系统，指用逻辑方法组成的概念。⑤转换，指改变，包括对安排、组织和意义的修改。⑥蕴含，指从已知信息中知道某些信息。

图7－5上的每一小立方体代表一种智力因素。其中，操作有6种，产物有6种，内容有5种。根据最近的研究，智力因素有6×6×5＝180种。

吉尔福特的智力三维结构模型能更好地说明创造性，“操作”维度包括“发散思维”。他认为，个体的创造性更多依靠发散思维。他还编制了多种测量人类创造性的量表。他的智力结构理论引导人们进一步探索新的智力因素。但是，他否定了智力普遍因素的存在，坚持智力因素的独立性，受到部分心理学家的批评。对吉尔福特智力三维结构模型的进一步检验发现，他的测验数据中有76％的相关系数具有显著性，24％的相关不显著。这可能是他的智力结构模型中包含了一些非智力因素造成的。

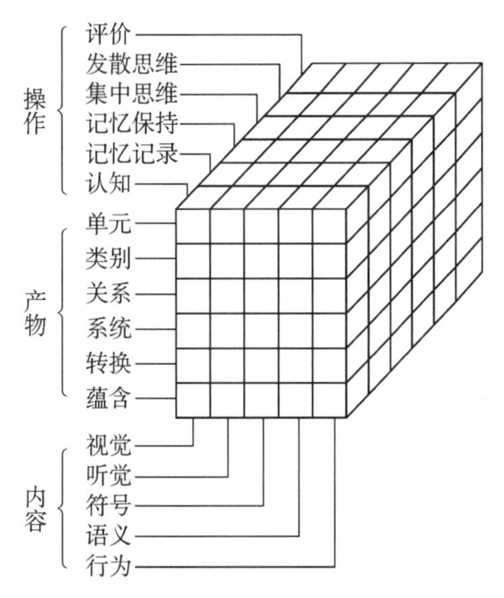

图 7－5　吉尔福特智力三维结构模型

（资料来源：J. P. Guilford，1988）

三、智力的信息加工理论

（一）斯滕伯格的智力理论

1. 智力的三元理论

美国心理学家斯滕伯格出于对传统智力测验的不满，在其著作《超越 IQ：人类智力的三元理论》一书中提出了智力三元理论（triachic theory of intelligence）（如图 7－6 所示）。他认为，智力理论应该考虑智力与外在世界、内在世界和人的经验的关系。智力的三元理论包括智力的三个亚理论，即智力的成分亚理论、智力的情境亚理论和智力的经验亚理论。该理论不仅在范围上超越了先前众多的智力理论，而且能够比绝大多数一元的智力理论回答更多的问题。

智力的成分①亚理论是智力三元理论中较早提出且研究最多的部分。阐述解决问题时的各种心理过程，这是智力三元理论的核心，包括三个层次的成分：①元成分。它对执行过程进行计划和监控，并对其结果进行评价。它是最具概括性的成分，概括水平最高，参与面最广，其中更高层次的元成分控制其他层次的元成分。②操作成分。它接受元成分的指令，进行各种认知操作，并提供信息反馈。③知识获得成分。它学习选择解决问题的策略，学会如何解决新问题。

智力的经验亚理论在经验水平上考察智力在日常生活中的应用，特别是处理新情境的能力和心理操作的自动化过程。具体可分为：①应对新异性的能力；②自动化加工

① “成分”是对物体或符号的内部表征进行操作的基本信息加工过程。

的能力。

智力的情境亚理论说明智力在日常环境中具有适应当前环境、选择更恰当的环境和改造现实环境的能力。具体可分为:①适应;②选择;③塑造。

智力的三元理论的结构可以用图 7-6 来表示。

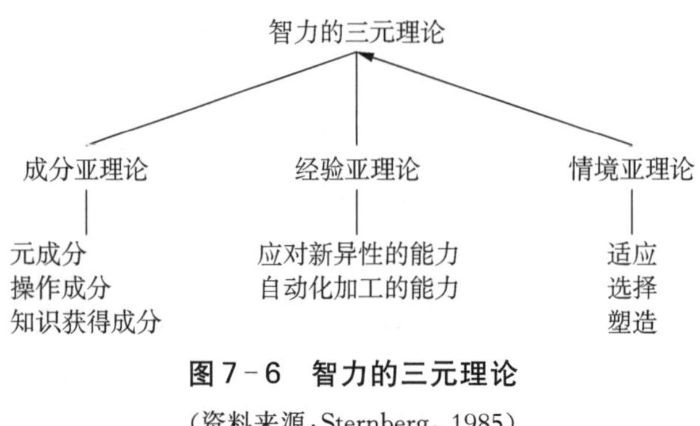

图 7-6 智力的三元理论

(资料来源:Sternberg, 1985)

2. 成功智力

成功智力(successful intelligence)是斯滕伯格 1985 年提出三元智力理论 11 年后提出的,著有《成功智力》一书。斯滕伯格赋予智力新的含义。所谓成功智力,就是用以达到人生主要目标的智力,它使个体以目标为导向并采取相应的行动,它是对现实生活起重大作用的智力。

成功智力包括:①分析性智力。它是分析和评价各种思想,解决问题和制定决策的能力,用来解决问题和判定思维成果的质量。②创造性智力。它是一种能超越已知的内容,产生新异有趣思想的能力,可以帮助我们一开始就形成良好的问题和想法。③实践性智力。它是一种将理论转化为实践,将抽象思维转化为实际成果的能力,可以将思想和分析结果用行之有效的方法来实现。斯滕伯格指出,成功智力是一个整体,只有三方面协调平衡时,才最为有效。他还认为,具有成功智力的人不仅具有这些能力,而且还会思考在什么时候、以什么方式来有效地使用这些能力。

斯滕伯格认为,成功智力是培养起来的,在现实生活中真正起作用的不是凝固不变的智力,而是成功智力。

斯滕伯格还指出,具有成功智力的人有 20 个共同点。例如:能自我激励,学会控制自己的冲动,知道什么时候应该坚持,以产品成果为导向,完成任务并坚持到底等。

3. 智力投资理论

斯滕伯格和卢巴特(T. I. Lubart)在 1991 年提出智力的投资理论(investment theory)。斯滕伯格认为,这种理论是一种创造性理论,能够预测个人的创造性。

他们认为,创造性有六种基本资源:①智力过程,包括智力三元理论中的资源。②知识,它不能太高,否则会导致思维僵化。③思维风格,他们认为,立法型风格和渐进型风格的人有利于创造。立法型的人喜欢自己编制规则，渐进型的人喜欢变化和创新。④人格，能容忍不确定性，愿意超越障碍和束缚，对新事物保持开放性人格的人容易创造。⑤动机，任务取向的动机有利于创造。⑥环境，它可以激发或压制创造性。

他们认为，这六个因素是相互作用的，而且对创造来说是缺一不可的。斯滕伯格还认为，许多智力测验都可以很好地预测人的创造性。艾森克 2000 年的研究表明，中等水平的动机和对发展的渴望都与高创造力有关。

斯滕伯格在智力的许多方面都作出了创造性的贡献，推进了智力信息加工理论的发展。他的主要贡献是对智力过程进行"组成要素的分析"。他力图把认知心理学和智力理论结合起来。他的研究可以说是当前西方智力理论发展的一个缩影。他提出的智力三元理论是一种新的解释，并系统地阐述了内部心理过程如何与外部环境及文化因素相互作用，以及如何产生智力。这个理论的主要缺陷是他只提出了一个智力的框架，而没有对智力的过程和结构进行具体阐述，这个理论中对人格与智力的关系的描述也不是很清楚，在智力投资理论中有同样的情况，智力与人格并立，作为创造性的基本资源。他较全面地阐述了成功智力，有益于社会发展。斯滕伯格和卢巴特还发展了智力的投资理论，对培养创造性人才作出了贡献。

(二) 加德纳的多元智力理论

1983 年美国心理学家加德纳在他的《智能结构》一书中提出了多元智力(multipe intelligences)理论，向传统偏向认知的智力理论挑战。1993 年，加德纳出版了《多元智力》一书，对多元智力理论及其实践进行了总结。他指出，智力是"解决问题或制造产品的能力。解决问题的能力，就是能够针对某一特定的目标，找到通向这一目标的正确路线的能力；产品的制造，则需要有获取知识、传播知识、表达个人观点和感受的能力"。加德纳认为，智能是原始的生物潜能，……这种潜能只有在那些奇特的个体身上才以单一的形式表现。此外，几乎所有的个体身上，都是数种智能组合在一起解决问题或生产各式各样的、专业的或业余的文化产品。

加德纳提出的七种智力是：①空间智力，用于导航或环境中的移动，也用于看地图和绘画。②音乐智力，用在演奏乐器、唱歌或欣赏音乐方面。③言语智力，渗透在所有的言语能力中，包括语言文字的理解和表达。④逻辑数学智力，在解决抽象逻辑/数学问题以及逻辑推理问题上特别重要。⑤人际智力，用于与人交往，对别人有同情心并且善解人意。⑥内省智力，对自己的内部世界具有极高的敏感性。⑦身体运动智力，涉及控制身体的运动。

1999 年，加德纳还提出第八种智力，即认识自然的智力，这种智力指认识自然，并对周围环境中的各种事物进行分类的能力。

加德纳认为，这七种相对独立的智力，每种智力都有其自己的符号和独特解决问题的方法。这七种智力在每一个人身上的组合方式是多种多样的，如果各种智力能够巧妙地组合在一起，就能够在解决某些问题上显得很出色。

加德纳进一步把人的智力划分为三大类：第一大类是与客观有关的智力，包括逻辑数学智力、身体运动智力和空间智力；第二大类是与客观无关的智力，包括音乐智力和言语智力；第三大类是与个人相关的智力，包括内省智力和人际智力。

加德纳认为，上述智力是彼此独立的，但在认识世界和改造世界的过程中都具有重要的作用。每一个人天生都在某种程度上拥有这七种以上的智力潜能，而环境与教育对这些智力潜能的开发起着重要的作用。他还认为，一个人有很高的某一种智能，但不一定有同样发展的其他智能。

1993 年，加德纳运用他的多元智力理论研究创造力，例举了 20 世纪初的杰出人物与不同智力对应的情况（如表 7－2 所示）。

表 7－2　20 世纪初的杰出人物举例

智力	杰出人物	智力	杰出人物
言语智力	艾略特	人际智力	甘地
空间智力	毕加索	内省智力	弗洛伊德
音乐智力	斯特拉夫斯基	身体运动智力	格拉汉姆
逻辑数学智力	爱因斯坦		

在这些杰出人物中，只有毕加索一人在很小的时候就显示出天才，其余六人在 20 岁时事业都尚未有杰出的表现。

加德纳进一步研究了这些杰出人物的共同点：童年没有遭受不幸；家庭教育严格，父母对孩子要求很高；勤奋；具有远大的抱负；为了工作可牺牲一切；在取得重大成就时需要更多的肯定和支持；表现出许多儿童的品质，好像是个“充满奇异思想的孩子”。

加德纳的多元智力理论一经提出，就对教育实践产生了广泛而重大的影响。传统的教育过分强调语言智力和逻辑数学智力，否定了同样重要、为社会所需要的其他智能，使学生身上的许多潜能得不到开发，埋没了许多人才。加德纳认为，学校教育应该开发学生的多种智力潜能，帮助学生发展其特有的智力潜能，做到因材施教。

加德纳的智力理论包容了更多的智力，极大地丰富了智力的概念，并被证实七种智力确实存在。但实际上，艾森克发现，这七种智力彼此有正相关，加德纳却认为这些智力是彼此独立的。多元智力理论是描述性的，不是解释性的。

(三) 智力的 PASS 模型

戴斯（J. P. Das）和纳格利尔里（J. A. Naglieri）在 20 世纪 90 年代提出了智力的 PASS 模型（即计划—注意—同时性加工—继时性加工模型，Planning-Attention-Simultaneous-Successive Processing Model）。他们认为：“必须把智力看作认知过程来

重新构建智力概念。”他们把因素分析法、信息加工理论和认知研究的新方法结合起来，还与苏联心理学家鲁利亚(A. P. Лурия)的大脑三级功能区学说联系起来，提出了个体智力活动的三个认知功能系统，这三个认知功能系统相互联系、共同作用，又执行各自的功能。

这三个认知功能系统是：①注意—唤醒系统。这个系统起着激活和唤醒作用，处于心理加工的基础地位，使个体的大脑处于合适的工作状态，影响个体对信息的加工等。其功能类似于鲁利亚提出的大脑皮质一级功能区的功能。②编码—加工系统。这个系统对信息进行同时性加工和继时性加工，是智力的主要操作系统，因为智力活动的大部分“实际动作”是在这个系统进行的。其功能相当于鲁利亚提出的大脑皮质二级功能区的功能。③计划系统。这个系统是处于最高层次的认知功能系统，从事智力活动的计划性工作，它与智力三元理论中的元成分相似，在智力活动中确定目标、制定策略，并起着监控和调节作用。其功能相当于鲁利亚提出的大脑皮质三级功能区的功能。

戴斯等人根据 PASS 模型编制了智力测验，并称之为“DN 认知评价系统”(The Das-Naglieri：Cognitive Assessment System)。这一系统包括 4 个分测验，分别测定 P、A、S、S。每个分测验由三组不同的题目组成，全量表由 12 组题目组成。由于它是对各认知过程的测量，能提供更多的信息，被称为是一个“超越传统测验的能力测验”(如表 7－3 所示)。

表 7－3　PASS 认知评价系统的结构

分测验	调查内容	任务	分测验	调查内容	任务
1	计划系统	视觉搜索 计划连接 数字匹配	3	同时性加工成分	图形记忆 矩阵问题 同时性语言加工
2	注意—唤醒系统	表现的注意 寻找数字 听觉选择注意	4	继时性加工成分	句子重复 句子问题 字词回忆

PASS 是一种新的智力理论，它致力于对信息加工过程的分析，这与当代心理学的发展是一致的，在一定程度上标志着智力理论和智力测验发展的新方向。但是，达斯等人认为这四个认知功能系统是人类智力活动中最基本的过程，把它们作为评价智力活动的指标，似乎是简单了一些，达斯等人分析的内容也较简单。

四、公众的智力观

斯滕伯格等人运用问卷法，要求大众回答什么是一般智力、学术智力和日常智力，然后聘请 65 位专家评定，并将其结果进行因素分析。结果发现，智力的三个主要因素是：因素Ⅰ言语智力；因素Ⅱ问题智力；因素Ⅲ实践智力。

近年来，国外心理学工作者讨论智力是一元的还是多元的，并提出CHC模型等。

1. 一元和多元的智力观

一元的智力观认为：智力有一个普遍因素（G因素），它在各个方面起作用，也是智力测验的对象。

当前更多的心理学工作者不把智力看作一元的，而是把它看作多元概念，它包括多种类型的智力。他们认为：每个人都有所有类型的智力，但在发展水平上存在差异，在一般情况下，几种智力协同活动。费尔德曼（R. S. Feldman）将当代主要智力理论分为5种：

① 流体智力和晶体智力。

② 加德纳的多元智力。

③ 信息加工方法。

④ 操作智力。

⑤ 情绪智力。

2. CHC模型

傅拉克（Flanagan）等人2005年提出了一个智力结构模型，用以调和当前智力的各种层次模型，即CHC模型。该模型把卡罗尔的认知能力三层模型作为框架，与卡特尔—霍恩（Cattell-Horn）的晶体智力和流体智力的概念结合起来，因此称为CHC（Cattell-Horn-Carroll）模型。该模型被国外心理学工作者称为全面地描述人类认知能力的最佳层次模型（如表7－4所示）。

表7－4　CHC模型的层次内容举例

层次	内 容 举 例
最高层次	一般智力（如斯皮尔曼的G因素）
第二级层次	群因素（如瑟斯顿的7种平等的基本能力）
第三级层次	特殊因素（如皐南的特殊因素）

3. 智力和神经系统、计算机等

部分心理学研究者致力于智力的神经基础的研究，探讨神经系统对智力差异的影响。特别是最近20年来，一些无创伤研究方法（包括PET、fMRI和MRI等脑成像和行为基因学的技术）得到充分应用，为研究正常人的人格生物学机制提供了较好的手段。新近的研究成果显示，心理活动既受到脑内某些独立成分的操纵，又是这些独立成分组合而成的多重系统协调活动的结果。有些心理学工作者强调影响人格最基本的物质是激素和神经化学物质。

部分心理学研究者把人的智力看成思维技能，把神经系统比作高速运行的计算机。

第三节 能力的个别差异

德国哲学家莱布尼茨(G. W. Leibniz)有一句名言:“世界上没有两片完全相同的绿叶。”世界上也没有两个能力完全相同的人,人与人之间在能力上的个别差异是明显的。这是因为人的遗传因素和环境因素不可能完全相同,而能力则是个体的遗传因素和环境因素交互作用的结果。能力的个别差异表现在:能力的类型差异、能力的水平差异和能力表现的早晚差异。研究智力的个别差异有助于在管理上合理地使用人才,在教育上因材施教等。

一、能力的类型差异

(一)一般能力的类型差异

知觉方面的类型差异有以下几类。

1. 分析型

这种人对事物的细节能够清晰地感知,知觉的分析能力较强,但对事物的综合能力较弱,即对事物的整体知觉能力较弱。

2. 综合型

这种人的知觉具有概括性和整体性,但对事物的分析能力较弱。

3. 分析综合型

这种人的知觉兼有上述两种类型的特点。

记忆方面的类型差异,根据个人记忆材料的方法可分为以下几类。

1. 视觉型

这种人的视觉识记效果较好,画家多属于这种类型。达·芬奇在十几岁时,到一个寺院游玩,看了很多的壁画和雕刻。回家后他能够全部默画下来,不仅轮廓、比例、细节一样,而且彩色明暗也很逼真。法国著名画家柯罗德·罗兰不是面对实物风景作画,而是回到自己的画室后根据视觉表象画风景画。

2. 听觉型

这种人的听觉识记效果较好,音乐家多属于这种类型。贝多芬在完全失聪后,仍能根据听觉表象创作出著名的《第九交响曲》。

3. 运动型

这种人有运动觉参加的识记效果较好,运动员属于这种类型。

4. 混合型

这种人运用多种表象识记时效果较好,大部分人属于这种类型。

根据个人识记不同材料的效果和方法可分为以下几类。

1. 直觉形象记忆型

艺术家属于这种类型，这种人识记物体、图画、颜色和声音的效果好。

2. 词的抽象记忆型

数学家属于这种类型，这种人识记词的材料、概念和数字较好。

3. 中间记忆型

大部分人属于这种类型，这种人对于上述两种材料的识记效果都较好。

言语和思维方面的类型差异有以下几类。

1. 生动的思维言语型

这种人在思维和言语中有丰富的形象因素和情绪因素。

2. 逻辑联系的思维言语型

这种人的思维和言语是概括的、逻辑联系占优势。

3. 中间型

大部分人属于中间型，这种人对上述两种材料的识记效果都较好。

爱因斯坦在分析自己的思维过程时说："在我的思维机构中，书面的或口头的文字似乎不起任何作用，作为思维元素的心理的东西是一些记号和有一定明晰程度的意象，它们可以由我'随意地'再生和组合。……这种组合活动似乎是创造思维的主要形式。"与此相反，奥尔德斯·赫胥黎说："从我能记忆的时候起一直到现在，我经常是一个贫于视觉意象的人，即使是意味很深的诗句也不能在我心目中引起图像，在睡意朦胧之际也没有产生过催眠式的视觉，当我回想什么时，我的记忆也不能提供事物的鲜明视象。经过意志的努力，我能对昨天下午发生的事情产生一种非常不鲜明的意象。"①

(二) 特殊能力的类型差异

人的特殊能力也存在着不同的类型。音乐能力是由曲调感、听觉表象和节奏感三个方面的能力结合起来的。捷普洛夫曾研究了三个音乐学习成绩最好的学生。其中一个学生有较强烈的曲调感和很高的听觉表象能力，但节奏感较弱；第二个学生有很好的听觉表象能力和强烈的节奏感，但曲调感较弱；第三个学生有强烈的曲调感和音乐节奏感，但听觉表象能力较弱。他们三人在音乐结构能力方面存在差异。

击剑运动能力由观察力、反应速度、攻击力量和意志力等所组成。一个击剑运动员的反应速度并不突出，但具有高度发展的观察力和准确地估计情况与及时作出动作的能力；另一个则以一般的灵活性与坚韧性为特点；第三个则有强烈的攻击力量和必胜的

---

① 克雷奇. 心理学纲要[M]. 周先庚，等，译. 北京：文化教育出版社，1980：211.

信心。①

二、能力的水平差异

人与人之间的能力在发展水平上存在着明显差异。全人口的能力差异从低到高有许多不同的层次。但在全人口中，智力分布基本上呈正态分布：两头小，中间大。标准的正态分布曲线两侧是完全对称的。近期研究表明：智力分布曲线的两侧并不完全对称，智力低的一端范围较大(智力低下的人比智力高的人数略多)。这是因为人类智力除按正常的变异规律分布外，还有一些疾病会损害大脑，导致智力低下。但是，智商是可以提高的，随着社会和科学的进步，智力高的一端范围将会逐步扩大。

对大量未经筛选的人进行智力测验，智商分布如表 7－5 所示。

表 7－5 智商的分布

智商	类别	占全人口总数的%
130 以上	智力超常	1
110—129	智力偏高	19
90—109	智力中等	60
70—89	智力偏低	19
70 以下	智力低常	1

许多心理学家对智商进行了分类，其中最有代表性的是推孟(L. M. Terman)和韦克斯勒的智力分类。

推孟和梅里尔(M. A. Merrill)对 2904 名 2 岁至 18 岁的儿童进行测验，根据测得的智商分布情况，可列出一张智力分类表(如表 7－6 所示)。

表 7－6 智力分类表

智商	类别	%
139 以上	非常优秀	1
120—139	优秀	11
110—119	中上	18
90—109	中智	46
80—89	中下	15
70—79	临界	6
70 以下	智力迟钝	3

① 李孝忠. 能力心理学[M]. 西安：陕西人民教育出版社，1985：177—178.

将表7-6的智商作横坐标，百分比作纵坐标，可以画成一条曲线，这条曲线基本上呈正态分布（如图7-7所示）。该项研究样本大，研究的是人类智力发展阶段，具有理论和应用的价值。

智力发展水平差异，可以在智力发展曲线上清楚地显示出来。图7-8是优秀儿童、普通儿童和迟钝儿童的智力发展曲线。图7-9是优秀儿童、普通儿童、迟钝儿童、智力缺陷儿童、痴愚和白痴的智力发展曲线。

另一项著名的智力分类是韦克斯勒提出的（如表7-7所示）。

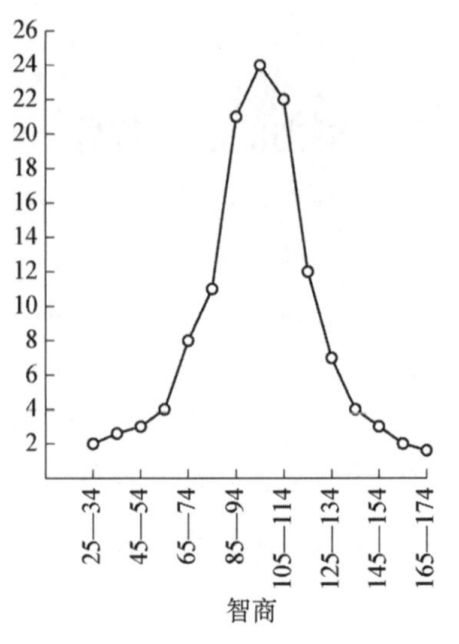

图7-7　智商分布曲线

（根据 Terman et al.）

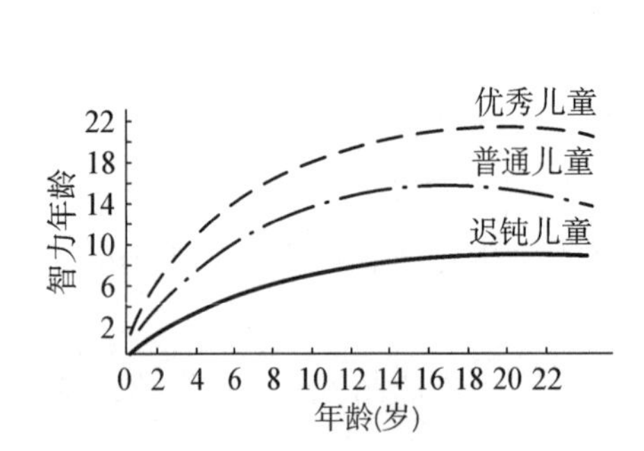

图7-8　优秀、普通和迟钝儿童的智力发展

（资料来源：盖睿，1934）

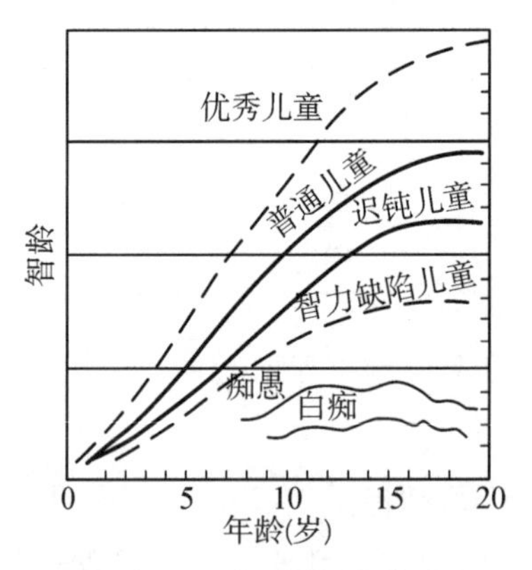

图7-9　智力发展曲线

（资料来源：阪本一郎，1968）

表7-7　韦克斯勒对智力的分类

智商	类别	百分比	
		理论常态曲线	实际样组
130以上	极优秀	2.2	2.3
120—129	优秀（上智）	6.7	7.4
110—119	中上（聪颖）	16.1	16.5
90—109	中材	50.0	49.4
80—89	中下（迟钝）	16.1	16.2
70—79	低能边缘	6.7	6.0
70以下	智力缺陷	2.2	2.2

三、能力表现的早晚差异

(一) 能力的早期表现

能力的早期表现又叫人才早熟。有些人在童年时期就表现出了在某些方面的优异能力。

我国唐代诗人王勃6岁就善于文辞,13岁时写了著名的《滕王阁序》,“落霞与孤鹜齐飞,秋水共长天一色”的名句流传千古;唐代诗人白居易,1岁开始识字,5—6岁就会作诗,9岁已精通声韵;近年来,我国出现众多的少年大学生,他们在早期就有优异的能力表现。国外,德国大数学家高斯3岁时就会心算,8—9岁时就会解级数求和的问题(从1累积加到100的和等于首尾之和乘以级数个数的1/2,即5050);德国大诗人歌德在9岁时就能用德文、拉丁文和希腊文写诗;美国著名科学家维纳在3岁时就会阅读,14岁从哈佛大学毕业,19岁获博士学位,成为控制论的创始人;俄罗斯著名诗人普希金8岁就能用法文写诗;日本儿童翻译家三轮光范1岁8个月就能读书、写字,2岁开始记日记。

能力的早期表现,一方面是有良好的素质基础,另一方面也与其环境的早期影响、家庭的早期教育和实践活动等有密切关系。

能力的早期表现在音乐、绘画等领域中最为常见。哈克(Haecker)等人的研究表明,儿童在3岁左右开始显露音乐才能的情况最多。

(二) 能力的晚期表现

有些人的才能表现较晚。能力的晚期表现又叫大器晚成。

我国医学家和药学家李时珍在61岁时才写成巨著《本草纲目》;画家齐白石在40岁时才显露出他的绘画才能。在国外,摩尔根发表基因遗传理论时已经60岁了;达尔文在50岁时才开始有研究成果,写出名著《物种起源》。

大器晚成的原因是多方面的。从个人的角度看,大器晚成可能是在年轻时不努力,后来加倍勤奋的结果;也可能是小时候智力平常,但通过长期的主观上的刻苦努力,智力像菊花一样到了秋天才绽放。尤其是有些个体早年得不到学习机会,智力得不到发展,才能得不到开发。

(三) 中年成才

中年是成才和创造发明的最佳年龄,是人生的黄金时代。中年人年富力强、体格健壮、精力充沛、敏锐、少保守,既有较强的抽象思维能力和记忆能力,又有较丰富的基础知识和实际经验。中年期是个人成就最多,对社会贡献最多的时期。一般认为,30—45岁是人的智力最佳年龄阶段,其峰值在37岁左右。

有人对325位诺贝尔奖获得者作了调查,发现其中301人在30—50岁之间取得研究成果。据张苗梅统计，从公元 600 年至 1960 年，共有 1243 位科学家和发明家作出 1911 项重大科学创造发明。王通讯等人根据相关数据作出科学人才成功曲线图（如图 7－10 所示）。

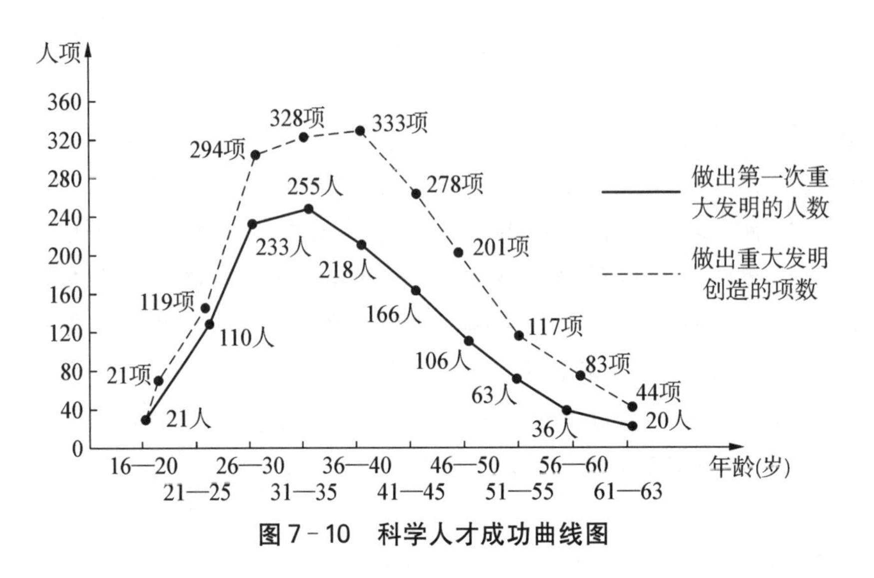

图 7－10　科学人才成功曲线图

美国心理学家李曼（H. C. Lehman）从 1930 年代开始一直从事人的创造发明的研究。他和他的助手研究了大量的科学家、艺术家和文学家等的年龄与成就，认为 25—40 岁是成才的最佳年龄。他的研究还表明，从事不同学科的人最佳创造的年龄是不同的（如表 7－8 所示）。

表 7－8　不同学科的最佳创造的平均年龄

学科	最佳创造的平均年龄（岁）	学科	最佳创造的平均年龄（岁）
化学	26—36	声乐	30—34
数学	30—34	歌剧	35—39
物理	30—34	诗歌	25—29
实用发明	30—34	小说	30—34
医学	30—39	哲学	35—39
植物学	30—34	绘画	32—36
心理学	30—39	雕刻	35—39
生理学	35—39		

创造有最佳年龄阶段，但并不是说人在这个年龄阶段之外就不可能有所创造、有所发明，有人才早熟，也有大器晚成。另外，随着社会进步、科学发展和教育质量的提高，创造的最佳年龄将向两端延伸。①

第四节 情绪智力

一、情绪智力的含义

情绪智力(emotional intelligence)是指监控自己和他人的情感和情绪，对其加以识别并用这些信息指导自己的思维和行为的能力。② 研究者确定了情绪智力的4个维度：感知表达情绪智力的能力、情绪促进思维的能力、理解情绪的能力、管理情绪的能力。③

只有将一个人的认识和情绪结合起来，才能深刻地理解人的心理本质，特别是人的智力本质。美国心理学家米歇尔和舒达提出了人格的认知——情感系统理论。他们认为，每个人都是一个独特的认知情感系统，与社会环境发生交互作用，产生个人特有的行为模式。心理学工作者普遍认为，情绪智力是一种能力，在人类学习、事业和健康中起着重要作用，并且在心理学中已经成为一个前沿课题。情绪智力自从萨洛维(P. Salovey)和梅耶(D. J. Mayer)在1990年发表论文《情绪智力》以来，在国内外心理学界已成为热点。国内外已经发表了多部专著和硕士博士研究生论文，编制了多种问卷。

二、情绪智力的理论

(一) 萨洛维和梅耶的情绪智力理论

美国心理学家、耶鲁大学的萨洛维和新罕布什尔大学的梅耶在论文《情绪智力》中首先提出情绪智力的定义，提出了一个情绪智力的框架，讨论了如何对情绪进行控制。一般认为，这篇论文是情绪智力理论的开始。他们在1990年建立了一个情绪智力的三维模型，包括3个维度和10个因素(如图7-11所示)。

1997年他们编制了《多因素情绪智力量表》。

(二) 戈尔曼的情绪智力理论

美国心理学家戈尔曼(D. Goleman)曾把自我控制能力称为情绪智力。1995年，戈

---

① 叶奕乾，等. 图解心理学[M]. 南昌：江西人民出版社，1982：348—350.

② P. Salovey and J. D. Mayer：Emotion intellgence [J]. Imagination Cognition and Personality. 1990，9(6)：217-236.

③ 同②。

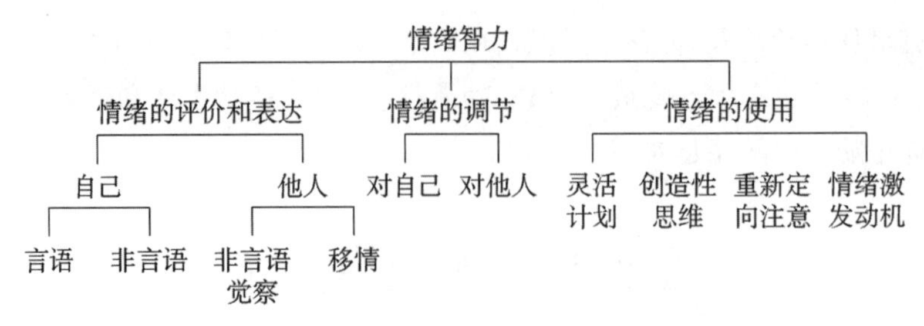

图 7-11　Salovey 和 Mayer 的情绪智力结构模型

（资料来源：Salovey & Mayer, 1990）

尔曼将情绪智力定义为："认识自己的能力、妥善管理自己情绪的能力、自我激励的能力、理解他人情绪的能力和人际关系管理的能力。"同年，他在《情绪智力》一书中指出："通向幸福与成功的捷径在哪里？……那就是人们自我管理和调节人际关系能力的大小，亦即情感智力的高低。"

戈尔曼把情绪智力定义为 5 个方面 25 种成分，5 个方面是：自我觉察、自我调节、动机、同情心和社会技巧。称为五因素理论。

1998 年他编制了《情绪胜任量表》。

（三）巴昂的情绪智力理论

以色列心理学家巴昂（Reuven Bar-On）把情绪智力定义为："一系列影响个人成功应对环境需要和压力的非认知能力和技能。"

1987 年，巴昂提出情绪智力模型，包括 5 个维度和 15 个子成分（如表 7-9 所示）。

表 7-9　巴昂的情绪智力模型①

维度	子　成　分
个体内成分	情绪的自我觉知、自信、自尊、自我实现、独立性
人际成分	移情、人际关系、社会职责
适应性成分	压力耐受性、冲动控制
压力管理成分	问题解决、现实检验、灵活性
一般心境成分	幸福感、乐观主义

巴昂认为，情绪智力高的人，一般是乐观的、灵活的、现实的，能成功地解决问题和应付压力，并且不会失去控制。

巴昂与他人合作出版了《巴昂情商量表·青少年版》。②

巴昂与帕克（D. A. Parker）合作，主编了第一本全面研究情绪智力的专著《情绪智

① 郭德俊，刘海燕，王振宏. 情绪心理学[M]. 北京：开明出版社，2012：213.

② 情绪商数（emotional intelligence quotient, EQ），简称情商，它代表了一个人的情绪智力指数。

力手册》。戈尔曼、萨洛维和梅耶等人都参加了撰写。

三、 情商量表

目前已出版了多种情商量表，以色列心理学家巴昂在 1997 年出版的《巴昂情商量表》是世界上第一个测量情绪智力的量表。适合 16 岁以上的人使用，由 133 个题目、15 个分量表和 4 个效度量表组成。该量表平均分为 100，标准差为 15。该量表具有较高的信度和效度（如表 7－10 所示）。

表 7－10　情商和量表分

情商	量表分	情商	量表分
极高	130 以上	低	80—89
很高	120—129	很低	70—79
高	110—119	显著低下	70 以下
一般	90—109		

四、 情绪智力的功能

早在 19 世纪 30 年代，心理学家桑代克等人就提出过“社会智力”的概念。韦克斯勒在 40 年代提出智力中的“智力”因素和“非智力”因素。但是直到 1990 年，萨洛维和梅耶才在学术论文中提出了“情绪智力”这个词。人的心理活动是一个整体，情绪智力和认识智力①是不可分的，二者同样重要。研究表明：情绪智力对一个人的学习、事业和健康起着重要作用，情绪智力低下的人，不可能在学习上表现优等；情绪智力低下，可能破坏一个人的正常工作，使个人在事业上一无所成；情绪智力可以有效地增强一个人的免疫能力。诺曼·卡曾斯曾著有《疾病剖析》一书，书中写了他自己用笑声战胜疾病的经历。情绪智力低下的人可能缺乏自制力、饮食紊乱、出现攻击行为等，影响一个人的健康。

研究表明：情绪智力是非遗传的，是可以培养的。一个人通过教育和练习就能提高整体的情绪智力水平，而且情绪智力水平还能随年龄的增加而提高。最近，加拿大的一项研究测试表明：400 人的情绪智力随年龄增加而提高。贝蒂·拉德一直主张将情绪智力教育引入学校。当前情绪智力的研究如火如荼地开展起来，已经成为心理学研究的热点。

---

① 认识智力指综合的认知能力，一般称智力。

第八章　气　　质

第一节　气 质 概 述

一般认为:气质是广泛地起作用的人格倾向,而不是具体的人格特质。国外心理学工作者如卡特尔、艾森克和吉尔福特等人都认为,气质是人格结构的组成部分。气质是特质心理学的一个新范例。

一、 气质的含义

气质是人心理活动的稳定的动力特征。心理活动的动力特征主要指心理过程的速度和稳定性(如知觉的速度、思维的灵活程度、注意集中时间的长短等)、心理过程的强度(如情绪体验的强弱、意志努力的程度等)和心理活动的指向性(有人倾向外部事物,有人倾向内心世界)等方面的特点。这些相对稳定的心理动力特征的相互联系和相互作用,使人的日常活动带有一定的色彩,形成一定的风貌。

气质影响个体活动的一切方面,具有某种气质特征的人,在内容完全不同的活动中显示出同样性质的动力特点。它仿佛使一个人的整个心理活动都涂上个人独特的色彩。例如,一个学生每逢考试就表现出激动,等待朋友时坐立不安,参加比赛前沉不住气,并且经常抢先回答教师的提问,这个学生具有情绪激动的气质特征。"气质是个体心理活动的动力特征。"这个含义的内容相当广泛,不仅包括情绪和动作方面的某些动力特征,而且包括认识过程和意志过程的动力特征。

"气质"一词,源于拉丁语,为"混合"的意思,后被人用来描述人的激动或兴奋的个体状态。后来气质的含义就发生分歧了。一些心理学家(主要是英国的心理学家)将"气质"看作"人格"的同义词,但多数心理学家将"气质"看作"人格"的一个组成部分。

当前,人们对气质主要有三种理解。

(一) 强调个体的情绪方面

西方一些心理学家认为气质是个体的习惯性的情绪反应。冯特等人曾把情绪反应作为划分气质类型的根据。沃伦把气质定义为"个体在感情上的一般性质"。

(二) 偏重生理因素

有些心理学家认为,气质是个体生理特征的表现。这种看法与气质的原始含义极为接近。例如,麦独孤认为气质是"体内的新陈代谢或化学变化对心理活动产生的总效应"。

(三) 强调动作反应

有些心理学家认为气质是个体反应的独特模式。例如,台孟(Diamond)把气质看作

"非习得性反应模式激发的难易"。吉尔福特认为,气质是一类与"个体行动的发生与操作的模式"有关的特质。

奥尔波特综合这三方面的含义,他指出:"气质指与个体的情绪有关的各种现象,包括个体对情绪刺激的敏感性、习惯的反应强度与速度以及主导心境的特性、强度与变化等特点,这些个人情绪上的特有现象常随体质而定,因此大部分起因来自遗传。"这个定义曾被西方部分心理学家认为是"气质的最完整的定义",但艾森克指出,这个定义的后半段缺乏证据,在定义中加入其起源的观点是欠妥当的。①

二、 气质的情绪性

当前,心理学工作者强调气质的情绪性。情绪可以以状态的形式存在,也可以以特质的形式存在。当情绪以特质形态存在时,就是气质。日本的《新版心理学事典》写道:气质是"个人情绪反应的特征。包括对刺激的感受性、反应的强度和速度,本人固有的心境和速度是解释个体个别差异的概念之一。……气质是情绪特征"②。《简明不列颠百科全书》写道:气质在"心理学中指人格的一个方面,与情绪倾向性和反应及其速度、强度有关。该词往往用以指人的主要心境。……现代研究气质的方法是:在标准化的紧张情境下测量人的情绪反应,并对测量结果进行统计分析"③。伊扎德(C. E. Izard)提出:"感情和认知相结合所形成的人格倾向,既是人格各子系统的一个成分,又是人格的主要结构形式。"④这种理论具有很大的前瞻性和理论高度。后来,当代著名的社会认知理论家米歇尔提出的认知—情感系统理论,同样强调了情感在人格结构中的作用。情绪是气质的核心及关键特征。

三、 气质的亚结构

活动性和情绪性被认为是气质的亚结构。

涅贝利岑(В. Д. Небыличын)认为,可以在气质结构中分出两种基本成分:活动性和情绪性,这两种基本成分的神经生理学基础是前脑中的两个相互作用的亚系统。一个亚系统是额叶—网状结构复合体,这个复合体承担着睡眠—清醒连续体的各种激活状态动力学的任务;另一个亚系统是额叶—边缘结构复合体,这个复合体是情绪体验的本体。⑤ 罗萨诺夫同意涅贝利岑的观点,认为积极性和情绪性是气质的两种亚结

① Eysenck, H. J. Dimensions of Personality, 1947.

② 下中邦彦. 新版心理学事典[M]. 东京:平凡社,1981:140.

③ 中国大百科全书出版社《简明不列颠百科全书》编辑部. 简明不列颠百科全书-6[M]. 北京:中国大百科全书出版社,1986:604.

④ 孟昭兰. 人类情绪[M]. 上海:上海人民出版社,1989:181.

⑤ 斯米尔诺夫,等. 心理学的自然科学基础[M]. 李翼鹏,等,译. 北京:科学出版社,1984:228—229.

构。[①] 他进一步指出，积极性包括动力性、可塑性和速度。

克鲁捷茨基指出："人的心理活动和行为的积极性不同程度地表现在积极地行动、以多种多样的活动来表现自己的意图上，表现在心理过程进行的速度和强度上，表现在运动的灵活性或反应的快慢上。……情绪性表现在不同程度的情绪的兴奋上，表现在人的情绪发生的速度和强度、情绪的强烈感受上。"[②]

对气质的亚结构，我国学者和西方学者也有类似的看法，一般将个体的活动性和情绪性看作气质的基本成分。例如，《黄帝内经》一书中所说的"阴阳"大体上与活动性相近似，"水火"大体上与情绪性相近似。英国心理学家艾森克提出了人格二维模型，第一个维度是从活动性方面来说明个体的行为特征，第二个维度是从个体的情绪稳定性来说明个体的行为特征。

气质是个体心理活动的动力特征，包括认识过程、情绪、意志、动作方面的动力特征。近期研究表明：气质中情绪和活动占有醒目的位置。

四、 气质的稳定性和可塑性

人生下来就表现出一定的气质特征。有些婴儿好动、喜吵闹，并且不怕生人；有些婴儿安静、平稳、害怕生人。"托马斯（Thomas）等人对 150 名小孩从出生到 10 岁多做了 10 年的追踪研究……结论是：每个婴儿都有不同的气质，而且这些气质差异会持续至成年。"[③]

黄希庭教授指出："由于成熟和环境的影响，在个体发育过程中气质也会改变。例如，在集体主义的教育下，脾气急躁的人可能变得较能克制自己；行动迟缓的人可能变得行动迅速。一个人的气质具有极大的稳定性，但也有一定的可塑性。"[④]

气质是人的人格的重要组成部分，它具有极大的稳定性和可塑性。

第二节 气 质 类 型

一、 气质类型的特征

根据现有的研究，气质类型主要有以下六种特征。

（一）感受性

感受性是指人对内外适宜刺激的感觉能力。它是神经过程强度特性的一种表现。

---

① 罗萨诺夫. 气质的本质及其在人的个体属性结构中的位置[J]. 心理学问题（俄文版），1985(01).
② 克鲁捷茨基. 心理学[M]. 赵璧如，译. 北京：人民教育出版社，1984：253.
③ 许燕. 人格心理学[M]. 北京：北京师范大学出版社，2009：52.
④ 黄希庭. 心理学导论[M]. 北京：人民教育出版社，1991：661.

用感觉阈限的大小来测量。

(二) 耐受性

耐受性是反映人对客观刺激在时间和强度上的耐受程度。它也是神经过程强度特性的表现。

(三) 反应的敏捷性

反应的敏捷性包括两类特性:①心理反应和心理过程进行的速度(如思维的敏捷性、识记的速度、注意转移的灵活程度等);②不随意的反应性(如不随意注意的指向性、不随意运动反应的指向性等)。反应的敏捷性主要是神经过程灵活性的表现。

(四) 可塑性

可塑性是指人根据外界情况的变化而改变自己适应性行为的可塑程度。刻板性被认为是与可塑性相反的品质。可塑性主要是神经过程灵活性的表现。

(五) 情绪兴奋性

情绪兴奋性是指以不同的速度对微弱刺激产生情绪反应的特性。它不仅反映神经过程的强度,而且也反映神经过程的灵活性。

(六) 向性

向性是指人的心理活动、言语和动作反应是表现于外还是表现于内的特性。表现于外叫外向性,表现于内叫内向性。

二、 气质类型的构成

上述各种特性的不同结合,就构成了各种不同的气质类型。

(一) 胆汁质

胆汁质的人感受性低而耐受性高,不随意反应性强,反应的不随意性占优势,外向性明显,情绪兴奋性高,抑制能力差,反应速度快而不灵活。

(二) 多血质

多血质的人感受性低而耐受性高,不随意反应性强,具有外向性和可塑性,情绪兴奋性高而且外部表现明显,反应速度快而灵活。

(三) 粘液质

粘液质的人感受性低而耐受性高,不随意的反应性和情绪兴奋性均低,明显内向,外部表现少,反应速度慢而具有稳定性。

(四) 抑郁质

抑郁质的人感受性高而耐受性低，不随意的反应性低，严重内向，情绪兴奋性高并且体验深，反应速度慢，具有刻板性和不灵活性（如图 8－1 所示）。

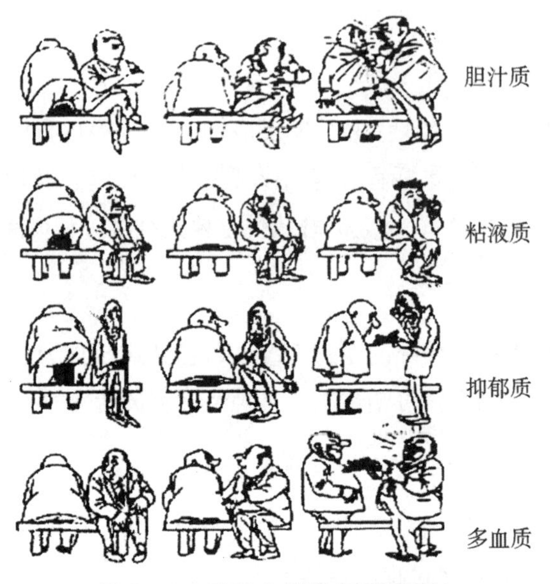

图 8－1　四种典型的气质类型

苏联心理学家达威多娃曾形象地描述了四种基本气质类型的人在同一情景中的不同行为表现。四个不同气质类型的人上剧院看戏，但都迟到了。胆汁质的人和检票员争吵，企图闯入剧院。他分辩说，剧院里的钟快了，他进去看戏是不会影响别人的，并打算推开检票员进入剧院。多血质的人立刻明白，检票员是不会放他进入剧场的，但是通过楼厅进场很容易，就跑到楼上去了。粘液质的人看到检票员不让他进入正厅，就想"第一场总是不太精彩，我在小卖部等一会，幕间休息时再进去"。抑郁质的人会说："我老是不走运。偶尔来一次戏院，就这样倒霉。"接着就回家去了。①

各种心理特性和气质类型的关系，可以概括为如表 8－1 所示的内容。

表 8－1　心理特性和气质类型

心理特性 / 气质类型	感受性	耐受性	反应的敏捷性	可塑性	情绪兴奋性	向性
胆汁质	－	＋	＋	＋	＋	＋
多血质	－	＋	＋	＋	＋	＋

① 波果斯洛夫斯基（B. B. Бояословскии）. 普通心理学[M]. 魏庆安，等，译. 北京：人民教育出版社，1979：354.

续 表

气质类型＼心理特性	感受性	耐受性	反应的敏捷性	可塑性	情绪兴奋性	向性
粘液质	−	+	−	−	−	−
抑郁质	+	−	−	−	+	−

表中的四种气质类型典型特征者称为“典型型”；近似其中某一类型者称为“一般型”；具有两种或两种以上类型者称为“混合型”或“中间型”。那么，按照组合的规律，应该有 15 种气质类型。

$$C_4^1 + C_4^2 + C_4^3 + C_4^4 = 4 + 6 + 4 + 1 = 15$$

即：①多血质；②胆汁质；③粘液质；④抑郁质；⑤胆汁—多血质；⑥胆汁—粘液质；⑦胆汁—抑郁质；⑧多血—粘液质；⑨多血—抑郁质；⑩粘液—抑郁质；⑪胆汁—多血—粘液质；⑫多血—粘液—抑郁质；⑬胆汁—粘液—抑郁质；⑭胆汁—多血—抑郁质；⑮胆汁—多血—粘液—抑郁质。

在全国人口分布中，气质的一般型和两种类型的混合型的人占多数，典型型和两种以上类型混合型的人占少数。因此，在测定某一个人的气质时，不要硬性地把他划入某种典型型中，而要测定气质特征和神经过程的基本特性，据此预测人的行为和进行因材施教。

据研究，俄国名将苏沃洛夫是属于胆汁质的，“他的见解、言词、运动都以非常的活动而与别人不同。他好像不知道安静，给观察者一种印象，是一位渴望一举做百事的人”。直到老年，“他不是走而是跑着，不是骑马而是赛马，不是绕着摆在道上的椅子走，而是从椅子上跳过去”。

根据郭晨和王大伟等对我国著名作家、艺术家、运动员等的问卷调查，除极少数人无法确定自己的气质类型外，绝大多数人的气质，不是胆汁质就是多血质或多血质和胆汁质的混合型。例如，在作家中，臧克家、严文井的气质是胆汁质，刘厚明的气质是多血质，张锲、苏叔阳的气质是多血质和胆汁质的混合型。在艺术家中，李苦禅、陈爱莲的气质是胆汁质，马国光、姜昆的气质是多血质和胆汁质的混合型，田华的气质是多血质。在运动员中，李赫男的气质是多血质和胆汁质的混合型，容志行、郎平、李月久的气质是多血质，李连杰的气质是胆汁质。① 这四种传统气质的典型代表，在情绪、智力和行为的方式上是各不相同的。

① 参考自郭晨，王大伟. 你想了解他们吗?：人物性格心理调查[M]. 天津：天津人民出版社，1984.

三、气质类型的分布

(一) 张拓基和陈会昌的研究[①]

张拓基和陈会昌以他们自己编制的气质测验表对 460 名中等师范学生(男 189 名，女 271 名)进行测试，被试的平均年龄为 18 岁。结果如表 8－2 所示。

表 8－2　各种类型的气质所占人数、比例和性别差异

气质类型 / 人数(%)	胆汁质	多血质	粘液质	抑郁质	胆汁—多血质	多血—粘液质	粘液—抑郁质	胆汁—抑郁质	胆汁—多血—粘液质	多血—粘液—抑郁质	胆汁—多血—抑郁质	胆汁—粘液—抑郁质	胆汁—多血—粘液—抑郁质
男(189 名)	31	25	40	11	18	15	13	7	16	2	0	0	11
%	16.4	13.2	21.2	5.8	9.5	7.9	6.9	3.7	8.5	1.1	0	0	5.8
女(271 名)	39	28	57	15	29	28	30	7	15	8	3	2	10
%	14.4	10.3	21.0	5.5	10.7	10.3	11.1	2.6	5.5	3.0	1.1	0.7	3.8

(二) 刘明和王顺兴等人的研究[②]

该项研究所用的问卷系由该课题组对陈会昌《气质调查表》进行修订后形成的，有效问卷 1105 份。统计表明，10 种气质类型的人数分别为：粘液质 201 人、胆汁—多血质 177 人、多血质 139 人、胆汁质 127 人、抑郁质 114 人，粘液—抑郁质 92 人、多血—粘液质 86 人、胆汁—粘液质 79 人、胆汁—抑郁质 57 人、多血—抑郁质 33 人。

该项研究表明，在 1105 名儿童青少年被试中，粘液质所占的比例最大，在总体分布中占 18%，在城市儿童青少年中占 16%，在乡村儿童青少年中占 20%，在男性儿童青少年中占 18%，在女性儿童青少年中占 18%。多血质、胆汁质和胆汁—多血质所占比例亦大，三种类型合计在总体分布中占 41%，在城市儿童青少年中占 49%，在乡村儿童青少年中占 33%，在男性儿童青少年中占 44%，在女性儿童青少年中占 36%。4 种单一的气质类型的人数都约占城、乡，男、女儿童青少年总数的一半或稍多一些；在 6 种混合的气质类型的人中，胆汁—多血质最多，多血—抑郁质最少。

① 张拓基，陈会昌. 关于编制气质测验量表及其初步试用的报告[J]. 山西大学学报(哲学社会科学版)，1985(04)：73—77.

② 朱智贤. 中国儿童青少年心理发展与教育[M]. 北京：中国卓越出版公司，1990：377—382.

四、 气质类型发展的年龄趋势

保加利亚皮罗夫等人的研究表明，在5—7岁这一年龄阶段的儿童中，神经活动兴奋型多见于5岁的儿童。随着年龄增长，神经活动的平衡性增加，兴奋型下降。到了青年期兴奋型又重新增多。青年期结束，兴奋型人数再次下降。由此可见，兴奋型随着儿童年龄发展，似乎出现一个“U”形。

刘明等人研究了气质发展变化的年龄趋势。① 该项研究表明：随着年龄的增长，儿童青少年的气质类型亦发生变化。但各种气质类型的变化是不同的。其中，胆汁质可以认为是对年龄变量比较敏感的气质类型，抑郁质可以认为是对年龄变量十分迟钝的气质类型。该项研究还表明：各种气质类型的具体变化情况也是不同的。他们对各年级四种较典型的气质类型得分（平均分）进行比较，粘液质问题的得分从小学三年级到五年级及初中二年级逐渐减少，初中二年级得分最低，以后又逐渐回升，到大学阶段得分最高。多血质问题的得分，小学三年级最低，以后显著上升，初中二年级得分最高，以后又逐渐下降。胆汁质问题的得分，小学三年级和五年级较高，随着年龄增长，其得分有下降趋势，高中二年级和大学阶段，其得分显著低于小学五年级和三年级。抑郁质问题的得分，则普遍较低，其中小学三年级较高，大学阶段得分最低（如图8-2所示）。

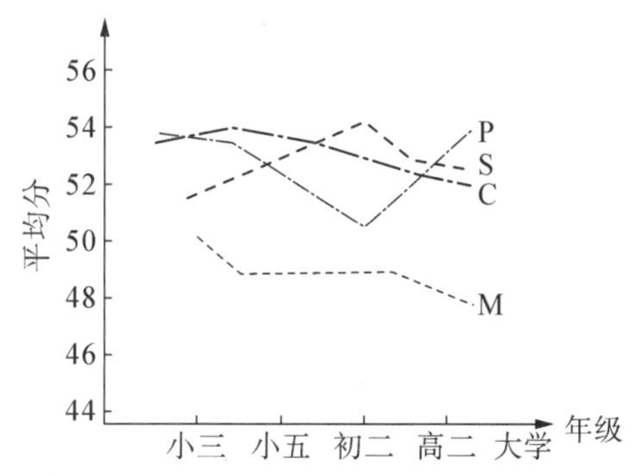

说明：C表示胆汁质的平均分，S表示多血质的平均分

P表示粘液质的平均分，M表示抑郁质的平均分

图8-2　各年级儿童青少年四种气质类型平均分

第三节　气质理论

一、 中国古代的气质理论

（一）孔子的气质理论

孔子把人分为“狂”“狷”和“中行”三类。孔子说：“不得中行而与之，必也狂狷乎！狂者进取，狷者有所不为也。”②孔子认为：“狂”是激进的人，“狷”是拘谨的人，“中行”是

① 朱智贤. 中国儿童青少年心理发展与教育[M]. 北京：中国卓越出版公司，1990：378—382.

② 《论语・子路》。

行为合乎中庸的人。[①]

（二）《黄帝内经》中的气质理论

《黄帝内经》是战国秦汉间一部以医学为主的百科全书。包括《灵枢》《素问》两部分。《黄帝内经》虽然没有直接提出“气质”一词，但其医学理论中融合着丰富的有关气质的论述。

《黄帝内经》认为，气质的产生有先天和后天的因素。就其内容的丰富和细致程度来说，完全可以与西方气质理论相媲美。其中对气质类型的划分不仅比盖伦（C. Galen）早 300 余年，比巴甫洛夫早 2000 多年，而且比希波克拉底（Hippocrates）等人的划分更为具体和详细，还能够“以外知内”，对于医疗、教育、管理等实践活动都有帮助，“古之善用针艾者，视人五态乃治之”[②]。

《灵枢・通天》篇根据人体阴阳之气的比例将人分为太阴之人、少阴之人、太阳之人、少阳之人和阴阳和平之人。“盖有太阴之人，少阴之人，太阳之人，少阳之人，阴阳和平之人。凡五人者，其态不同，其筋骨气血各不等。”[③]因为“凡五人者，其态不同”，所以称为“五态人”。再根据五行各属的五音（宫、商、角、徵、羽）将每种类型划分出一个主型和五个亚型，共分出 25 种类型。阴阳五态人和阴阳 25 种人的分类，不仅是观察的结果，也是我国古代哲学原理的发挥。这可以说是古代气质理论的高峰。

二、 国外的气质理论

（一）古希腊和古罗马的气质学说

在气质方面，古希腊哲学家恩培多克勒（Empedokles）提出“四根”说，认为水、火、气、土四种原素是“万物之根”，即万物的本原。这四种原素以不同的比例混合而成各种事物。北京大学唐钺教授认为，恩培多克勒的“四根”说已经具有气质和神经类型学说的萌芽。

古希腊著名医生希波克拉底将“四根”说发展为“四液”说（血液、黄胆汁、黑胆汁和粘液），认为正是这四种体液形成了人的气质。罗马医生盖伦从希波克拉底的体液说出发，将人体内的体液混合“比例”（即希腊语“κράση”）用拉丁语命名为“temperamentum”。这是近代“气质”（temperament）概念的来源。他还将它简化成四种气质类型，即流行于今天的多血质、胆汁质、粘液质和抑郁质。古代把不同的体液混合等同于不同的气质，血液占优势可导致“乐天的”或欢快的、活跃的气质；黑胆汁占优

---

① 中国大百科全书总编辑委员会《心理学》编辑委员会，中国大百科全书出版编辑部. 中国大百科全书・心理学[M]. 北京：中国大百科全书出版社，1991：243.

② 黄帝内经. 灵枢・通天.

③ 同②。

势能导致“忧郁的”或沮丧的气质；黄胆汁占优势会导致“易怒的”或生气的、凶暴的气质，粘液占优势则导致“迟钝的”或平静的、消极的气质。① 后来，西方人格心理学中产生了许多气质理论（如图 8－3 所示）。

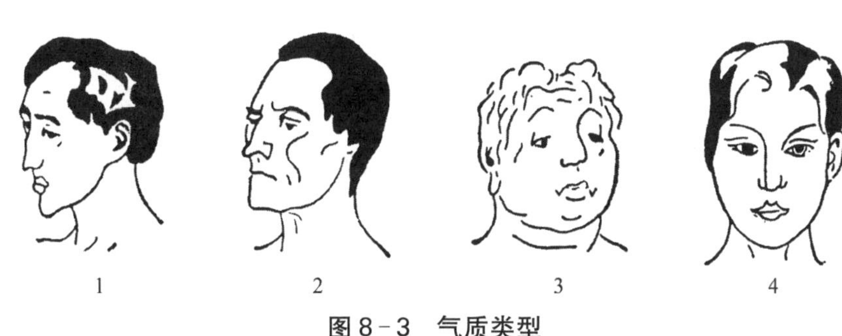

图 8－3 气质类型

1. 抑郁质 2. 胆汁质 3. 粘液质 4. 多血质

今天的研究者考察的是 5－羟色胺、去甲肾上腺素……而不是体液之间的不均衡。

（二）康德和冯特的气质学说

德国哲学家康德（I. Kant）认为，气质可以划分为感情的和行动的，每一种又可以与生命力的兴奋和松弛相联结而进一步划分为四种单纯的气质类型：①多血质的人是开朗的；②抑郁质的人是沉稳的；③胆汁质的人是热血的；④粘液质的人是冷血的。

德国心理学家冯特在《生理心理学纲要》一书中，以感情反应的强度和变化的快慢为基础，把气质划分为下列四种类型：①感情反应强而变化快的为胆汁质；②感情反应弱而变化快的为多血质；③感情反应强而变化慢的为抑郁质；④感情反应弱而变化慢的为粘液质。

（三）气质的体形说

德国精神病学家克雷奇默把人的体格分成肌肉发达的强壮型、高而瘦的瘦长型和矮而胖的矮胖型三种。他认为，不同体型的人具有不同的气质：矮胖型的人外向而容易动感情；瘦长型的人内向而孤僻；强壮型的人介于两者之间。

克雷奇默认为，正常人与精神病患者只有量的差别，没有质的不同，不同体型的正常人在气质上也带有精神病患者的某些特征：瘦长型的人具有精神分裂症的特征；矮胖型的人具有躁狂抑郁症的特征；强壮型的人具有癫痫症的特征（如表 8－3 所示）。因此，他将人的气质又分为分裂、粘着和躁郁三种。

---

① Lawrence A. Pervin, Oliver P. John. 人格手册：理论与研究[M]. 黄希庭，主译. 上海：华东师范大学出版社，2003：400.

表 8-3 体型、气质与行为的关系

体型	气质	行为倾向
瘦长型	分裂气质	不善交际、沉静、孤僻、神经过敏
矮胖型	躁郁气质	善交际、活泼、乐观、感情丰富
强壮型	粘着气质	固执、认真、理解迟钝、情绪爆发性

美国心理学家谢尔顿把人的体型分为三种：①内胚叶型——柔软、丰满、肥胖；②中胚叶型——肌肉骨骼发达、坚实，体态呈长方形；③外胚叶型——高大、细瘦、体质虚弱。谢尔顿发现内脏紧张型、身体紧张型、头脑紧张型三种气质类型。他还发现，体型与气质类型之间有高达 0.8 左右的正相关（如表 8-4 所示）。

表 8-4 体型、气质类型与行为倾向

体型	气质类型	行为倾向
内胚叶型	内脏紧张型	动作缓慢、爱好社交、情感丰富、情感舒畅、随和、有耐性
中胚叶型	身体紧张型	动作粗放、精力旺盛、喜爱运动、自信、富有进取性和冒险性
外胚叶型	头脑紧张型	动作生硬、善思考、不爱交际、情绪抑制、谨慎、神经过敏

克雷奇默和谢尔顿指出了身体特征与气质相关，这对研究气质有启发作用，但气质与体型的关系并不像他们所讲的那么简单直接，二者之间并不存在因果关系。当代科学还不能清楚地揭示身体特征与气质究竟有什么关系。他们忽视了社会生活对气质的作用，夸大了生物因素的作用。克雷奇默还认为一切人都有精神病特征，这显然是不正确的。

（四）气质的血型说

日本学者能见正比古等人指出，血型的真正含义指人体的体质和气质类型。

日本学者古川竹二根据血型把人的气质划分为四类：①A 型气质的人，内向、保守、多疑、焦虑，富于感情，缺乏果断性，容易灰心丧气；②B 型气质的人，外向、积极、善交际，感觉灵敏，轻诺言、寡信，好管闲事；③O 型气质的人，胆大、好胜，喜欢指挥别人，自信，意志坚强，积极进取；④AB 型气质的人，兼有 A 型和 B 型气质的人的特征。

气质与血型的关系是一个有争议和需要进一步研究的问题。

（五）气质的激素说

伯曼（L. Berman）等人用激素来解释气质，认为气质特点是由内分泌活动决定的。他根据人的某种内分泌腺是否特别发达把人划分为六类：①甲状腺型。甲状腺分泌增多者精神饱满、不易疲劳、知觉敏锐、意志坚强、处事和观察迅速、任性、主观、自信心过强、容易动感情，甚至感情迸发；甲状腺分泌减少者表现为迟钝、缓慢，可能发生痴呆症。

②脑垂体型。脑垂体分泌增多者性情强硬、脑力发达、有自制力、喜欢思考、骨骼粗大、皮肤甚厚；脑垂体分泌减少者身材短小、脂肪多、肌肉萎缩、皮肤干燥、思想迟钝、行动懦弱、缺乏自制力。③肾上腺型。肾上腺分泌增多者雄伟有力、精神健旺、皮肤深黑而干燥、毛发浓密、专横、好斗；肾上腺分泌减少者体力衰弱、反应迟缓。④副甲状腺型。副甲状腺分泌增多者易激动，缺乏控制力；副甲状腺分泌减少者表现为精力不足，缺乏生活兴趣。⑤胸腺型。胸腺位于胸腔内，幼年发育，青春期后停止生长，逐渐萎缩。成年时胸腺不退化者，单纯、幼稚、柔弱，不善于处理工作。⑥性腺型。性腺分泌增多者表现为强烈的攻击性；性腺分泌减少者，攻击行为很少，性的特征不显现。

现代科学研究表明，激素对人格确有影响。激素激活或抑制人体的不同机能，激素过多或过少，对个体行为都有影响。例如，肾上腺特别发达的人，会表现出情绪容易激动的人格特征。生物化学测定表明，人在恐惧时肾上腺素分泌增加，人在发怒时去甲肾上腺素增加。日本心理学家诧摩武俊指出，气质与内分泌等生理过程有非常密切的关系。但是，各个内分泌腺之间是相互联系、相互制约的，是作为系统在起作用的，不能简单强调是一两种内分泌腺在起作用。同时，内分泌腺的活动直接或间接受神经系统的控制。人体内有神经调节和体液调节两种调节机制。在中枢神经系统的主导作用下，通过这两种机制，个体人格正常发展。如果内分泌腺活动不正常，就会影响人格发展。例如，先天无甲状腺的人，可能成为白痴；幼年时甲状腺机能不足的人，身体矮小、智力低下（只有4—5岁儿童的智力），称为“呆小症”；成年时甲状腺机能不足的人，基础代谢下降，记忆力减退，思维缓慢，精力不足和嗜眠。甲状腺机能亢进的人，中枢神经系统兴奋性增高，心动过速，情绪容易激动，精神紧张，脾气急躁，失眠，反射过敏等。

近年来发现一种脑化学物质——内啡肽（endorphin），它能极大地影响个体的情绪和行为。

（六）活动特性的气质理论

美国心理学家巴斯（A. H. Buss）和普洛明（R. Plomin）1975年出版了《人格发展的一种气质理论》等著作，以反应活动的四种特性（活动性、交际性、情绪性和冲动性）为指标，划分出四种气质类型：①活动性。这种类型的人倾向于活动，总是抢先接受新任务，精力充沛，不知疲倦。婴儿期表现为手脚不停地活动；儿童期在教室里坐不住；成年时有强烈的事业心。②交际性。这种类型的人倾向于社交，渴望与他人建立亲密、友好的关系。婴儿期要求父母在身旁，爱抚他，孤单时会大哭大闹；儿童期容易接受教育，受环境影响；成年时与他人关系融洽，和睦相处。③情绪性。这种类型的人的觉醒程度和反应强度都大。婴儿期经常哭闹；儿童期容易激动；成年时喜怒无常，难以合作相处。④冲动性。这种类型的人易兴奋，缺乏控制能力。婴儿期等不得成人喂饭、换尿布等；儿童期注意容易分散，常常坐立不安；成年时行动带有冲动性。

人的反应活动特性在气质中处于醒目的位置。用活动特性来区分人的气质，是西方心理学中出现的一种新动向。

巴斯和普洛明最初(1975)区分出气质的四种一般倾向，后来(1984)减少至三种：①情绪性(emotionality)，指一个人情绪反应的强度。情绪性水平高的成人容易心烦意乱和性子急；情绪性水平高的孩子容易哭、受惊吓和生气。②活动性(activity)，指一个人能量释放的水平。活动性水平高的成人喜欢动，不喜欢静，总是走来走去，大部分时间很忙碌；活动性水平高的孩子需要大量活动，喜欢游戏，动来动去，安静时间稍长，就会感到烦躁不安。③交际性(sociability)，指一个人的人缘及与人相处的特点。好交际的成年人喜欢社会交往，有许多朋友；好交际的孩子喜欢与别人作出反应，会主动寻求玩伴。

巴斯和普洛明 1991 年发现，气质的个体差异在 1 岁时就表现出来，而且保持终身；上述三种气质倾向在很大程度上是遗传的(如表 8－5 所示)。

表 8－5 4 个研究的双生子平均相关系数

气质倾向	同卵双生子	异卵双生子
情绪性	0.63	0.12
活动性	0.62	−0.13
交际性	0.53	−0.03

(资料来源：A. H. Buss & R. Plomin，1984)

他们根据上述三种气质倾向研制了成年人使用的气质问卷，称为“EAS 气质模型”。E、A、S 分别是“情绪性”“活动性”和“交际性”这三个词的第一个字母。

艾森克曾确定气质的外内向和情绪稳定性两个维度。巴斯和普洛明将其扩展为三种气质倾向，增加了交际性。这是很有意义的。EAS 气质问卷题目不多(20 题)，简单易测。该问卷把情绪性分为悲伤、恐惧和生气，有利于深入了解被试的情绪特点。

(七) 托马斯和切斯的研究

对儿童的一项研究表明：儿童在 21 个月时，测查其气质为抑制型；进入幼儿园的第一天，抑制型儿童多半独自一人待着，不与别的孩子玩，不会大笑；这种情况会在整个学年中持续下去。

托马斯和切斯(S. Chess)对气质进行了二十多年的研究，发表了《气质与儿童行为异常》《气质及其发展》等论著。他们与儿童的母亲详细谈话，进行了许多测定、调查和实验，记录了儿童在特定环境中的行为表现。西方有人称之为“世界上最过硬的心理学研究”，也有人认为“他们对气质进行了开创性的研究”。

他们发现，新生儿 1—3 月就有明显、持久的气质特征，不大容易改变，一直持续到成人。

他们提出了气质的九个维度：

(1) 活动水平：指行为活动的量；

(2) 心境性质：指生活中主导的具有相对持久稳定性的情绪状态；

(3) 趋避性：对新异刺激是否乐于接近或躲避；

(4) 规律性：行为活动是否有规律；

(5) 适应性：对新环境是否能很好地适应环境；

(6) 反应阈限：引起反应的刺激水平有多高，即是否很敏感；

(7) 反应强度：对刺激作出多大强度的反应；

(8) 注意转移：注意力是否能灵活地转换；

(9) 注意时间与维持：注意能维持多长时间。

托马斯等人的理论，用9个维度来说明气质，涉及面更全面。而且这9个维度都是针对活动的，直接反映了气质的动力特征。有利于了解气质的含义。

他们把大部分(65%)幼儿划分为三种类型：①“容易护理的”；②“困难的”；③“慢慢活跃起来的”。另外35%的幼儿则兼有三种或两种气质类型的特点。

教师很难甚至无法改变学生的气质，但是，如果教学时能考虑学生的气质特点、学习风格，并与之相适应，那么儿童就能表现出最佳的学习状态。研究表明，教师调整自己的教学风格，使之与学生的气质类型相匹配，不仅能提高学生的学习成绩，而且会帮助儿童建立良好的自我价值感。

(八) 凯根的气质理论

凯根(J. Kagan)等人做的一项研究被认为“为气质研究提供了新的思路和方法”。他们以117名儿童作被试，从儿童出生后14个月开始，分别进行多次实验室研究和母亲访谈追踪研究。研究表明：个体对于不熟悉事物出现的反应是不同的，有的非常安静，中断他从事的活动，退到熟悉人的身边或离开不熟悉的事物发生的地点；有的对从事活动没有明显改变，甚至会主动接近不熟悉的事物。前者称为“行为抑制儿童”；后者称为“非抑制儿童”。“非抑制儿童”表现出不怕生、善于交际，主动接近陌生情境的行为，即非抑制行为。凯根认为：在婴儿气质结构中只有“抑制—非抑制”这一项内容可以一直保持到青春期以后一直不变，只有“抑制—非抑制”才可能是划分气质类型的可靠标准。[①] 一些心理学工作者对此有不同的看法，认为凯根等人把气质简单化了。

(九) 人格生物模型

1. 朱克曼的人格生物模型

朱克曼(M. Zuckerman)是艾森克理论的支持者。他认为影响人格最基本的物质

---

① 叶奕乾，孔克勤，杨秀君. 个性心理学[M]. 上海：华东师范大学出版社，2011：76—77.

是激素和神经化学物质。他把人格划分为气质和性格两个层次。

气质是：①一生中相对稳定的人格特质。②在儿童早期就表现出来的人格特质。③通过一般的能量水平表达的人格特质。④受遗传因素影响较多的人格特质。⑤随着个体成长和经验成熟而能够改变的人格特质。

朱克曼又指出：在生理基础方面，几乎所有的人格类型都可以归结为三种主要气质：①外向性。②神经质。③冲动性。

朱克曼等人还编制了人格量表（Zuckerman-Kuhlman Personality Questionnaire，简称 ZKPQ）。

朱克曼进一步提出人格特质新模型：

第一层是生理基础。

第二层是行为（唤醒、抑制和趋向）。

第三层是艾森克的三个人格维度（外内向、神经质和精神质）。朱克曼认为，三个层次间形成网络式作用。

2. 克洛宁格的人格生物模型

克洛宁格（Cloninger）提出的人格生物模型受到心理学研究者的重视。他将人格区分为两个层次：气质和性格。

气质是对刺激的情绪反应。气质包括四个维度：①对新异刺激的寻求。②避免伤害。③依赖奖励。克洛宁格指出：这三种人格特质分别与多巴胺、五羟色胺和去甲肾上腺素系统三种神经递质系统相联系。④坚持性，指遇到困难时仍能继续工作。

性格指个体在自我概念、价值观和目标上的差异，是遗传和环境交互作用的结果，受遗传因素中等程度的影响。

朱克曼把性格区分为三个维度：①自我定向。②合作性。③自我卓越。

克洛宁格编制了三维人格问卷（Tridimensional Personality Questionnaire，简称 TPQ）有 100 道是否题，具有良好的信度和效度。

克洛宁格等人又编制了气质与性格量表（Temperament and Character Inventory，简称 TCI），该问卷由 226 个项目组成。

第四节 气质在实践活动中的作用

气质是在实践活动中发展的，同时又影响实践活动的进行。了解个体的气质特征和气质类型对于培养人才和选拔人才都有重要意义。

一、气质对智力活动的影响

气质不能决定一个人智力发展的水平。研究表明：相同气质的人可能表现出不同的智力水平；智力水平高的人可能具有不同的气质。据研究，著名的作家中有着四种气质类型的代表。例如,李白和普希金具有明显的胆汁质特征;郭沫若和赫尔岑具有多血质的特征;茅盾和克雷洛夫属于粘液质;杜甫和果戈理属于抑郁质。他们虽在气质特征和气质类型上各不相同,但并不影响他们各自在文学上取得杰出的成就。

气质影响智力活动的特点和方式。列伊切斯(H. C. Лейтес)对同班两位学生 A 和 B 进行了追踪研究。A 具有明显的多血质和胆汁质的特征,B 具有明显的抑郁质的特征。弱的神经活动类型并没有妨碍 B 成为一位优秀的学生,不妨碍他的智力发展和毕业时获得金质奖章。学生 A 在学习时表现为精力充沛,在从事紧张的学习和工作后只需要短时间的休息就能恢复精力,很少见他疲劳和有学习间歇;他能够一下子关心很多事物,复杂的情况和变化不会降低他的精力;他对新教材特别感兴趣并充满热情,新教材使他精神焕发、兴奋,并且感到满足,但在复习旧教材时,他明显地缺乏兴趣。学生 B 在经过一段时间学习后,很容易感到疲劳,需要休息或睡一会儿才能恢复精力;对于简单的作业,都要沉思和准备;在学习新教材时常感到困难和疲劳,但在复习旧教材时,表现出主动性,思维具有惊人的准确性和明晰性。学生 A 反应迅速,容易转向新的智力活动,他似乎能立刻把他的潜能释放到最大限度。学生 B 则是缓慢地、犹豫不决地解决问题,有时会出现停顿,但他能逐渐地、更明确、更完整、更正确地弄清楚问题。他思维的深刻性和细致性补偿了他思维欠敏捷的罅隙。学生 B 的智力活动从数量方面来说是效率不高的,但质量方面并不比学生 A 差。

二、 气质对教育工作的意义

气质类型没有好坏之分,任何一种气质类型都能表现为积极的心理特征,也能表现为消极的心理特征。例如,多血质的人反应灵敏,容易适应新的环境,但缺乏适当的教育就可能导致肤浅、注意力不稳定和缺乏应有的沉思的倾向;胆汁质的人热情开朗、精力旺盛、刚强,但如果缺乏适当的教育就可能导致缺乏自制力、生硬急躁、经常发脾气的倾向;粘液质的人冷静、沉着、自制、踏实,但如果缺乏适当的教育可能导致对生活漠然处之的倾向;抑郁质的人情绪敏感,情感深刻稳定,但如果缺乏适当的教育就会完全沉浸在个人的体验中,过分腼腆等。

克鲁捷茨基指出,在教育过程中不应当提出改变气质。这是因为神经系统类型特性的改造是非常缓慢的,而且改造的方法还没有充分研究出来,所以在实际上改变气质是不可能的,也是没有意义的,高级神经活动类型和相应的气质没有好坏之分。教育者的任务在于找到适合于受教育者气质特点的最佳的道路、形式和方法。① 教师要了解学生的气质类型和气质特征,做到“一把钥匙开一把锁”,采取有效的策略提高教育效果。例如,对多血质的学生不能放松对他们的要求或使他们感到无事可做,要使他们在多种

① 克鲁捷茨基.心理学[M].赵璧如,译.北京:人民教育出版社,1984:262—263.

有意义的活动中培养踏实、专一和克服困难的精神；对胆汁质的学生要使他们善于抑制自己，耐心帮助他们养成自制、坚忍的习惯，平稳而镇定地工作；对粘液质的学生要热情，不能操之过急，要允许他们有充分的时间考虑问题和作出反应，引导他们积极探索新问题，鼓励他们参加集体活动，并且引导他们生动活泼、机敏地投入工作，发展灵活性和积极性；对抑郁质的学生，不要在公开场合指责、批评他们，要安排适当的工作鼓舞他们前进的勇气，让他们有更多的机会参加集体活动，在活动中磨炼意志的坚忍性、情绪的稳定性。

胆汁质和抑郁质的学生应该是教师特别关怀的对象。教师要使具有胆汁质特征的学生多得到工作与休息交替的机会，使具有抑郁质特征的学生在集体中获得友谊和生活乐趣。艾森克指出，内外向和情绪稳定性是人格的主要维度，特定的人格维度的结合与特定的行为类型相联系。情绪不稳定与外向维度相结合（胆汁质）可能会出现进攻、好斗的行为问题，情绪不稳定与内向维度相结合（抑郁质）可能会出现焦虑不安的人格问题。可见，情绪不稳定的学生应该是教师更多关注的对象。此外，教师还要重视学生气质的年龄特征。

三、 气质对职业选择的意义

气质特征是职业选择的依据之一，某些气质特征为一个人从事某种工作提供了有利条件。一般地说，持久、细致的工作对粘液质和抑郁质的人较为合适，对多血质和胆汁质的人则不太适合。要求迅速灵活反应的工作对多血质和胆汁质的人较为合适，而粘液质和抑郁质的人则较难适应。

由于各种气质特征之间可以起到互相补偿的作用，因此，在一般的实践活动中，某种气质类型对工作效率的影响并不显著。中国科学院心理学工作者对先进纺织女工的研究表明，一些看管多台纺织机床的女工属于粘液质，她们注意的稳定性补偿了她们从一台机床到另一台机床转移的困难；另一些纺织女工属于活泼型，她们的注意转移容易迅速补偿了注意容易分散的缺陷。

一些特殊的职业，如宇航员、运动员、雷达观测员等，对人的气质特征提出了特定的要求。从事这些职业的人必须经过气质特征的测定，进行严格的选择和培训，才能胜任这类活动。苏联宇宙航行员加加林在起飞前 7 分钟还能睡得很好，情绪稳定性是他成为宇航员的重要条件。艾森克特别指出，外向的人不能很好地担任“警戒”任务。根据他的看法，雷达管理员应该由内向的人来担任。

气质在实践活动中确实具有一定的作用，它是人格心理特征的一个方面。我们在考察人的实践活动和人格发展时必须关注气质这一因素。但是，人的行为并不决定于气质，而是由社会生活条件和教育影响下形成的理想、信念和态度所决定的。与理想、信念和态度相比，气质对行为的作用毕竟只具有从属的意义。

第九章　影响人格发展的因素:遗传与环境

第一节　人格发展概述

一、遗传和环境的交互作用

遗传(heredity)和环境(environment)是影响人格形成和发展的两大因素,在人格的形成和发展过程中,这两种因素交互作用。遗传因素和环境因素相互渗透、相互转化,一般地说,个体的每一种人格特质都是在这两种因素的交互作用下形成和发展起来的。至于遗传和环境如何交互作用,它们各自对人格的影响有多少,这是一个非常复杂的问题,远远还没有搞清楚。

遗传因素和环境因素的作用是无法分离的,二者相互依存,彼此渗透,使人格得到发展。没有环境,遗传的作用是无法体现出来的;没有遗传作为最初的基础,环境也无法产生影响。

在人格心理学中,各个学派对遗传与环境在人格形成和发展中的作用的看法不尽相同。例如,特质论者认为,特质主要是由遗传因素决定的;弗洛伊德认为,人格主要是由儿童早期经验决定的,但他肯定遗传因素在人格发展中的作用;人本主义者认为,人的一生经验在人格发展中起重要作用;社会认知论者认为,人格主要取决于个体经历的经验(如图 9-1 所示)。

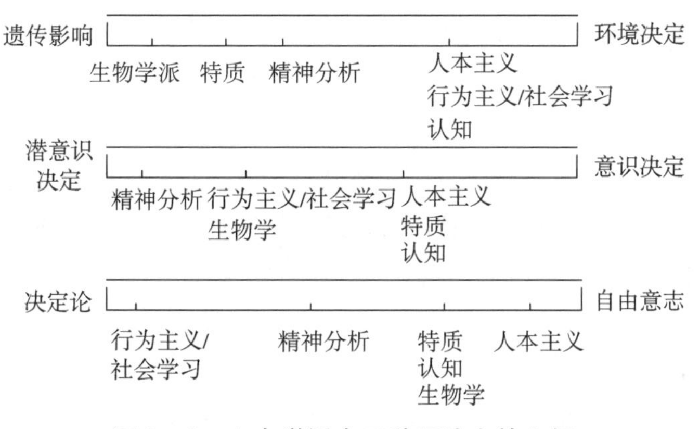

图 9-1　六个学派在三种理论上的立场

(资料来源:J. M. Burger, 2004)

关于遗传和环境问题的争论大体经历了三个时期,在不同的时期,人们强调不同的方面,20 世纪初叶提出的是非此即彼的观点,即遗传和环境中哪一个起决定作用。遗传决定论(hereditary determinism)和环境决定论(environment determinism)是这一时期的产物。20 世纪中叶研究者开始注意到遗传和环境都是必不可少的条件,并研究和分析它们“各起多少作用”，德国心理学家斯腾的“辐合论”和美国心理学家格塞尔（A. L. Gesell）的“成熟论”是这一时期的代表理论。斯特恩认为，辐合是指内部机能和外部条件在儿童心理发展中同样有力，不能片面地说一种机能来自内部或外部，遗传和环境总是同时参与心理发展的。格塞尔认为，儿童心理发展的基本因素是成熟和学习。其中，成熟是能力和技能显露的时间表，是自然实现的，学习仅仅对成熟起促进作用，不能改变成熟的时序。现在，对遗传与环境在人格形成和发展中复杂关系的研究越来越深入，人们已在探讨二者“如何起作用”，分析二者的相互关系。瑞士心理学家皮亚杰（J. Piaget）、法国心理学家瓦龙（H. Wallon）和苏联的维列鲁学派（指苏联心理学家维果茨基、列昂节夫和鲁利亚，他们的观点比较一致）被认为是第三个时期的代表。他们提出了遗传与环境交互作用的观点。

普洛明等人指出：“80年代，遗传的影响已开始被越来越多的人接受。对人格领域来说，摆脱单一的环境决定论是好事。但危险的是，摆脱环境决定论的激流冲得太远，以致认为人格几乎完全由生物因素决定。”因此，要随时防止片面性，不能认为某一种因素在单独起决定作用。

当前，多数心理学家认为，遗传与环境在人格的形成和发展中都是重要的。人格是在遗传与环境两大因素的交互作用下发展起来的。伯格认为，多数心理学家都已承认，“遗传对人格有一定影响，人与环境在决定行为方面都是重要的”。

遗传与环境两大因素在人格形成和发展中的作用是古今中外历史上一直有争议、多种科学共同关心的问题。现代科学一般认为，人格是由多种因素决定的，是多种基因与多种环境以多种方式不断交互作用的结果。在人格的形成和发展中，遗传和环境无法分离，一方不能离开另一方而单独起作用，它们是相互依存、彼此渗透的。人格心理学家珀文指出，环境和遗传总是交互作用的。没有环境，遗传便不起作用；没有遗传，环境也不起作用。中国哲学家、教育家荀子指出：“无性，则伪之无所加；无伪，则性不能自美。”现代科学表明：无论是遗传决定论或环境决定论都是错误的，这两种观点不能提供科学的信息，而且常为错误的理论提供“依据”。将遗传和环境对人格的作用分开阐述，仅仅是为了分析、研究和行文的需要。

二、遗传机理

遗传指亲代的某种特性通过基因在子代再表现的现象。

遗传决定于受精作用，受精作用是精子和卵细胞的结合。人体细胞核内有46条染色体（chromosome），排列成23对。染色体主要由脱氧核糖核酸（DNA）和蛋白质所组成。

20世纪40年代后期，埃弗里（O. T. Avery）在纽约洛克菲勒学院证明，遗传特性能被DNA化合物的纯分子遗传，至少在细菌中是如此。1951年，生物物理学家威尔金斯（M. H. Wilkins）宣布了他关于传递结晶的有规则结构的X光照片。这促进了英国生物物理学家克里克(F. H. Crick)与美国生物学家沃森(J. D. Watson)合作的工作。他们在1953年提出了DNA分子双螺旋结构模型，1962年获生理学或医学诺贝尔奖。这个发现被称为“分子生物学这个新学科的心脏”。DNA分子有两个长链，向右盘绕，成为双螺旋形的“梯子”(如图9－2所示)。如果把“梯子”拉直，就成为图9－3的那样。

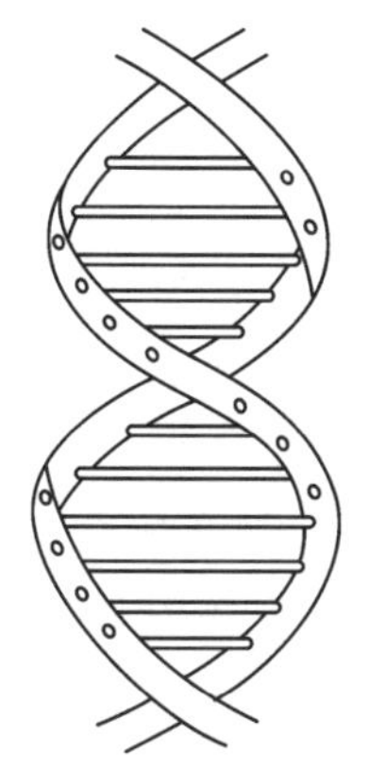

图9－2　DNA双螺旋结构模型

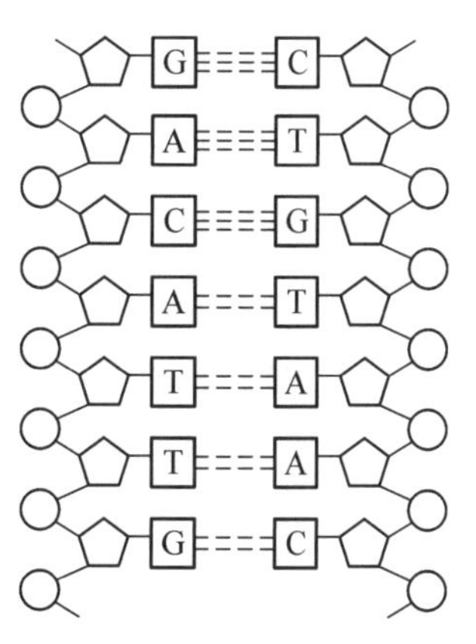

图9－3　DNA分子组成

图中“梯子”的两边由磷酸和脱氧核糖一个隔一个地连接而成，阶梯由一边与脱氧核糖相连的碱基配对，并通过氢键相连而成。每个碱基的一边与脱氧核糖相连，另一边通过氢键与相对位置的碱基相连。DNA分子中的碱基主要有腺嘌呤(A)、鸟嘌呤(G)、胸腺嘧啶(T)和胞嘧啶(C)4种，其中A与T配对，G与C配对。一个磷酸，一个脱氧核糖和一个碱基分子构成一个核苷酸，“梯子”的每一级就是一对核苷酸。DNA分子实际上由两根多核苷酸长链组成。

基因(gene)是DNA的一个节段，由许多核苷酸组成。基因是遗传的基本单元。在基因上，核苷酸有一定的组合和排列顺序，贮存不同的信息，通过蛋白质的合成来决定有机体的结构和机能。

基因不能直接支配行为，没有“内向”“利他”和“攻击性”的基因，它对人格发展的影响是通过个体身体的生理机能起作用的。遗传信息控制个体的生物过程，指导有机体的行为。戈德史密斯(H. H. Goldsmith)指出，基础还是基因指导下的生物过程。

遗传因素对人的不同特质的作用是不同的，一般认为：在生理、智力、气质等的形成和发展的过程中，遗传因素较为重要；理想、信念和世界观则明显受环境因素的影响。

第二节　能力的形成和发展

一、遗传因素

在能力的形成和发展中，人的素质起一定作用。

素质(diathesis)是有机体生来具有的解剖生理特点，主要是神经系统、感觉器官和运动器官的解剖生理特点，特别是大脑的解剖生理特点。[①] 素质是遗传的，它服从于遗传规律。一般认为，素质是能力发展的自然前提，没有这个前提，就不能发展相应的能力。如果缺乏某一方面的素质，就难以发展某一方面的能力。例如，脑发育不全的儿童，就不可能发展计算能力；天生的盲人难以发展绘画能力；生来聋哑的人无法发展音乐能力。但是，素质本身不是能力，也不能决定一个人的能力，它仅仅提供能力发展的可能性。人只有通过后天的教育和实践活动才能使发展的可能性变为现实性。例如，一个人的手指长，可能发展打字能力，也可能发展成为钢琴家，向哪一方面发展，则取决于环境，取决于教育和实践活动，取决于社会需要。

近年来的研究表明：能力和脑的微观结构(大脑皮质细胞群配置和细胞层结构的特点等)关系密切；并不与人脑的宏观结构(脑重量、脑的形状和脑体积等)关系密切。近年来的研究还表明：素质并不是完全遗传的，新生儿出生前在母体内有一段胚胎发育过程，素质会发生一些变化。

(一) 布沙尔和丹恩的研究

20 世纪 90 年代有一项特大规模的研究，布沙尔(T. J. Bouchard)和丹恩(P. L. Donn)等许多著名的心理学家都参加了，这项研究的结果如表 9－1 所示。

表 9－1 遗传率[②]的估计

特质	遗传率估计	特质	遗传率估计	特质	遗传率估计
		大五因素		EASI 气质[③]	
身高	0.80	外向性	0.36	情绪性	0.40
体重	0.60	神经质	0.31	活动性	0.25
智商	0.50	责任感	0.28	社会性	0.25
特定的认知能力	0.40	宜人性	0.28	冲动性	0.45
学业成绩	0.40	开放性	0.46	人格整体	0.40

(资料来源：T. J. Bouchard et al., 1990)

从表 9－1 中可以看到：体质、智商和气质方面的遗传率较高，在“大五因素”内，开放性(0.46)最高，责任感(0.28)和宜人性(0.28)较低。

---

① 素质在心理学中的含义如上述。也有人把素质认为是由先天因素和后天经验所决定的身心倾向总体。

② 遗传率指某个群体中遗传引起的变异在所有变异(包括环境和遗传)中所占的比率。遗传率指数只是对一种特征变异比例的估计。

③ EASI 是巴斯和普洛明指出的气质维度：E 指情绪性，A 指活动性，S 指社会性，I 指冲动性。后来，他们删去了 I 维度，即 EAS 气质模型。

(二) 高尔顿的研究

高尔顿在 1869 年出版的《遗传的天才》一书中写道："一个人的能力，乃由遗传得来，其受遗传决定的程度，如同一切有机体的形态及躯体组织之受遗传决定一样。"他以家谱研究来论证他的观点，企图证明天才能生育天才的后代，并且还提倡善择配偶，以便改良人种。

高尔顿调查了 1768—1868 年间英国的首相、法官、将军、文学家、科学家、音乐家和画家等 977 人的家谱，从中发现，在这组名人的亲属中，父亲 89 人，儿子 129 人，兄弟 114 人，总共 332 人也很有名望。在普通人组的亲戚中，名人只有 1 人。因此他断言天才是遗传的。他用同样的方法研究了艺术能力的遗传问题。在父母都有艺术能力的 30 个家庭中，他发现他们的子女有 64%也有艺术能力；在父母都没有艺术能力的 150 个家庭中，发现他们的子女只有 21%有艺术能力。他认为，在能力发展中遗传作用超过环境作用。

高尔顿在 1883 年又出版了《对人类官能及其发展的探讨》一书。他用双生子研究法调查了许多养育在不同环境中的同卵双生子和养育在相同环境中的异卵双生子。这项研究同样证明了能力决定于遗传。

高尔顿是系统研究能力遗传问题的第一人，他被认为是遗传决定论的鼻祖，在历史上占有重要地位。但是，他的方法具有极大的片面性和主观性，完全否定了环境的作用，只能作出错误的结论，没有提供科学的信息，对人格心理学的研究起着极坏的作用，影响了人格心理学的发展。

(三) 高达德等人的研究

高达德(H. H. Goddard)对卡里客克(假名)家族进行了研究。18 世纪美国独立战争时期，马丁·卡里客克在从军中与智力低下的女佣人结合，生下一个智力低下的儿子，至 1912 年他与女佣人的后代已有 480 人之多。高达德对其中的 189 人的研究表明，只有 46 人是正常的，有相当一部分人是低能者。卡里客克离开军队回家后，又和一个智力正常的妇女正式结婚。到 1912 年，这一支的后代有 496 人之多，其中没有一个是低能者。高达德把研究结果用图 9-4 来表示。

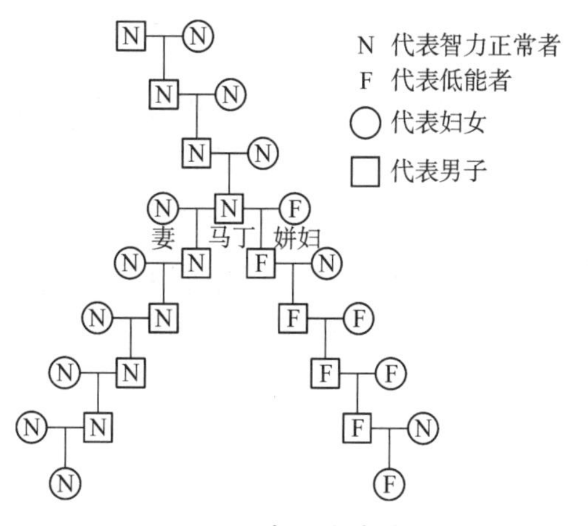

图 9-4 卡里客克家系

高尔顿和高达德的家谱研究的最大缺点是没有考虑环境的作用。因为同一个家系中不仅遗传素质相似，而且在环境条件方面也有许多共同之处，所以用家谱分析的结果来断言遗传的决定作用就会失之偏颇。例如，有音乐才能的巴赫家族从1550年至1880年间出现了60名左右的音乐家（其中有20名是特别优秀的）。这虽然与遗传因素有关，但是，出生在音乐家的家庭中的孩子，从小就有接受音乐训练的良好机会，这也助长了他们音乐才能的发展。家谱分析法现在已不使用。

（四）林崇德的研究[①]

北京师范大学林崇德教授对在类似或相同环境中长大的24对同卵双生子（幼儿、小学生和中学生各8对）和24对异卵双生子（幼儿、小学生和中学生各8对，其中同性异卵和异性异卵各占一半）进行多方面的对照研究，认为遗传对儿童智力发展的影响是明显的。

表9－2和表9－3的结论是一致的。

表9－2　不同双生子的运算能力的相关系数

<table>
<tr><th colspan="2">相关系数 年龄
被试</th><th colspan="2">幼　儿</th><th colspan="2">小学生</th><th colspan="2">中学生</th><th colspan="2">平均总相关</th><th>差异的考验</th></tr>
<tr><td colspan="2">同卵双生</td><td colspan="2">0.96</td><td colspan="2">0.90</td><td colspan="2">0.81</td><td colspan="2">0.89</td><td rowspan="3">$P<0.01$</td></tr>
<tr><td rowspan="2">异卵双生</td><td>同性</td><td rowspan="2">0.89</td><td>0.91</td><td rowspan="2">0.63</td><td>0.71</td><td rowspan="2">0.46</td><td>0.50</td><td rowspan="2">0.66</td><td>0.71</td></tr>
<tr><td>异性</td><td>0.86</td><td>0.54</td><td>0.42</td><td>0.61</td></tr>
</table>

表9－3　不同双生子的学习成绩的相关系数

<table>
<tr><th colspan="2">相关系数 年龄
被试</th><th colspan="2">小学生</th><th colspan="2">中学生</th><th colspan="2">平均总相关</th><th>差异的考验</th></tr>
<tr><td colspan="2">同卵双生</td><td colspan="2">0.85</td><td colspan="2">0.77</td><td colspan="2">0.81</td><td rowspan="3">$P<0.01$</td></tr>
<tr><td rowspan="2">异卵双生</td><td>同性</td><td rowspan="2">0.61</td><td>0.65</td><td rowspan="2">0.56</td><td>0.67</td><td rowspan="2">0.59</td><td>0.66</td></tr>
<tr><td>异性</td><td>0.56</td><td>0.45</td><td>0.51</td></tr>
</table>

从表9－2可以看出，同卵双生子运算能力的相关系数为0.89，异卵双生子的相关系数只有0.66（其中同性异卵双生子为0.71，异性异卵双生子为0.61），即 $r_{同卵双生} > r_{同性异卵双生} > r_{异性异卵双生}$。这表明遗传因素越接近，相关系数越大。林崇德教授指出，对大多数人来说，遗传和生理差异都不太大，因此，遗传因素是智力发展的重要条件，但不是决定条件。他还指出，遗传对智力的发展作用存在年龄差异，它对智力的影响随年龄增

① 林崇德.遗传与环境在儿童智力发展上的作用：双生子的心理学研究[J].北京师范大学学报，1981(01)：64—72+8.

大而减弱。

林崇德教授还研究了不同双生子表现的不同智力品质，发现他们在运算测验中所表现出来的速度、完成灵活习题与难题的程度、成绩都是不同的。这表明了遗传对思维品质的影响，如表 9－4 所示。

表 9－4　不同双生子智力品质的相关系数

	敏捷性	灵活性	抽象性	差异的考验
同卵双生(8 对)	0.74	0.81	0.62	$P < 0.05$
异卵双生(8 对)	0.56	0.72	0.48	

(五) 厄伦迈耶·金林和贾维克等人的研究

1963 年，厄伦迈耶·金林(Erlenmeyer-Kimling)和贾维克(Jarvik)总结了过去半个世纪中 8 个国家的 52 个血缘与智商研究的成果，如图 9－5 和表 9－5 所示。

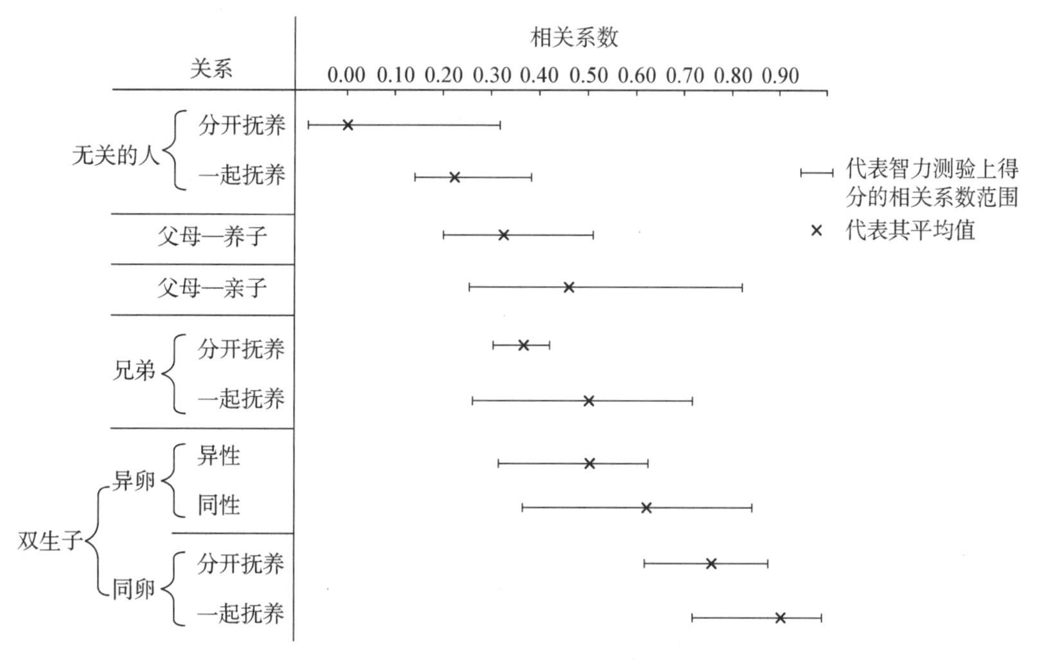

图 9－5　不同血缘关系者智商的相关系数

表 9－5　不同血缘关系者的智力相关

关　　系	相关系数
1. 无血缘关系又生活在不同环境者	0.00
2. 无血缘关系在同一环境长大者	0.20
3. 养父母与养子女	0.30

续　表

关　　系	相关系数
4. 亲生父母与亲生子女(生活在一起)	0.50
5. 同胞兄弟姐妹在不同环境长大者	0.35
6. 同胞兄弟姐妹在同一环境长大者	0.50
7. 不同性别的异卵双生子在同一环境长大者	0.50
8. 同性别的异卵双生子在同一环境长大者	0.60
9. 同卵双生子在不同环境长大者	0.75
10. 同卵双生子在同一环境长大者	0.88

从图 9－5 中可以看到智力形成和发展过程中的遗传因素的作用。血缘关系越密切，其智力相关越高。同卵双生子之间的智商相关最高；无血缘关系者之间的智商相关最低；亲生父母与亲生子女之间的智商比养父母与养子女之间的相关高(图中第 4 项比第 3 项高)，这是因为前者包括遗传因素的作用和环境因素的作用，后者仅包含环境因素的作用。同样，从表中看到在智力形成和发展中环境因素的作用，无血缘关系而生活在同一环境者(表中第 2 和第 3 项)，其智商有中度相关；异卵双生子之间的遗传关系与同胞兄弟姐妹之间遗传关系相同，但表中第 8 项智商相关高于第 6 项，这是因为异卵双生子无论在胎儿期或出生后所处的环境，其相同之处要比同胞兄弟姐妹之间多，尤其是异卵双生子之间同性别者智商相关要高于不同性别者，因为同性别的双生子所接受的教育方式大体相同。

厄伦迈耶·金林和贾维克等人的研究表明，同卵双生子的智力相关高于异卵双生子，因为遗传对智商具有主要作用。这也引起了质疑，洛林(J. C. Loehlin)等人发现，同卵双生子比异卵双生子具有更为相似的教养方式。艾森克等人对洛林等人的研究资料进行分析，发现抚养方式的相似性影响智商的相似性。因此，同卵双生子的智商相似性比异卵双生子高，部分原因可能是抚养环境相同。另一项质疑是普洛明提出的。他在研究中发现，同卵双生子的智商相关是＋0.86 和＋0.87，与早期的研究几乎一样；但异卵双生子的智商相关是＋0.62，明显比早期研究的＋0.53 高。显然，遗传对智力的作用不可能有一个固定的数字，最多是一个大致的范围，因为任何一项研究都要取决于变化着的环境的作用。有些心理学家甚至认为，讨论遗传和环境对智力的相对作用是没有意义的。1988 年，普洛明在分析了许多双生子研究数据后指出：“如果不去考虑新旧研究之间的差别，那么研究结果表明，智商的一半变异是由遗传决定的，另一半则由环境决定。”普洛明等人的研究表明，智力的遗传力随年龄而变化。童年期，遗传对智力的作用是 30%，青少年期是 50%，成人期为 50%以上。智力的遗传力之所以随年龄而变化，有人认为是因为儿童接触的环境随年龄增长有很大的不同，成人则更多地生活在相似的环境中；也有人认为是因为青年和成人比儿童有更多选择环境的机会。卡特尔把智力划分为晶体智力和流体智力。在这两种智力中，遗传的作用也有很大的不同。他指出，晶体智力是“大部分属于从学校中学到的能力”，流体智力“主要是先天的”。

二、环境因素

环境指客观现实，包括自然环境和社会环境。一般认为，遗传提供心理发展的可能性，而可能性转化为现实性则需要环境的影响。大多数人的遗传因素是相差不大的，其智力发展之所以有差别，是由环境、教育和实践活动所造成的。

(一) 社会生产方式及经济水平

在环境因素中，社会生产方式是影响能力发展的最重要的因素，一定的社会生产力和生产关系对能力发展起着重要作用。生产力会影响经济生活、科学文化水平和教育水平，从而影响人的智力发展。在生产关系方面，旧社会剥夺了劳动人民及其子女受教育的权利，使能力受到阻碍。新社会的广大儿童都能入学，群星灿烂，人才辈出。克雷奇等人指出：“值得注意的研究是比较不同社会经济水平的人们的 IQ。泰勒(Tyler) 1956 年在检阅这个领域的许多研究之后断定，‘IQ 和社会经济水平的关系是智力测验史中的一个最有明证的事实’。看来很清楚，较高的 IQ 是在较高社会经济水平而不是较低水平的家庭里发现的。我们必须记着，IQ 分数反映受教育的机会、财产及家庭环境。……目前 IQ 分数的一部分差别，无疑是环境不同的结果。”①

1. 格赛尔的研究②

美国心理学家格赛尔对三类野孩的典型人物卡玛拉、阿威龙的野生儿和卡斯巴·豪瑟的智力发展进行了比较研究(如图 9-6 所示)。

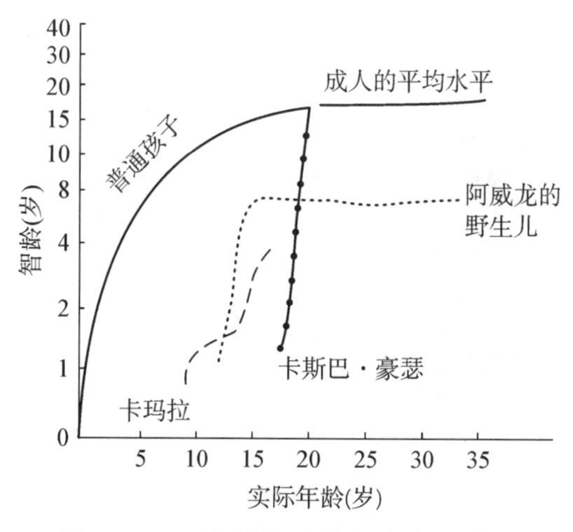

图 9-6　三个野生儿的智力发展曲线

① 克雷奇(Krech). 心理学纲要[M]. 周先庚，等，译. 北京：文化教育出版社，1980：338—339.

② 叶奕乾，等. 图解心理学[M]. 南昌：江西人民出版社，1982：73—74.

卡玛拉是1920年在印度发现的狼孩，由于从小就脱离人类社会，在狼窝里待了八年，她被深深地打上了狼性的烙印。尽管她回到人类社会比较早，也努力经过了教育和训练，但到17岁时，她的智力只达到3—4岁儿童的水平。

阿威龙野生儿是1799年7月在法国南部阿威龙县森林里发现的一个野孩子，当时他全身赤裸。这个野孩子4岁或不到4岁就完全脱离了人类社会，直到12岁才回到人类社会。由于他回到人类社会的时间较晚，不容易恢复正常人的心理，故直至40岁病故时，他的智力也只有6岁儿童的水平。

卡斯巴·豪瑟是巴登大公国的王子，虽然他也是从小离开人类社会，回到人类社会也比较晚（已经17岁了），但由于3—4岁前的生活基本上还是正常的，而且在关押期间还和一个人有接触，甚至学过简单的会话和写字等，所以一旦回到人类社会中，再加上良好的教育和训练，他的智力发展基本上接近正常人。

野孩的事例表明：社会环境是智力发展的重要因素。

2. 华生的研究

行为主义心理学家强调环境因素的作用，否定遗传因素。行为主义创始人华生是环境决定论的代表人物。起初，他并不否认遗传的本能，只是用反射的概念来解释本能，他认为简单的反射和这些反射之间的组合都可以遗传。但后来，他完全否认行为的遗传，否认本能的存在。他说："给我一打健全的婴儿和我可以用以培养他们的特殊世界，我就可以保证随机选出任何一个，不问他的才能、倾向、本能和他的父母的职业及种族如何，我都可以把他训练成为我所选定的任何类型的特殊人物如医生、律师、艺术家、大商人或甚至于乞丐、小偷。"①当然，这个预言并没有实现，但他通过条件反射的方法对婴儿的行为进行"塑造"。他的一些实验表明，儿童对许多事物的情绪反应多数是习得的，并且可以通过消退性条件反射加以消除。图9－7是他的一个恐惧形成的条件反射实验示意图。图中的1是婴儿在恐惧条件反射形成之前和兔子一起玩，对兔子并不害怕，甚至用手去摸；2是在兔子出现时，同时用榔头敲击，发出极大的响声，婴儿对极大的响声非常害怕，哭泣；3是如此重复多次后，只要把兔子放在婴儿身边（当时并没有响声），婴儿也会感到害怕，哭泣，因为这时婴儿已形成了对兔子恐惧的条件反射；4中的婴儿甚至对大胡子的人也感到害怕，这是条件反射的泛化。我国行为主

图9－7 恐惧形成的实验

① 华生.行为主义的儿童心理[M].徐侍峰，译.北京：新世纪书局，1930:82.

义心理学家郭任远指出："遗传这个观念，在心理学上，尤其是行为学，是一个无益有害的东西了。因此，我们就提倡一个无遗传的心理学。"[①]"行为的差异，或人格的差异，是环境的差异逐渐积合的结果。"[②]似乎，郭任远比华生更彻底地否定遗传。

3. 德尼斯等人的研究

德尼斯(D. Dennis)等人曾对孤儿院的儿童的智力进行追踪研究。他发现留在条件较差的孤儿院的儿童的智力发展慢，智商平均只有 53，而被领养的儿童智力发展快，平均智商达到 80，特别是一些在年龄很小时被领养的儿童，他们的智商可以达到 100(如图 9－8 所示)。

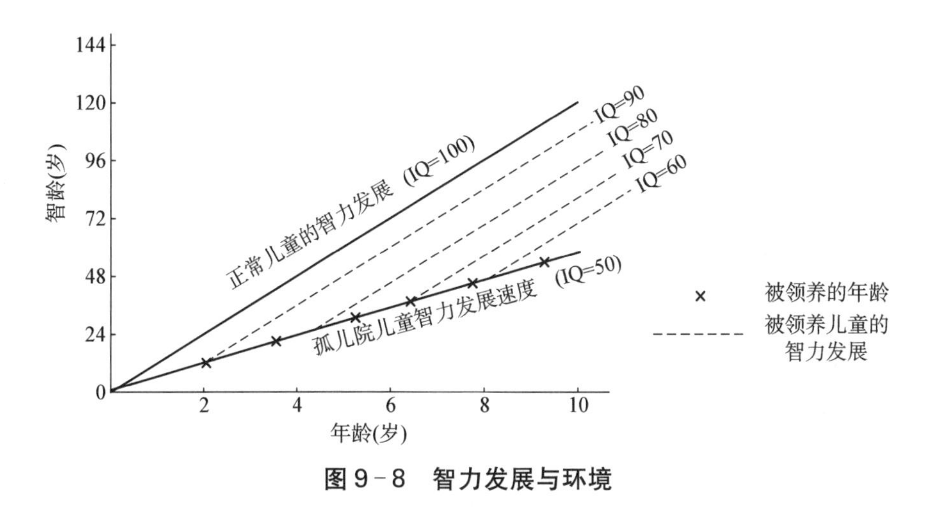

图 9－8　智力发展与环境

另一项有关儿童寄养的研究也充分说明了环境的作用。[③] 智商平均为 49 的母亲被认为是呆傻母亲。她们生的孩子通常由别人抚养长大，但寄养时间与儿童的智力发展也有一定的联系。从图 9－9、表 9－6 中可以看到，即使是呆傻母亲所生的孩子，只要转

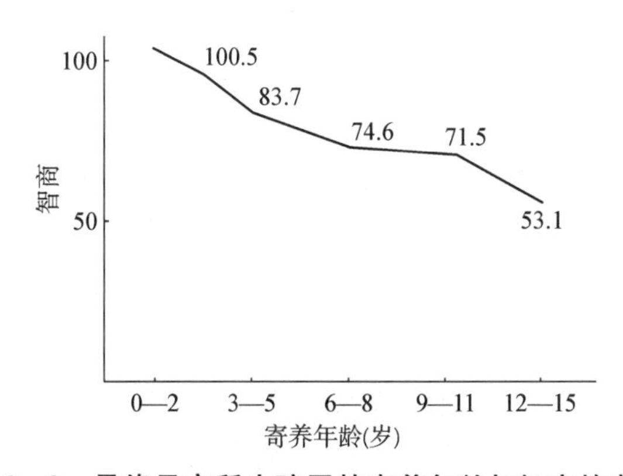

图 9－9　呆傻母亲所生孩子的寄养年龄与智商的变化

① 郭任远. 心理学与遗传[M]. 北京：商务印书馆，1929：292.

② 同①，第 296 页。

③ 松原达哉. 从零岁开始的教育：培养优秀儿童的要点[M]. 王树本，等，译. 北京：北京出版社，1984：5—6.

移到良好环境，智商也可以超过母亲；转移到良好环境的时间越早，儿童的智商越高。

表 9－6 寄养年龄和智商变化

寄养年龄(岁)	智商	寄养年龄(岁)	智商
0—2	100.5	9—11	71.5
3—5	83.7	11—15	53.1
6—8	74.6		

(二) 营养

营养是影响能力发展的一个重要因素，特别是幼年的营养直接关系到能力的发展。有些营养学家强调营养对智力发展的作用，他们指出："在某种意义上说，智力是吃进去的。""民族的命运是取决于他们吃什么和怎样吃。"这是因为营养不良会影响脑和神经系统的发育，从而影响能力的发展。通常，从胎儿发育的最后四分之一时期到出生后两岁之间被认为是人脑生长发育最快的时期，这一时期足够的营养是人脑健康发育的重要保证，特别是蛋白质的缺乏，会导致婴儿脑重量的极大损失。脑科学的研究表明，营养不良会造成脑神经细胞的数目比正常儿童的少，影响脑细胞的发育，从而影响儿童智力的发展。

大脑发育需要多种营养，特别是蛋白质、矿物质、维生素等，如果缺乏蛋白质，会对智力发展造成灾难性的影响。有人通过对儿童头发中的 14 种微量元素（占体重 0.01%以下的元素）含量的分析来区别正常儿童和低能儿童，准确度可达 98%。学习好的学生头发中锌和铜的含量较高，而铅、碘和镉的含量较低。脂肪对智力的发展也是必要的，充分的固醇类物质和磷脂对儿童的神经系统发育是很重要的。食物中丰富的维生素 C 能够提高儿童的智力。

自古以来，人们就认为营养的好坏会直接影响个人的身心发展。营养对身体的影响，早已有人做过许多研究，但营养对智力影响的研究则是近几十年来才开展起来的。美国学者发现，刚出生的婴儿缺乏营养，会对以后的智力发展产生持久的影响；英国学者发现，缺乏营养的儿童，缺乏好奇心和探索精神，记忆力也差。胡佛（Hoover）等人的一项研究表明，在第一、第二次世界大战期间，由于营养不良，儿童的发育减慢了。第二次世界大战期间，在法国的被占领区，女孩到 16 岁才成熟，比正常年龄的人迟三年。营养好的婴儿表现出明确的定向反射；营养差的婴儿对声刺激的反应不稳定，有时有朝向反射，有时又没有。

在对缺铁性贫血患儿的调查中发现，血液中血红蛋白含量低下时，对智力发展影响极大。表 9－7 是在 3—36 个月龄儿童中调查的结果。

表 9-7　缺铁性贫血对儿童智商的影响

	智商	P 值
贫血患儿	95.32±9.74	
正常幼儿	101.62±10.28	<0.01

当缺铁性贫血患儿补铁后，血红蛋白增至 1.53 克/100 毫升，智商由原来的 93.63±7.48 上升为 106.10±6.83（$P<0.01$）①。

(三) 教育

社会生活条件对能力发展的决定作用，通常是通过教育来实现的。教育本身也是一种社会生活条件，是一种环境影响，但教育又与一般的社会生活条件或环境影响不同，它是一种有目的、有计划和有系统的影响。教育在能力发展中起主导作用，在教育过程中，儿童在掌握知识和技能的同时也发展了能力。在人的一生中，教育对人的智力发展都有作用，近几十年来，人们愈来愈认识到早期教育对智力发展的重要性。早期教育不仅影响儿童当前的智力水平，而且还影响他们以后智力的发展。这是因为人类的生命早期是发展的重要时期，在这个时期给予良好的教育会取得事半功倍的效果。

许多学者强调了早期教育的重要性。在 20 世纪 20 年代，心理学家平特纳（R. Pintner）认为，儿童从出生到 5 岁是智力发展最迅速的时期。格赛尔认为，在学龄前阶段，大脑发育非常快，6 岁前儿童的大脑大部分几乎都成熟了，以后人的脑力、性格和心灵将永远不会再如此迅速发展了，人们将永远不会再有这样的机会去奠定智力健康的基础了。马卡连柯（A. C. Макаренко）指出："教育的基础主要是 5 岁以前奠定的，它占整个教育过程的 90%。在这以后，教育还要继续进行，人进一步成长、开花、结果，而您精心培植的花朵在 5 岁以前就已经绽蕾。"②我国北京师范大学实验幼儿园和托儿所的研究表明，良好的早期教育使学龄前儿童的口语能力和数算能力都有较大的提高。有的母亲是孩子的"顾问""指引人"，为孩子设计了良好的物质环境，孩子可以自由地游戏，她们对孩子的一切非常关心，准备回答孩子的问题，但不加干涉。有的母亲过分保护孩子，或忙于家务没有时间照顾孩子，或对孩子的活动限制过多。前者的孩子能力发展良好，后者的孩子能力发展较差。

家庭是社会的细胞，也是儿童接受早期教育的环境，父母又把遗传基因传递给后代。在家庭中，父母亲对子女的教养态度在儿童智力发展中起重要作用。美国心理学家怀特（B. White）等人研究了 400 个儿童，发现父母亲对 1—3 岁儿童的教养方式，决

① 膳食、营养与儿童成长[C]//上海科学育儿基地．上海医科大学．社会环境与儿童成长研讨会论文汇编，1989.

② 《马卡连柯全集》（俄文版）。

定了孩子主要的性格特征，从而影响了孩子的能力发展。

学校教育对学生的智力发展起巨大的作用，个体在学校中学习知识的同时也就发展了智力。学生在学校中参加劳动和课外活动小组，对能力的发展起积极作用。在课外活动小组中，常常会涌现许多小发明家、小画家和小艺术家等。这为将来成才打下了基础。赛西(Stephen Ceci)通过研究发现，人们在学校中的学习时间越长，智商提高越多。学生离开学校后，智商每年下降 0.25—6 分。如果一个中学生在中学二年级停学，在成人期智商下降最多可以达 24 分。

一项研究是基于 14 个国家的样本进行的，在过去的 30 年间，个体智商提高了 15 分。这与教育、营养改善和科技进步是分不开的。

(四) 社会实践和优良的人格

环境和教育是能力发展的外部条件，人的能力是在主体的积极活动中形成和发展起来的。一个人的能力水平与他所从事活动的积极性成正比。我国古代的唯物主义哲学家王充指出，"施用累能"①，即能力是在使用过程中积累起来的；又说"科用累能"②，即从事各种不同的活动、各种不同的职业，能积累各种不同的能力。马克思在谈到人与人之间的能力差异时指出："这些十分不同的、看来是使从事各种职业的成年人彼此有所区别的才赋，与其说是分工的原因，不如说是分工的结果。"③恩格斯也指出："由于分工，艺术天才完全集中在个别人身上，因而广大群众的艺术天才受到压抑。"④可见，由于社会分工，使社会成员长期从事某一方面的实践活动，他们能力的发展也就限制在某一方面。例如，有经验的纺织工人能够辨别 40 多种浓淡不同的黑色，而一般人只能辨别三四种；磨粉工人只要用手一摸，就能鉴别出面粉的粗细和质量。

优良的人格是在实践中培养起来的，优良的人格又推动人去从事并坚持某种实践活动，从而促进能力的发展。推孟指出，具有完成任务的坚毅精神，自信而有进取心，谨慎和好胜是能力发展的重要条件。我国心理学工作者的研究也表明，具有比较稳定的特殊兴趣，是促进某一方面能力的极重要因素。能力的发展与意志性格是分不开的，没有坚强的毅力，没有勤学苦练的精神，能力就难以发展。许多研究表明，能力发展受兴趣和性格的影响。⑤

---

①《论衡·程材篇》。

② 同①。

③ 马克思，恩格斯. 中共中央马克思恩格斯列宁斯大林著作编译局译. 马克思恩格斯全集：第四卷[M]. 北京：人民出版社，1958：160.

④ 马克思，恩格斯. 中共中央马克思恩格斯列宁斯大林著作编译局译. 马克思恩格斯全集：第三卷[M]. 北京：人民出版社，1960：460.

⑤ 刘范. 发展心理学：儿童心理发展(下册)[M]. 北京：团结出版社，1989：78.

第三节　性格的形成和发展

一、遗传因素

(一) 明尼苏达大学的研究

1979年,美国明尼苏达大学对大量被试作了系统的研究。结果表明,孪生兄弟姐妹虽然长期生活在不同的环境中,但在性格的某些方面非常相似。

(二) 林崇德等人的研究

林崇德研究了性格特征各个方面的遗传作用。研究表明:同卵双生子对社会、集体和他人的态度方面的相关系数是0.61,异卵双生子的相关系数是0.54,二者差异是显著的;同卵双生子对自己态度的相关系数是0.71,异卵双生子的相关系数为0.60,二者的差异也是显著的;同卵双生子在性格的情绪特征方面的相关系数是0.72,异卵双生子的相关系数是0.57,二者存在非常显著的差异;同卵双生子在性格的意志特征方面的相关系数为0.67,异卵双生子则为0.61,二者没有显著的差异;同卵双生子和异卵双生子在品德方面也不存在显著差异,没有发现品德不良与遗传因素有关。由此可见,遗传因素对性格特征的各个方面的影响程度是不同的。

(三) 拉什顿等人的研究

拉什顿(J. P. Rushton)等人研究了成年人同卵双生子与异卵双生子的五种特质。研究表明:同卵双生子的每一项特质的相似性都高于异卵双生子。同卵双生子得分的相关系数平均在0.50左右,异卵双生子得分的相关系数则介于0.04—0.25之间(如表9-8所示)。

表9-8　双生子研究中的相关系数

	同卵双生子	异卵双生子
利他	0.53	0.25
同情	0.54	0.20
照顾别人	0.49	0.14
攻击性	0.40	0.04
果断性	0.52	0.20

行为遗传学家普洛明等人将这些数字代入公式后估计,在成年人的性格特质中,大约40%来自遗传因素。

(四) 双生子和领养儿童研究

1987年,罗把双生子与领养儿童结合起来研究。有些同卵双生子一出生就离开父母,与在同一家庭中长大的同卵双生子相比,他们有相同的基因和不同的环境。研究结果表明,分开抚养的同卵双生子与一起抚养的同卵双生子,在性格特质上都很接近(如表9-9所示)。

表9-9 分开抚养与一起抚养的同卵双生子相关系数

	分开抚养的同卵双生子	一起抚养的同卵双生子
外向	0.61	0.51
神经质	0.53	0.50
智力	0.72	0.86

二、 环境因素

环境因素包括自然环境因素和社会环境因素。

(一) 自然环境

1. 胎内环境

从受精卵到胎儿的出生,大约需要270天,这是人的生命的开端。胎儿生活的胎内环境是一个自然环境,孕妇的营养、情绪和健康状况都影响着胎儿的发育。

有人认为,胎儿不仅有感觉、知觉、记忆和思维活动,而且还能够与母亲交流情绪信息。并指出,母亲的心理活动对胎儿的发育有很大的影响,"母爱"对胎儿来说是非常重要的。"子宫是胎儿最初接触到的'世界',在这个'世界'中的体验将直接影响到胎儿性格的形成。"[①]斯托特指出:"婚后生活不和睦的夫妻所生的孩子,因恐惧心理而出现神经质者的概率,比婚后生活美满的夫妻所生的孩子高4倍。"[②]

2. 地理环境

地理和气候等自然条件对个性发展也有一定影响。

我国北方的姑娘和南方的姑娘的性格特征有明显的差别。北方气候干燥,多平原、山川。长期生活在北方的姑娘一般具有大方、开朗、坚强和吃苦耐劳等性格特征。南方气候温和湿润,多河流。长期生活在南方的姑娘一般具有温柔、活泼和灵巧等性格特征。[③]

有些影响性格发展的自然环境也不是"纯粹"自然的,其中也"渗透"着社会文化的

---

① 托马斯·伯尼.神秘的胎儿生活[M].盛欣,等,译.北京:知识出版社,1985:20.

② 同①,第19页。

③ 荆其诚,林仲贤.心理学概论[M].北京:科学出版社,1986:554.

影响，不能把自然因素和社会因素绝对分开，影响性格发展的各种因素是紧密联系和相互渗透的。

(二) 社会环境

社会环境在性格的形成和发展中起着决定性的作用。因此，分析社会环境中的几个主要方面与性格发展的关系对培养良好的性格特征具有重要意义。

1. 家庭

家庭对一个人的性格形成和发展具有重要而深远的影响。国内外的研究表明：家庭是制造人类性格的工厂。家庭把遗传基因传递给后代，是儿童生活的最初环境。弗洛姆说："家庭是社会的精神媒介，通过使自己适应家庭，儿童获得了后来在社会生活中使他适应其所必须履行的职责的性格。"社会和时代的要求，都通过家庭在儿童心灵上打下深深的烙印。许多心理学家都认为，从出生到五六岁是人的性格形成的最主要的阶段。在这个阶段中，绝大多数的儿童在家庭中生活，在父母的爱抚下长大。从教育顺序上看，首先是家庭教育，然后才是学校教育。

(1) 亲子关系

亲子关系是儿童最早建立的人际关系，这种关系的好坏不仅直接影响儿童的身心发展，而且也影响到儿童以后形成的各层次的人际交往关系。1979 年，帕克(G. Parker)等人编制了亲子关系量表以了解被试童年期父子和母子的关系。量表包括以"关心"和"约束"两个维度划分出的四个象限，代表四种亲子关系类型：①关心多—管束多；②关心少—管束多；③关心少—管束少；④关心多—管束少。一些研究表明，关心不够和管束过严的亲子关系影响儿童性格的健康发展。

苏联教育家克鲁普斯卡娅(H. K. Крупская)指出："母亲是天然的教师。她对儿童、特别是幼儿的影响最大。"[①]日本心理学家松原达哉指出："婴儿生长的环境，是由母亲准备的，但同时必须认识到，整天都在照料并同婴儿说话的母亲本身，也是重要环境之一。……对婴儿的未来而言，母亲的存在和家庭生活方式的重要性是无法估量的。"[②]母爱在儿童的性格形成和发展中起着重要作用，是儿童性格健康发展的必要条件。纽顿(Newton)在 1950 年调查了 100 位自己哺乳的母亲，发现：凡是持积极态度的母亲，以后自己哺乳有 74%取得良好效果；凡是持消极态度的母亲，以后自己哺乳取得良好效果的只有 24%。缺乏母爱的儿童会形成不合群、孤僻、任性和情绪反应冷漠等不良性格特征。

父亲对儿童在性别角色发展上起着重要作用。父亲为男孩提供模仿同化的榜样，为女孩提供与异性成人交往的机会。幼年没有与父亲接触过的儿童，在性别的社会化

---

① 《克鲁普斯卡娅文选》(俄文版)，俄罗斯联邦教育科学院 1948 年版，第 252 页。

② 松原达哉. 从零岁开始的教育：培养优秀儿童的要点[M]. 北京：北京出版社，1984：14—15.

方面，往往是不完全的。[1] 近期的一项研究表明："从子女个性成长来看，女儿受母亲的教养影响高于父亲，儿子受母亲和父亲的教养影响无显著差异。"[2]

父母对子女的教养态度，是影响儿童性格形成和发展的重要原因。包德温（A. L. Baldwin）等人研究了父母教养态度和子女性格之间的关系，其中母亲的养育态度和孩子性格的关系如表 9－10 所示。

表 9－10 母亲的养育态度和孩子性格的关系

母亲的态度	孩子的性格
支配	消极、缺乏主动性、依赖、顺从
干涉	幼稚、胆小、神经质、被动
娇宠	任性、幼稚、神经质、温和
拒绝	反抗、冷漠、自高自大
不关心	攻击、情绪不稳定、冷酷、自立
专制	反抗、情绪不稳定、依赖、服从
民主	合作、独立、温顺、社交

日本性格心理学家诧摩武俊研究了母亲的教养态度与孩子性格的关系，结果如表 9－11 所示。

表 9－11 母亲的教养态度与孩子的性格[3]

母亲态度	孩子性格
支配	服从、无主动性、消极、依赖、温和
照管过甚	幼稚、依赖、神经质、被动、胆怯
保护	缺乏社会性、深思、亲切、非神经质、情绪稳定
溺爱	任性、反抗、幼稚、神经质
顺应	无责任心、不服从、攻击性、粗暴
忽视	冷酷、攻击、情绪不稳定、创造性强、社会性
拒绝	神经质、反社会、粗暴、企图引人注意、冷淡
残酷	执拗、冷酷、神经质、逃避、独立
民主	独立、爽直、协作、亲切、社交
专制	依赖、反抗、情绪不稳定、自我中心、大胆

① 朱智贤，林崇德. 儿童心理学史[M]. 北京：北京师范大学出版社，1988：390.
② 郑林科. 父母教养方式：对子女个性成长影响的预测[J]. 心理科学，2009，32(05)：1267—1269.
③ 掘内敏. 儿童心理学[M]. 谢艾群，译. 长沙：湖南人民出版社，1980：126.

另有研究表明，小学生的自尊心与他们家庭的贫富和社会地位无关，而与父母的教养态度和方法有关。自尊心强的男孩，其家庭的气氛是民主的，孩子在处理自己的事情上有发言权，像成人一样受到尊重。父母对他们是关心的、爱护的。父母对孩子要求严格，但严而不厉，经常用奖励的办法来引导孩子的行为，而不是用惩罚的方式来约束孩子的行为。父母待人接物都有一定的规则，并要求孩子有良好的行为表现。缺乏自尊心的男孩，父母对他们的行为是放纵的，没有一定的规则，但他们经常受到父母严厉的惩罚。

北京大学许政援教授与全国 10 个地区进行协作研究，用问卷法调查了 2254 名 3—6 岁幼儿的父母，研究其教育方式与幼儿性格特征之间的关系。研究表明：教育总均分与性格总均分之间相关显著，良好的教育方式对儿童优良性格品质的形成起积极作用；该项研究还表明：儿种教育方式与所调查的性格有较高的相关（如表 9－12 所示）。

表 9－12　家庭教育方式与性格特点的相关

	性格	好奇心	对人态度	自尊心	独立性	自制力	对困难态度	对劳动态度
教育总分	0.43**	0.20*	0.22*	0.23*	0.19	0.44**	0.26**	0.32**
权威	0.45**	0.08	0.26**	0.24*	0.15	0.46**	0.21*	0.36**
取得权威方式	0.39**	0.19	0.20*	0.21	0.16	0.35**	0.21*	0.36**
关心孩子	0.26**	0.08	0.12	0.13	0.10	0.25*	0.15*	0.18
注意智力发展	0.39**	0.03	0.01	0.00	0.00	0.00	−0.3	0.00
培养独立性	0.42**	0.16	0.17	0.19	0.27**	0.39**	0.23*	0.32**
尊重孩子	0.39**	0.29**	0.17	0.18	0.22*	0.29**	0.25*	0.26**
要求一致	0.33**	0.17	0.13	0.14	0.12	0.22*	0.15	0.16
表率作用	0.39**	0.25*	0.22*	0.22*	0.18	0.35**	0.22*	0.28**
公正处理纠纷	0.04	0.07	0.03	0.05	−0.1	0.05	0.02	0.05

* $P < 0.05$　** $P < 0.01$

（2）家庭结构

大家庭、核心家庭和破裂家庭被认为是三种主要的家庭结构。

大家庭是指几代同堂的家庭。生活在大家庭中的孩子，大家庭中长期形成的家风、家规等自然地传给年轻一代，有助于他们形成良好的性格特征。但由于可能存在隔代溺爱，家长在教育孩子的问题上看法不一致，孩子往往难以形成一致的是非标准，并且会感到无所适从，可能会形成焦虑不安、恐惧等不良的性格特征。

核心家庭指一对夫妇和一个孩子组成的家庭。在这种家庭里没有传统的隔代溺爱，但由于年轻的父母缺乏教育孩子的经验和方法，对孩子可能有时放纵，有时管教过严。核心家庭中的夫妇一般都是双职工，可能缺少教养和爱抚孩子的时间。

许多研究表明，破裂家庭会给孩子的性格带来不良的影响。破裂家庭可能是父母中有一人死亡或被判刑监禁，也可能是父母离婚（离异家庭）所致。有人认为，父母离婚对孩子性格的影响甚至比父母死亡更大。破裂家庭的孩子由于父母死亡或离婚而得不到家庭的温暖和正常的教育，容易形成悲观、孤僻等不良性格特征，行为问题也较多。一些研究表明，丧父的破裂家庭对孩子性格（特别是男孩）会产生极其不良的影响。在只有母亲的破裂家庭中长大的男孩，由于母亲把一切的爱都倾注在他身上，给予其过多的保护、关心，并且原谅孩子的缺点，因此他们容易形成冲动、缺乏自制力等不良的性格特征，在青少年期犯罪率也较高。另一些研究表明，早年丧父会影响男孩形成男子汉性格，依赖性强，缺乏果断性，多采用语言攻击，这种家庭对女孩的影响，主要表现在青春期与异性交往的问题上。但是，如果有良好的教育，破裂家庭的孩子也可以形成坚强等良好的性格特征。

(3) 家庭气氛和父母榜样

家庭情绪气氛可以划分为融洽与对抗两种类型。家庭中的情绪气氛是由家庭中全体成员所造成的，但主要由夫妻关系所造成。家庭中的夫妻关系影响着家庭其他成员之间的关系，影响孩子性格的形成和发展。宁静愉快家庭中的孩子与气氛紧张及冲突型家庭中的孩子在性格上有很大的差别。宁静愉快家庭中的孩子有安全感、愉快、生活乐观、信心十足、待人和善，能很好地完成学习任务。气氛紧张及冲突型家庭中的孩子缺乏安全感、情绪不稳定、容易紧张和焦虑、长期忧心忡忡、担心家庭悲剧将要发生、害怕父母迁怒于自己而受到严厉的惩罚、对人不信任、容易发生情绪与行为问题。

父母是孩子的第一任教师，是孩子最早学习的榜样。社会信仰、规范和价值观等首先通过父母的“过滤”而传给子女。父母的一言一行都会潜移默化地影响孩子性格的发展，孩子也随时模仿和学习父母的行为。因此，孩子与父母的性格往往十分相似。

(4) 出生次序

出生次序影响孩子性格的形成和发展。这种影响并不是由孩子出生的先后顺序所决定的，而是由父母对孩子的态度和孩子在家庭中的地位及其变化所决定的。

19 世纪 80 年代以来，很多心理学家就儿童的出生次序和在家庭中所处的地位对性格和智力发展的影响进行了许多的研究。阿德勒特别强调出生次序对儿童性格的影响。他认为，儿童在家庭中的出生次序和所处的地位影响着儿童的生活风格，对性格的形成和发展起重大作用。

高尔顿研究了著名科学家的出生次序，发现长子和独生子女的比例相当高。贝尔蒙特(L. Belmont)的研究表明，长子在瑞文智力测验上所得的成绩比其他孩子要高。在美国阿波罗登月工程技术人员中，长子和独生子女占一半以上。

出生次序对性格的影响受到心理学家的关注，但目前还没有取得一致的结论。美国心理学家墨菲总结了几位心理学家研究的结果（如表 9－13 所示）。

表 9－13　出生次序与性格特征

研究者	研究结果
伯德尔（I.E. Berder）	独子和长子显示出稍高的支配性，末子显示出较低的支配性
加曼（A. Garman）	男孩子出生次序早对痛苦的感受性大
艾森伯格(P. Eisenberg)	长子或独子比中间的孩子或末子更具有优越感
埃利斯（H. Ellis）	中小家庭中长子成为名人的多，大家庭中后面的孩子成为名人的情况多
福斯特（S. Foster） 罗斯（B.M. Ross）	嫉妒性较强的儿童中长子较多
古迪纳夫（F.L. Goodenough） 莱希（A.M. Leahy）	长子有较少的攻击性、指导性和自信心，比较内向。中间的孩子没有长子那样缺乏攻击性，而且问题最少。末子往往畏首畏尾，内向性次于长子，攻击性仅次于独子 独生子更显示出攻击性和自信心
维特（G.E. Vetter）	在过激的人中，独生子所占的比例较大。在保守的人中，长子较多，末子也相当多
伯曼（H.H. Berman）	100 例躁郁症患者中，长子占 48 例，中间的孩子占 30 例，末子占 22 例

2. 学校

卢梭说:“植物的形成,由于栽培;人的形成,由于教育。”欧文也说过:“教育人就是要形成人的性格。”学校教育对人的性格的形成和发展具有重要意义。学校不仅对学生传授科学文化知识,进行思想政治教育,还促进学生性格的形成和发展。学生在学校里形成了良好的性格,就能顺利地走向社会,适应社会生活;反之,则会发生各种问题。

与健康人格相反的是人格的适应不良。人格适应不良最初受不良的亲子关系影响,然而学校在教育上的不得法也会造成学生适应不良。

(1) 课堂教学

学生通过课堂教学接受系统的科学知识。学习是一种艰苦的劳动,通过学习可以发展学生的坚持性、自制力、主动性和独立性等良好的性格特征,在接受系统的科学知识的过程中,学生形成科学的世界观。众所周知,科学的世界观的形成对发展学生良好的性格特征具有重要的意义。

(2) 班级集体

学生在集体中学习和生活,学校的基本组织形式是班集体。班集体、少先队、共青团组织对学生性格的形成具有很大的影响。班集体使学生习惯于系统和有目的的学习,得到克服困难的锻炼,并且品尝到集体生活的乐趣。集体生活有利于培养学生的合群、组织性、纪律性、自制、利他、勇敢和顽强等优良的性格特征,也有利于克服孤独、自私等不良的性格特征。马卡连柯指出,要在集体中通过集体进行教育。

每个学生在班级里都处于一定的位置,在活动中扮演着各种各样的角色,这种角色地位必然影响学生的性格发展。心理学家研究了学校指导对“角色”加工的作用。教师在小学五年级学生中挑选出在班级中地位较低的8名学生，让他们担任班委，并且在工作中给予指导。半年以后，这些学生在班级里的地位发生了显著变化，其中有些人在自尊心、责任心、安全感等性格特征的测验得分上都有所提高，整个班级的风气也有所改变。

（3）教师

教师对学生性格发展的影响首先体现在教师的榜样作用上。教师在学校中的言行都是学生学习的榜样，会潜移默化地影响学生性格的发展。学生年龄越小，受教师的影响越大。教师不仅要对学生进行“言教”，还要进行“身教”。

教师和学生间的关系也影响学生性格的发展。梅伊（Mark A. May）和哈特雄（Hugh Hartshorne）在研究学生诚实这种人格特征时发现，喜欢教师的学生说谎少，容易形成诚实的特征；不喜欢教师的学生则经常说谎。

勒温等人把教师管教学生的方式划分为三种类型：民主的方式、专制的方式和放任的方式。研究表明，教师对学生的管教方式影响学生性格的发展（如表9－14所示）。

表9－14　教师的管教方式和学生的性格特征

管教方式	学生的性格特征
民主的	情绪稳定、积极、态度友好、有领导能力
专制的	情绪紧张、冷漠或带有攻击性、教师在场时毕恭毕敬、不在场时秩序混乱缺乏自制性
放任的	无团体目标、无组织、无纪律、放任

3. 社会实践

不论是遗传决定论，还是环境决定论，它们的主要问题除了片面性外，还在于都没有认识到实践活动在性格发展中的作用。

劳动是人最基本的实践活动。学生走上工作岗位后，职业的要求对性格的发展也有重要作用。人长期从事某种特定的职业，社会要求他反复地扮演某种角色，进行和自己职业相应的活动，他就会相应地形成不同的性格特征。职业对人的性格发展影响很大，如科技工作者实事求是、善于独立思考、一丝不苟，文艺工作者活泼开朗、富于想象、情感丰富，医务工作者耐心细致、慈善同情等。

对运动员性格的研究表明，各种运动项目需要一定的性格特征，也培养着一定的性格特征（如表9－15所示）。

表 9－15　各项运动与性格特征

运动项目	主要性格品质	次要性格品质	更次要性格品质
跑步、滑冰、滑雪、骑自行车、游泳、划船	顽强性	自我控制 坚定性	主动性、独立性、果断性、勇敢
艺术体操、举重、田径、跳跃、投掷、花样滑冰、射击	顽强性 自我控制	勇敢	主动性、独立性、果断性
滑雪、跳水、障碍、骑马、登山、摩托车、跳伞	勇敢、果断	顽强性 自我控制	主动性 独立性
球类运动	主动性 独立性	顽强性、果断性、勇敢	自我控制 坚定性
击剑、摔跤	主动性 独立性	果断性、勇敢	自我控制 顽强性、坚强

4. 主观因素

个体的性格是在人和环境相互作用的实践活动中形成和发展的，但是，任何环境因素都不能直接形成人的性格特征，它们必须通过人已有的心理发展水平和心理活动才能发生作用。正如布特曼(Bultmann)所说："每一个人都是他自己人格的工程师。"社会的各种影响，首先要为个人接受和理解才能转化为个体的需要和动机，才能推动他去行动。个体已有的心理发展水平对性格形成的作用随着年龄增大而日益增强，个体已有的理想、信念和世界观等对接受社会影响的程度有决定性的作用。

5. 社会风尚

儿童和青少年善于模仿，各种传媒和课外读物等通过不同的渠道，潜移默化地影响着儿童和青少年的兴趣、爱好、道德评价和行为习惯。例如，电影、电视、网络和文学读物等，其中的一些英雄人物的形象，都会鼓舞着儿童和青少年，并使他们养成良好的行为和性格。

第四节　气质的形成和发展

人生下来就表现出一定的气质特征。有些婴儿好动、喜吵闹，并且不害怕生人；有些婴儿安静、平稳，害怕生人。托马斯等人发现："在许多儿童中这些气质的原始特征往往在随后的 20 多年发展阶段中保持着。"①一个人的气质特征和气质类型是相当稳定的，所谓江山易改、本性难移。一个急性子的人，不可能在短时期内变成一个慢性子的人；一个抑郁质的人，不可能在短时期内变成一个多血质的人。但是，气质又不是一成

① E・R・希尔加德，R. L・阿特金森，R. C・阿特金森. 心理学导论(下册)[M]. 周先庚，等，译. 北京：北京大学出版社，1987：605.

不变的，许多实验研究表明：气质在教育和生活条件的影响下能够发生缓慢的变化。由此可见，气质既有相对稳定性的一面，又有可塑性的一面，是相对稳定性和可塑性的统一。

气质特征的稳定性和可塑性的问题实质上就是遗传因素和环境因素以及它们二者相互作用对气质发展的作用问题。气质同样是先天与后天的“合金”。遗传和环境是影响气质发展的两大因素，气质是遗传因素和环境因素相互作用的结果。

一、遗传因素

许多研究都表明了遗传因素在气质发展中的重要性。珀文指出，遗传因素在个人的气质发展中起着重要的作用。

高级神经活动类型特性通过遗传基因从亲代传递给子代，所以，血缘关系相同或相近的人与无血缘关系或血缘关系疏远的人相比，无论是在高级神经活动类型特征或气质特征方面，都要接近得多。

（一）美国纽约纵向研究所的研究

美国纽约纵向研究所的一项追踪研究说明了遗传因素对气质的作用。他们追踪研究了231名儿童，从婴儿期直至青春期。研究表明，儿童在活动水平、生理机能（饥饿、睡眠和大小便等）的规律性，接触陌生人和新环境的敏捷程度，对日常变化的适应性，对噪声、光和其他感觉刺激的敏感性，心境倾向（快乐或不快乐），反应的强度，注意力稳定性等特征上，几乎生下来就表现出很大的差异，并且随着年龄增长倾向于继续保持这些出生时的特征。他们认为：“一个人的气质，或者说基本行为方式，看来是与生俱来的。”但是，他们也观察到环境因素对气质的作用，因为许多儿童长大后，行为方式也有一定的变化。

（二）林崇德的研究

林崇德教授研究了遗传因素对气质的影响。他对在类似或相同环境中长大的24对同卵双生子和24对异卵双生子进行了研究，结果表明，在气质类型上，双方一致性的大小（用相关系数表示）与他们在遗传因素上的接近程度是一致的（如表9-16所示）。

表9-16 双生子气质问题调查相关

<table>
<tr><th colspan="2">年龄 / 相关系数 / 被试</th><th colspan="2">幼　儿</th><th colspan="2">小学生</th><th colspan="2">中学生</th><th colspan="2">平均总相关</th><th>差异检验</th></tr>
<tr><td colspan="2">同卵双生</td><td colspan="2">0.84</td><td colspan="2">0.79</td><td colspan="2">0.71</td><td colspan="2">0.78</td><td rowspan="3">$P<0.01$</td></tr>
<tr><td rowspan="2">异卵双生</td><td>同性</td><td rowspan="2">0.74</td><td>0.81</td><td rowspan="2">0.60</td><td>0.69</td><td rowspan="2">0.44</td><td>0.48</td><td rowspan="2">0.59</td><td>0.66</td></tr>
<tr><td>异性</td><td>0.67</td><td>0.50</td><td>0.39</td><td>0.52</td></tr>
</table>

该项研究表明，无论是同卵双生子还是异卵双生子，他们的平均总相关系数都已超过 0.50，属于显著相关，遗传因素对气质的影响是存在的：同卵双生子和异卵双生子的相关系数差异检验在 0.01 水平上显著（$P<0.01$），双生子在遗传关系上越接近，气质表现也就越接近。他们的相关系数 r 的大小次序：$r_{同卵双生子}>r_{异卵同性双生子}>r_{异卵异性双生子}$，但个体的气质也不完全是遗传的。该研究的另一项资料表明，在不同环境中长大的 7 对同卵双生子，气质上的相关系数 $r=0.62$，与在同环境中长大的同卵双生子（$r=0.78$）比较，可以看到环境因素对气质的作用。①

（三）墨森等人的研究

墨森（P. H. Mussen）等人于 1990 年研究了遗传在同卵双生子和异卵双生子气质中的作用。他们指出："从婴儿到青少年的任何一个时候，许多气质特征，包括主动性、注意力、对任务的坚持性、激动、情绪性、社会交往和冲动，同卵双生子之间的相似程度大大超过异卵双生子。""对婴儿的研究显示了同卵双生子对陌生人的反应（包括微笑、戏耍、拥抱和害怕的表情）比异卵双生子更相似。同卵双生子在发脾气的次数、对注意的要求和啼哭数量方面，也比较相似。"

（四）巴斯和普洛明等人的研究

巴斯和普洛明等人认为，气质指以生物或神经生理模式为基础的情绪和行为表现。绝大多数研究者同意气质中的遗传成分很大，虽然对确切的比重仍有争议。普洛明总结了三个方面的研究，结果如表 9－17 所示。

表 9－17　双生子的气质遗传

研究者	方法	6 个月数据	2 年数据
马西尼（A. P. Matheny）和多兰（A. B. Dolan，1975）	实验者在游乐场所进行情绪评定		0.66：0.30*
马西尼等人（A. P. Matheny et al.，1981）	对父母进行访谈： 伤害情绪 发脾气的频率 易发怒 哭的情况	 0.39：0.26 0.45：0.29 0.62：0.51	 0.39：0.13 0.41：0.15 0.46：0.28 0.59：0.39
戈德史密斯（H. H. Goldsmith）和坎普斯（J. J. Campos，1982）	父母评定： 害怕 对忧伤的限制 自我安慰的能力		 0.66：0.46 0.77：0.25 0.71：0.69

* 前一个数据是同卵双生子的，后一个数据是异卵双生子的。

① 林崇德. 遗传与环境在儿童性格发展上的作用——双生子的心理学研究（续）[J]. 北京师范大学学报，1982(01)：14—21.

从表 9－18 可以看出，在几个研究中，同卵双生子之间的相关都明显高于异卵双生子之间的相关。这表明，同卵双生子的气质在遗传程度上明显高于异卵双生子，但自我安慰能力例外（同卵双生子为 0.71，异卵双生子为 0.69）。

（五）气质的稳定性研究

许多研究者研究了气质的稳定性，结果如表 9－18 所示。

表 9－18　气质的稳定性

研究者	方法	时间	相关（ηs= 不显著）
罗斯巴特（M. K. Rothbart，1986）	父母评定： 微笑/大笑 害怕 对忧伤的限制	6 个月和 9 个月	0.48 0.37 0.51
希森和伊扎德（M. C. Hyson & C. E. Izard，1985）	在陌生环境中的面部表情： 感兴趣 生气 完全消极	13 个月和 18 个月	0.90 0.61 0.90
马拉特斯塔等人（C. A. Malatesta et al.，1989）	与母亲玩时和分开后的面部表情： 生气 悲伤 积极	7 个月和 12 个月	0.32 0.37 ηs
切斯和托马斯（S. Chess & A. Thomas，1990）	使用容易和困难指标评定	3 岁和成人 4 岁和成人 5 岁和成人	0.31 0.37 0.15
沃罗贝和布拉伊塔（J. Worobey & V. M. Blajda，1989）	评定： 积极反应 消极反应	2 个月和 12 个月	0.48 0.50

气质的某些方面非常稳定，间隔时间可达 10 年以上。气质的稳定性在一定程度上体现了遗传的作用。

二、环境因素

苏联心理学家富尔顿纳多夫调查了一个中学的女学生瓦莉娅。瓦莉娅年幼时胆怯、孤僻、害羞，经常烦恼、伤心，甚至哭泣。但是，在学校的教育、引导下，她积极地参加社会活动，并且担任一些班干部的工作。经过长期的教育，她养成了主动、独立、不怕困难的特点，并且还克服了孤僻、胆怯等带有抑郁质的特点。

刘明和王顺兴等研究了12种社会因素对儿童青少年气质发展的影响。[①] 这12种社会因素是：性别、城乡、父亲职业、母亲职业、父亲文化程度、母亲文化程度、是否独生子女、家庭管教情况、是否三好学生、是否学生干部、受奖惩情况和学业成绩。研究表明，儿童青少年的气质类型显著地受社会环境影响，但是，社会变量对儿童青少年的气质的影响又都是有限的。某一种具体的社会变量，仅显著影响某种或某几种气质类型的变化，对另一些气质类型的影响则不显著。有些气质类型较少受社会变量的影响而发生改变（如多血—抑郁质、粘液质、胆汁—粘液质、多血—粘液质），有些气质类型比较容易受社会变量的制约而发生变化（如胆汁—多血质、抑郁—多血质）。他们将前者称为“与社会变量相关的较稳定的气质类型”，后者称为“与社会变量相关的易变的气质类型”。

① 朱智贤．中国儿童青少年心理发展与教育[M]．北京：中国卓越出版公司，1990：386—387．

第十章 人 格 评 估

第一节 人格评估概述

“人格评估”和“人格测验”这两个词一般可以通用,但其含义不完全相同。龚耀先教授指出,“心理评估”一词出现较晚,其含义比心理测查或心理测量更广,除测验和量表外,还要利用通过观察、访谈、个案法等获得的有关信息来对评估对象作全面系统的描述,但现在也有将心理评估与心理测验互用的。

一、 心理测验概述

我国的孔子早就注意到个体的心理差异,把智力分为上智、中人和下愚三个等级。智力测验思想在我国古代学者的著作中就有所反映。《大载礼记·文王官人》篇可以说是我国古代探讨心理测验问题的一篇专门文献。第一个智力测验量表即比纳 西蒙量表,后来,美国心理学家韦克斯勒等人编制的智力测验量表也对智力测验作出了重大贡献。当前国际上常用的智力测验有斯坦福—比纳智力测验和韦克斯勒智力测验。我国于1931年成立中国测验学会。从1915年到1940年,我国已有74种左右的测验。后来,我国大陆很少或完全不用心理测验。1979年,卫生部通知湖南医学院举办全国临床心理测验学习班,心理测验才开始恢复。随着社会的发展,我国心理学家修订和编制了许多心理测验量表,并广泛应用于社会生活的各个领域。

最早用科学方法来测量人格的是英国心理学家高尔顿。他在1884年发表了《品格测量》一文,指出:“构成我们行为的品格,是一种明确的东西,所以应该加以测量。”他还编制了一个评定品格的量表。美国心理学家卡特尔在《心理》杂志上发表了重要文章《心理测验与测量》。这是“心理测验”(mental test)第一次出现在心理学文献中。他在文中指出:“心理学学者不根基于实验与测量上,决不能有自然科学的准确。”他还进行了一系列的智力测验。

19世纪末,荣格和克雷佩林等人用词语联想法(word association)和自由联想法(free association)对个体的人格进行施测。荣格认为,个体对词语刺激的反应情况可以帮助我们进行心理分析。如果反应内容不寻常或反应迟疑,就可能显露被试的情结(complex)。一般认为,比较正式的人格测验始于美国心理学家武德沃斯1918年提出的“个人资料表”(Personal Data Sheet)。这个量表主要是第一次世界大战时为挑选美国士兵而编制的,共100个问题,例如:“你患有偏头痛吗?”“你常会感到悲伤而沮丧吗?”后来,美国明尼苏达大学教授哈萨威(S. R. Hathaway)和精神病学家麦金利(J. C. Mckinley)用新的方法,在1940年编成了著名的“明尼苏达多相人格调查表”(Minnesota Multiphasic Personality Inventory,简称MMPI)。瑞士精神病学家罗夏编制成了“罗夏墨迹测验”(Rorschach Inkblot Test)。罗夏认为,被试对模糊不清的刺激的反应会投射出人格结构的全貌。这个测验1930年由贝克(S. Beck)介绍到美国,接着研制了很多投射测验。主要有以图片为刺激的“主题统觉测验”(Thematic Apperception Test,简称TAT)、以画人为主的“绘画法”(drawing techniques)和以未完成句子为刺激的“语句完成法”(sentence completion)等。

目前,根据美国已出版的《心理测验(第三版)》(TIP-Ⅲ,1983),心理测验共有2875种,其中人格测验576种(占20%),在心理测验中排第一位。

二、奥尔波特等人的研究方法

奥尔波特曾将人格的研究方法分为14大类52种,并将它们排列于一个圆形的图中(如图10-1所示)。从图中可以看出,所有的方法都是围绕“观察”和“解释”这一核心来进行的。

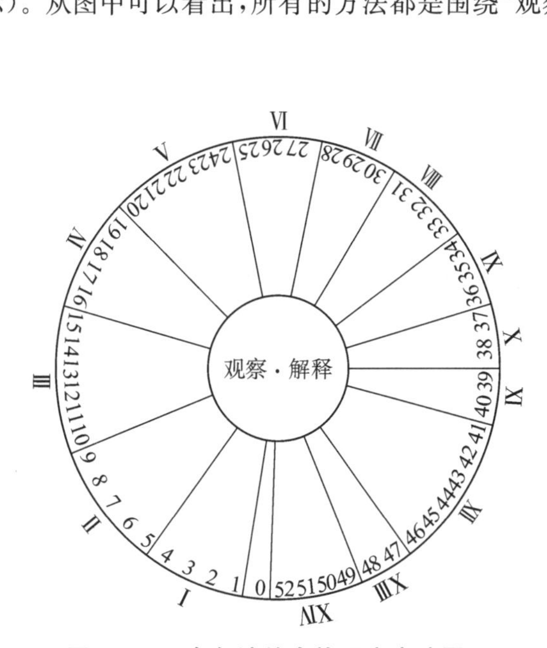

图10-1 奥尔波特人格研究方法图示

0为直觉

Ⅰ为文化背景研究

其中:1.社会规范分析;2.谚语、格言、文艺作品分析;3.语言分析;4.心理描述。

Ⅱ为生理记录

其中:5.遗传分析;6.生化相关物;7.内分泌研究;8.体格类型;9.面形、动作分析。

Ⅲ为社会记录

其中:10.个人档案记录;11.工作方法分析;12.生活时间记录;13.行为频率;14.社会调查法(对人际关系的测定);15.拓扑心理学。

Ⅳ为个人记录

其中:16. 日记;17. 对简单问题的回答;18. 个人的信件;19. 主题作文。

Ⅴ为表情

其中:20. 第一印象;21. 外表详细分析;22. 外表模式分析;23. 笔迹学;24. 风格分析。

Ⅵ为量表

其中:25. 等级量表;26. 记分量表;27. 心理图示(心志)。

Ⅶ为标准化测验

其中:28. 标准化问卷;29. 心理测验(动作测验、迷津测验、语言测验等);30. 行为量表(想象、联想、情境测验等)。

Ⅷ为统计分析

其中:31. 差异心理学;32. 因素分析;33. 内部因素分析。

Ⅸ为生活状况缩影

其中:34. 时间样本;35. 职业;36. 欺骗性情境。

Ⅹ为实验室实验

其中:37. 单一的机能记录;38. 多元的机能记录。

Ⅺ为预测

其中:39. 严密的反应预测;40. 一般倾向预测。

Ⅻ为深层分析

其中:41. 精神科会谈;42. 自由联想;43. 梦的分析;44. 催眠术;45. 自动书写;46. 幻想分析。

ⅩⅢ为理想类型

其中:47. 理想的图式;48. 文艺性格分类。

ⅩⅣ为综合的方法

其中:49. 识别法;50. 匹配法;51. 全过程会谈;52. 个案分析。

后来,奥尔波特又进一步将个性的研究方法概括为 11 种(如图 10 - 2 所示)。

由于人格心理学的高度复杂性,测定人格是相当困难的,这就要求测量者把多种方法结合起来,交叉应用、互相补充、互相印证,并且要把实验室的研究与真实生活中的研究结合起来。

诺夫的“综合法研究模式”和“生态学运动”对研究人格心理学都有应用价值。

诺夫等人提出了“多重环境、多重来源、多重工具”的综合法研究模式(如图 10 - 3 所示)。[①] 要求研究者在三种环境(家庭、学校、实验环境)中进行,在每一种环境中,至少要提供两个人的资料;主试均采用两种测量工具进行评定,并且要求在每一环境中,两个主试使用相同的测量工具。当然,主试所提供的资料是多种具体情景中个人行为表

---

① 诺夫. 儿童与青少年人格测量(英文版)[M]. 1986:316.

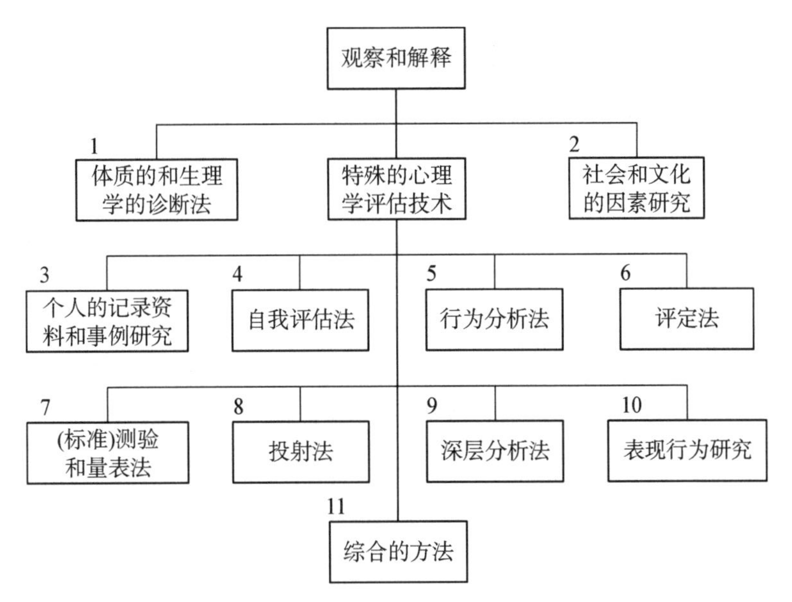

图 10－2　奥尔波特人格研究方法概观

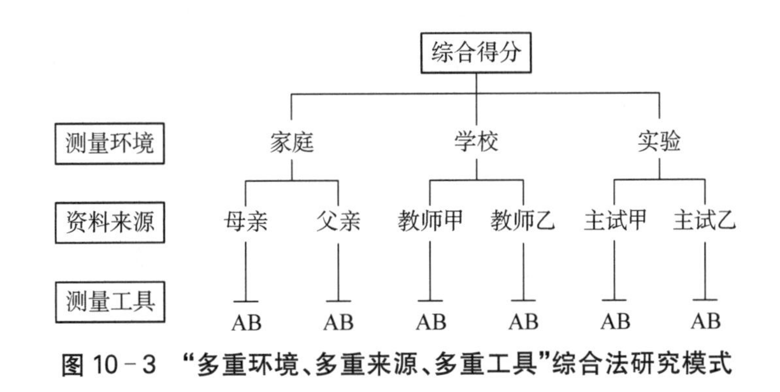

图 10－3　“多重环境、多重来源、多重工具”综合法研究模式

现的概括。

进入 20 世纪 80 年代后，心理学研究出现了新的方法论倾向。美国心理学家维斯塔(R. Vasta)称之为“生态学运动”(the ecological movement)。他指出：“如果说 60 年代标志了严格的实验室方法应用到对儿童的研究，70 年代就看到对自然过程的日益关心。那么，80 年代可谓是使严格的方法脱离实验室而与对现实世界的关注相结合。”①生态学运动即在研究人的心理时从实验室走向生态，把实验室固有的严格性移到真实环境中去。生态学运动要求研究的情景必须是自然的，但研究本身必须是严格的。人的人格具有社会制约性，只有在现实环境中考察人的个性，才能保证内部效度和外部效度的统一，揭示人的人格特征。

---

① 维斯塔：《展望 80 年代儿童研究方法》(英文版)，1982 年。

三、人格心理学中常用的方法

（一）观察法

在奥尔波特的理论中，观察在个性研究中占有重要的地位，他的图示（如图 10－1 所示）把观察放在首要的地位。观察法被认为是人格研究中应用最广泛的方法。

观察法是在自然条件下，有目的、有计划地对被试的行为、言谈、表情等进行观察，从而了解他们的心理活动的一种研究方法。①

观察法是对被试的行为进行直接了解，因而有可能收集到第一手资料。在观察法中，观察者首先要目的明确，即观察什么；其次，要有相关的知识储备，尽量利用有效的仪器（如录像机、录音机等）；此外，还要用抽样方法进行观察，即在不同时间段对被试进行同一种观察。但是，观察法也有其不足之处，即它被动地等待某种现象出现，有时观察到的可能是偶然现象，不是规律性的事实，因此需要反复进行观察。

（二）实验法

由于人格的复杂性，人格研究不宜采用严格控制条件的实验室方法，而较多采用自然实验法。自然实验法是实验法在自然条件下的运用，它兼有实验室实验法的控制条件和观察法的自然真实两方面的优点。运用实验法研究人格较多的是教育性实验。教育性实验就是把实验法运用于教育过程，在活动中了解学生，并研究有效教育措施的方法。在进行教育实验时，实验者创设一定的情境，主动地引起被试（学生）的某种性格特征的表现，然后再采取一定的教育措施影响被试的行为表现，通过观察、分析来了解被试的人格。这种方法比较主动和自然，但要求主试（教师）要善于设计实验和控制条件。

（三）测验法

心理测验可以分为两大类，一类是能力测验，一类是人格测验。前者包括智力测验和各种能力的测验，后者主要是性格、气质以及需要、兴趣等个人特征的测验。用测验法研究人格，最大的优点是可以在较短的时间内对需要了解的某种个性特征进行量化的分析，但是它对所使用的量表以及主试都有特殊的要求，并非任何人都能随意运用。人格测验还可进一步分为问卷测验、投射测验等。

问卷测验是一种结构明确的测验，其工具为各种经过统计处理而标准化的量表（亦称问卷），包括被试自己作答的自陈量表和主试作出评价的评定量表。问卷测验是运用较为广泛的一种测验法。常用的量表有明尼苏达多相人格测验（MMPI）、卡特尔 16 种人格因素测验（16PF）、大五人格测验等。

---

① 荆其诚．简明心理学百科全书[M]．长沙：湖南教育出版社，1991：169．

投射测验是一种结构不明确的测验，其工具为意义不明确的各种图形或墨迹。测验时让被试不受限制、自由地对这些图形作出反应，然后通过分析反应结果来推断被试的个性。常用的投射测验有罗夏墨迹测验、主题统觉测验(TAT)等。

(四) 个案法

个案法就是把观察、谈话、作品分析以及个案调查等方法结合起来运用。这种方法通过多种途径了解一个人在活动中对各种事物所表现的态度和行为方式，以及他所处的历史条件和现实环境等，然后通过分析，归纳出能概括地说明这种倾向的人格特征和形成原因。

个案法比单独运用一种方法能更全面地了解一个人的个性，但比较费时、费力，限于少数案例，并较难对所得资料进行量化分析。

人格心理学研究有三种传统：人格的临床取向(如弗洛伊德等)、人格的相关取向(如卡特尔、艾森克等)和人格的实验取向(如赫尔、斯金纳等)。人格心理学家珀文指出，各种研究方法都有潜在的长处和局限性(如表 10－1 所示)。他认为，研究应该多种取向并用，综合利用多种取向的不同方面。

表 10－1 各种研究方法潜在的长处和局限性

研究方法	潜在长处	潜在局限性
个案研究和临床研究	1. 避免实验室的人为性 2. 研究人—环境关系的全面复杂性 3. 导向个体的深度研究	1. 导致非系统观察 2. 促使对资料的主观解释 3. 变量间的关系纠缠不清
相关研究和问卷调查	1. 研究众多变量 2. 研究许多变量间的关系	1. 建立的关系是联系性的而不是因果性的 2. 导致自我报告问卷的信度和效度问题
实验研究	1. 操纵具体变量 2. 客观记录资料 3. 建立因果关系	1. 有很多现象不能在实验室研究 2. 人为情境限制了发现的推广性

珀文还举出，艾森克为了研究外内向个体差异，不仅用了问卷法，而且在实验情境中进行研究，结果发现，相对来说，内向的人对痛苦更为敏感，外向的人对奖励更为敏感。麦克里兰(D. McClelland)在研究中尝试将主题统觉测验中的图片测验、实验室实验和对不同社会经济增长阶段的测量结合起来，去探索成就动机在作业中所起的作用。

第二节 观察法与自然实验法

一、观察法

观察法指自然观察，即不加控制地在自然条件下对人的行为进行直接观察。观察法是人格心理学研究常用的方法,对人格评估非常重要,但人不容易精通它。牛顿观察到苹果落地,在引力理论上作出了重大突破。观察者可以通过观察评估一个变量的变化,也可以在相当长的时间内,一年或几年,在自然条件下观察几个人的行为。罗森汉(Rosenhan)的著名研究是自然观察的一个典范。经过医院同意,他以假病人的身份持续住院 52 天,考察了假病人的整个诊断和治疗过程,在笔记和日记中记录了大量的定性和定量资料。

作为一种评估手段,观察必须超越常识,才能得出可以信赖、具有一定效度和普遍性的资料。观察法的效果决定于观察者(主试)有关的专业基础水平和观察能力。观察者观察时应全面深入地收集有关信息,然后根据研究目的从大量信息中提取有关信息。

为了便于观察,有的研究人员提出了观察指标,使观察有目的、有计划地进行,也便于对信息进行加工。例如,对多血质类型的人有以下观察指标:①内心体验一般会在面部和眼神中明显地表现出来;②是学校一切活动的积极参与者,但表现散漫,有始无终;③学习新功课容易产生兴趣,但会很快厌烦,觉得枯燥无味;④学习疲劳时,只要稍休息一下,就会立刻焕发精神,重新投入学习;⑤理解问题总比别人快,但常会见异思迁,注意不易集中;⑥希望做难度大、内容复杂的作业,但不耐心细致,总希望尽快做完老师布置的作业;⑦容易产生骄傲情绪,觉得自己比别人机智和灵敏;⑧容易激动,但情绪表现不强烈;⑨情绪变化迅速,遇到稍不如意的事就情绪低落;⑩善于交际,待人亲切,容易交上朋友,但友谊不巩固,没有知心好友。①

二、 自然实验法

(一) 梅伊和哈特雄的品德测验

品德测验主要在学生熟悉的自然情境下进行,可以测量学生的各种品德和行为特点,如诚实、自我控制、利他主义等。其中应用最广泛的是诚实测验。梅伊和哈特雄设计了一系列内容广泛的诚实测验,下面是几个例子。

1. 测验中是否有作弊行为

测验前,先对学生进行一项与教学内容有关的测验。第二天,把试卷发还给学生,并宣布标准答案,要学生在自己的试卷上批改、评分,再把批改后的试卷交上来。实际上,学生原来的试卷已经复印,可以与学生批改后的试卷进行比较,分析学生知道标准答案后是否为了提高成绩而修改自己的试卷,了解每一个学生的诚实程度。

2. 游戏中是否窥视

测验时,要求学生闭目,用笔在图 10-4 中的 10 个小圆圈内点画,连做 3 次,每次点

---

① 陈仙梅,杨心德. 性格心理学[M]. 长沙:湖南人民出版社,1988:137—138.

10点，点中一个小圆圈得1分。学生(被试)如果遵守规则(闭目)，3次画点不会超过13分(这是经过大量测试的结果，每次最多点中4—5个)；如果超过13分，说明被试可能不诚实(测试时没有闭目或偷看)。

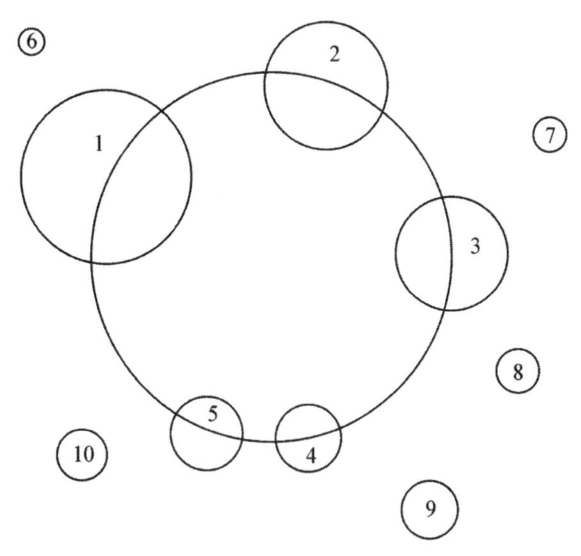

图10-4 诚实测验

3. 游戏中是否有盗窃行为

在几十个匣子中装入不同数量的硬币，要求孩子计算，并在结束时把硬币放回匣子，把匣子盖好后交给老师。这些匣子事前都暗中编了号，因此，哪个匣子是谁的，硬币有没有减少，只要核对一下，就知道有没有孩子拿走硬币。这可以了解每个孩子的诚实程度。

(二) 阿格法诺夫的"拾柴火"实验

苏联心理学家阿格法诺夫(Т. И. Атафонов)为了测定儿童的勇敢，设计了一个名叫"拾柴火"的教育实验。实验者以保育院的40名小朋友为被试。实验时把一些湿柴放在离宿舍不远的地方，把另一些干柴放在较远的山沟里。在冬天的夜晚，他要求儿童去取柴火。实验者发现，有些孩子勇敢地到山沟里去取柴，有的则边走边埋怨，大部分孩子怕黑，宁愿就近取湿柴。在几个月的时间里，通过一定的教育，去山沟里取柴的孩子逐渐多了起来，但仍有20多个孩子没有多大变化。在9个月的时间里，实验者观察到儿童在勇敢方面的差异：有的是勇敢的，有的是动摇的，有的是畏缩的，有的是贪图方便的，有的是胆怯的。

(三) 谢列布列亚科娃的自信心实验

苏联心理学家谢列布列亚科娃为了测定儿童的自信心，设计了一个教育实验，要求被试对三组难度不同的算术题进行选择。一部分学生的选择稳定而适当，被认为具有自信心；另一部分学生选择不能胜任的问题，被认为自负；还有一部分学生不敢选择稍难而能回答的题目，被认为缺乏自信心。主试（教师）根据被试（学生）不同的人格特点，分别进行了教育。

随着科学技术的发展，过去研究人格心理学基本上采用传统的研究方法，现在已开始运用先进的技术方法。张卫东指出，“传统研究方法与现代先进技术相结合，形成了具有学科综合性的包括不同研究层次的方法学体系”。

研究方法并不是学科或学派专有的。马斯洛指出，应该以问题为中心，选择方法。人格心理学是一门高度复杂的科学，更应把传统的方法和现代先进技术结合起来。在国内外已开始这种结合。建立特定的行为模型，概括研究的目的进行测量。例如，磁共振成像技术（Magnetic Resonance Imaging，简称 MRI）、正电子发射型计算机断层显像（Positron Emission Computed Tomography，简称 PET）、功能性磁共振成像技术（functional Magnetic Resonance Imaging，简称 fMRI）等，都有助于人格心理学的深入和发展。

生物化学的理论和方法对人格心理学的深入和发展亦具有深远和重要的意义。

常用的人格测量方法主要有人格量表和投射测验。

第三节 人格量表

由于实践的需要和科学工作者的努力，根据已出版的《心理测验（第三版）》（TIP－Ⅲ，1983），用英文出版的心理测验共 2875 个，其中人格测验有 576 种，在各种心理测验中占第一位。我国也修订和研制了许多人格量表。

人格量表名称繁多。根据已出版的《心理测验（第三版）》（TIP－Ⅲ，1983）和《心理测验年鉴—9、10》，人格量表分为检核表（checklist）、评定量表（rating scale）、调查（survey）、调查表（inventory）和问卷（questionnaire）五种，其中以调查表和问卷命名者居多。下面阐述的是国内外常用的人格量表。

一、明尼苏达多相人格调查表

明尼苏达多相人格调查表（MMPI）是美国明尼苏达大学教授哈萨威和精神病学家麦金利于 20 世纪 40 年代共同编制的，因可以同时测量多种人格特质而得名。此表经过多次修订。编者本意是编制一个有助于精神病学诊断的工具，但该调查表现已广泛用于正常人的咨询、职业、医学、军事、司法等方面。无论是临床应用的频率还是有关论文的数量，MMPI 都高居各种心理测验之首，对 MMPI 的研究似乎已经成为一门学科。MMPI 的问世被认为是问卷测验发展史上的一个重要里程碑，目前已被世界各国广泛应用。

MMPI 的 1966 年修订版（MMPI－R）确定为 566 题（其中有 16 题是重复的，用以检验被试反应的一致性和被试回答是否认真），临床诊断中通常只使用前 399 个项目。所有题目按性质可以分为 26 类(如表 10－2 所示)。MMPI 有 10 个临床量表(如表 10－3 所示),可以得到 10 个分数,代表 10 种人格特质;有 4 个与效度有关的量表(如表 10－4 所示),考察被试作答的态度,如果在这 4 个量表中得分特别高,那么表明被试没有诚实、认真地回答问题。测验一般用时 45 分钟,最多 90 分钟,特殊情况下可超过 2 小时。被试对每一个问题都应选择“是”“否”或“不能回答”。

表 10－2　MMPI 项目内容和项目数
(资料来源:日本 MMPI 研究会,1969)

分类项目	项目数	分类项目	项目数
1. 一般健康	9	14. 关于性的态度	16
2. 一般神经症状	19	15. 关于宗教的态度	19
3. 脑神经	11	16. 政治态度—法律和秩序	46
4. 运动和协调动作	6	17. 关于社会的态度	72
5. 敏感性	5	18. 抑郁感情	32
6. 血管运动、营养、言语、分泌腺	10	19. 狂躁感情	24
7. 呼吸循环系统	5	20. 强迫状态	15
8. 消化系统	11	21. 妄想、幻觉、错觉、关系疑虑	31
9. 生殖泌尿系统	5	22. 恐惧症	29
10. 习惯	19	23. 施虐狂、受虐狂	7
11. 家族婚姻	26	24. 志气	33
12. 职业关系	18	25. 男女性度	55
13. 教育关系	12	26. 想把自己表现得好些的态度	15

表 10－3　MMPI 临床量表及其高分解释

序号	临床量表	略号	高分解释
1	疑病症	Hs	强调身体疾病
2	抑郁症	D	不快乐、抑郁
3	歇斯底里	Hy	对应激的反应是否有问题
4	精神病态偏倚	Pd	与社会缺乏一致;经常处于法律纠纷之中
5	男性化—女性化	Mf	男子女性倾向;女子男性倾向
6	妄想狂	Pa	多疑
7	精神衰弱	Pt	烦恼、焦虑

续 表

序号	临床量表	略号	高分解释
8	精神分裂症	Sc	孤独、古怪思想
9	轻躁狂	Ma	冲动、激动
10	社会内向性格	Si	内向、害羞

表 10-4 MMPI 效度量表

序号	效度量表	略号
1	疑问量表	?
2	说谎量表	L
3	效度量表	F
4	校正量表	K

MMPI 题目举例：

1. 我喜欢看机械方面的杂志。
2. 我的胃口很好。
3. 我早上起来的时候,多半觉得睡眠充足,头脑清醒。
4. 我想我会喜欢图书管理员工作的。
5. 我很容易被声音吵醒。
6. 我喜欢看报纸上的犯罪新闻。
7. 我的手脚经常是很暖和的。
8. 在我的日常生活中,充满着我感兴趣的事情。
9. 我现在工作(学习)的能力与从前差不多。
10. 我的喉咙里总好像有一块东西堵着似的。
11. 我认为一个人应该去了解自己的梦,并从中得到预兆和启示。
12. 我喜欢神话和小说或侦探小说。
13. 我总是在精神紧张的情况下工作。
14. 我每个月至少有一两次泻肚。
15. 偶尔我会想到一些坏得说不出口的事。

MMPI 涉及范围很广,包括身体各方面的情况,精神状态以及个人对政治、法律、宗教、家庭、婚姻、社会的态度等。

每个量表的题目数不同,得分的基数不一样。各个量表的原始分数无法比较,必须换算成 T 分数。换算公式如下：

$$T = 50 + \frac{10(X - M)}{SD}$$

公式中的 X 为所得的原始分数，M 与 SD 为这个量表正常组原始分数的平均数和标准差。

图 10－5 是一个被试的 MMPI 剖面图。

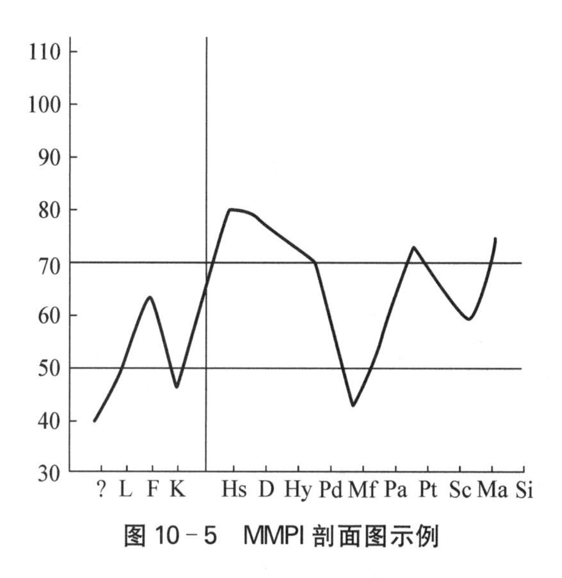

图 10－5　MMPI 剖面图示例

中国科学院心理研究所宋维真教授等人从 1980 年开始对该问卷进行修订，于 1989 年完成标准化工作，取得中国版问卷的信度和效度资料，并制定了中国的常模。修订后的问卷仍为 566 题，10 个临床量表和 4 个效度量表，适用于测量 16 岁以上具有初中及以上文化程度的中国人。

美国 MMPI 标准化委员会对 MMPI 进行了重大修订。1989 年，明尼苏达大学出版了《MMPI－2 施测与计分手册》。修改后的问卷包括 567 个项目，其中没有重复项目，有 15 个内容量表，增加了 3 个效度量表。

MMPI－2 的常模样本人数和代表性都比过去的好。其标准化样本是美国 18—90 岁的 2600 名居民（男 1138 名，女 1462 名），是按美国 1980 年的人口资料，根据居民的民族、地理分布、年龄、教育水平和婚姻状况分别取样的。

表 10－5　MMPI－2 的内容量表

ANX	焦虑	ASP	反社会行为
FRS	恐怖	TPA	A 型行为
OBS	强迫观念	LSE	低自尊
DEP	抑郁	SOD	社会适应不良

续 表

HEA	关心健康	FAM	家庭问题
BIZ	想法古怪	WRK	工作干扰
ANG	发怒	TRT	对医生和治疗的负性态度
CYN	禁欲主义		

（资料来源：Dahlstrom，1993）

明尼苏达多相人格问卷—2(MMPI－2)题目举例：

1. 每种食物的味道都一样。
2. 我的脑子有点问题。
3. 我喜欢动物。
4. 只要有可能，我总是避免去人多的地方。
5. 我没有放纵自己去做奇特性体验。
6. 有人想毒死我。
7. 我经常做白日梦。

被试可以有三种反应："对""不对"或"无法回答"。

MMPI也可用计算机来实施。在记分时，有的项目答"是"记1分，有的项目答"否"记1分。根据粗分换算成T分，并根据T分制成剖面图。

图10－6是MMPI－2的一个被试的剖面图。

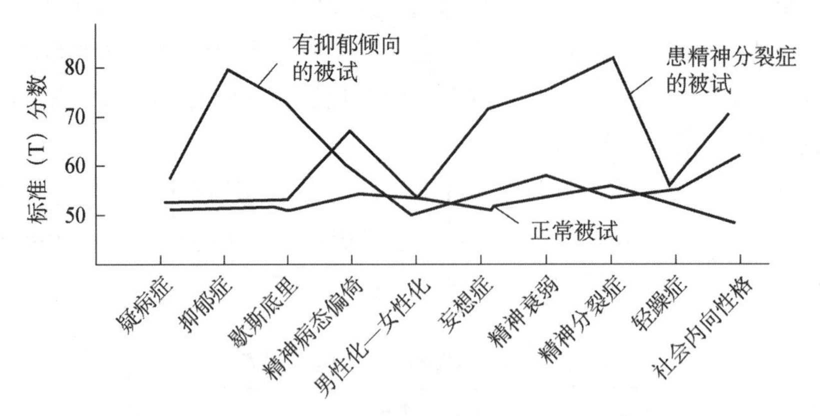

图10－6 明尼苏达多相人格调查表测量结果图示

（引自Dennis Coon，2004）

在分量表中得分超过66分，可认为存在人格障碍，如果超过76分者可能是严重患者；低于40分者也可认为存在人格障碍或其他问题。

1991 年 10 月，MMPI 国际研讨会在中国广州召开，我国成立了以中国科学院心理研究所宋维真教授等人为首的全国协作组，开始了对 MMPI－2 的引进研究，对中国版的修订及常模制定工作，1992 年底工作基本完成。

1992 年，宋维真教授等人还通过对我国正常成人的测查，选出区分度较高的项目，组成了简短的 MMPI，称为心理健康测查表（Psychological Health Inventory，简称 PHI）。该量表由 7 个临床分量表组成，共 168 个题目。临床分量表分别测查躯体失调、抑郁、焦虑、病态人格、疑心、脱离现实、兴奋状态。该量表适合中国情况，题目少，功能接近 MMPI，具有较高的信度和效度。

MMPI 的优点是题目多，不仅可以全面测量人格的各个方面，还可以作为编制新量表的参考，用于研究工作。其信度和效度比一般的人格测验高，有很高的应用价值，但题目过多，测试时间过长，会影响被试的情绪。

二、加利福尼亚心理调查表

美国加利福尼亚大学心理学教授高夫 1948 年编制、1951 年正式出版了加利福尼亚心理调查表（California Psychological Inventory，简称 CPI）。当时只有 15 个分量表，1957 年由美国心理学家出版社再版时，增加至 18 个分量表。该量表的题目一半来自 MMPI，另一半反映正常青少年和成人的人格。CPI 与 MMPI 不同的是更强调正常，可以说 CPI 是 MMPI 的姐妹量表，是“无病的 MMPI”。

CPI 由 480 个“是否型”题目组成，分成 18 个分量表，可以个别施测，也可以团体施测，适用于 13 岁以上的正常人。从每个量表得到原始分数后，可以转换成平均数为 50、标准差为 10 的标准 T 分数。有男性常模和女性常模。该调查表包含了人际关系的重要方面，除测量被试现在的人格特征外，还可以预测被试今后的学业成绩、犯罪倾向和职业成功的可能性。如果被试几乎在所有分数方面都超过平均标准分数线，那么他可能在社交和智力这两个方面发展较好，否则可能在人际关系适应上发生困难。主试还要注意被试在各组量表上的相对高度。

加利福尼亚心理调查表的 18 个量表可以分为四大量表群（如表 10－6 所示）。

表 10－6　加利福尼亚心理调查表的量表名称和略号

量表群	序号	量表名称	略号
Ⅰ 测验人际关系适应能力	1	支配性	Do
	2	才艺性	Cs
	3	社交性	Sy
	4	自在性	Sp
	5	自尊性	Sa
	6	幸福感	Wb

续 表

量表群	序号	量表名称	略号
Ⅱ 测验社会化、成熟度、责任心和价值观	7 8 9 10 11 12	责任心 社会化 自制力 容忍性 好印象 从众性	Re So Sc To Gi Cm
Ⅲ 测验成就能力和智力	13 14 15	遵从成就 独立成就 智力效率	Ac Ai Ie
Ⅳ 测验个人的生活态度和倾向	16 17 18	共鸣性 灵活性 女性化	Py Fx Fe

1983年，中国科学院心理研究所宋维真教授将该问卷译成中文，并作了修订。中国版的CPI修订本由230个测题组成，一般可在45分钟内完成，称“青年性格问卷”。

1989年，中国湖南医科大学杨坚和龚耀先教授将新版CPI译成中文，在全国16个单位的协助下取样，历经两年多的时间完成修订工作。修订后的问卷有440题。

在国外，1964、1975、1989和1996年，心理学工作者对CPI进行了较大的修订，1996年高夫和布拉德利(P. Bradley)将项目减至434个，分为20个分量表。

三、16种人格因素问卷

美国伊利诺斯州立大学卡特尔教授采用系统观察法、科学实验法和因素分析统计法确定了人格的16个根源特质。据此，他编制了16种人格因素问卷(Sixteen Personality Factor Questionnaire，简称16PF)(如表10－7所示)。

表10－7 卡特尔的16种根源特质

因素	特质名称	低分者特征	高分者特征
A	乐群性	缄默孤独	热情外向
B	聪慧性	智力较低	智力较高
C	稳定性	情绪激动	情绪稳定
E	恃强性	谦逊顺从	好强固执
F	兴奋性	严肃稳重	轻松兴奋
G	有恒性	权宜敷衍	有恒负责
H	敢为性	畏缩退缩	冒险敢为
I	敏感性	理智、着重现实	敏感、感情用事

续 表

因素	特质名称	低分者特征	高分者特征
L	怀疑性	信赖随和	怀疑、刚愎
M	幻想性	合乎实际	富于幻想
N	世故性	坦白直率、天真	精明能干、世故
O	忧虑性	安详沉着	忧虑抑郁
Q_1	实验性	保守	勇于尝试实验
Q_2	独立性	依赖、附和	自立、当机立断
Q_3	自律性	矛盾冲突	自律严谨
Q_4	紧张性	心平气和	紧张困扰

16种人格因素各自独立，每一种因素与其他因素的相关极小。每一种因素的测量能认识被试某一方面的人格特质，整个问卷综合了解被试的16种人格因素，全面评价被试的人格。

16种人格因素问卷题目举例(1981年辽宁修订本)：

1. 我很明了本测验的说明：

A. 是的；B. 不一定；C. 不是的。

12. 阅读时，我喜欢选读：

A. 自然科学书籍；B. 不确定；C. 政治理论书籍。

19. 事情进行得不顺利时，我常常急得涕泪交流：

A. 从不如此；B. 有时如此；C. 常常如此。

24. 无论是工作、饮食，还是外出游览，我总是：

A. 匆匆忙忙，不能尽兴；B. 介于A、C之间；C. 从容不迫。

35. 在公共场合，如果突然成为大家注意的中心，我就会感到局促不安：

A. 是的；B. 介于A、C之间；C. 不是的。

47. 接受困难任务时，我总是：

A. 有独立完成的信心；B. 不确定；C. 希望有别人的帮助和指导。

67. 我非常高兴时，总有一种“好景不长”的感觉：

A. 是的；B. 介于A、C之间；C. 不是的。

96. 我年轻的时候，与异性朋友交往：

A. 较多；B. 介于A、C之间；C. 较别人少。

119. 我童年时，害怕黑暗的次数：

A. 极多；B. 不太多；C. 几乎没有。

159. 我明知自己有缺点,但不愿意接受别人的批评:
A. 偶然如此;B. 极少如此;C. 从不如此。

儿童人格问卷(CPQ)题目举例(华东师范大学1989年修订本):
1. 你愿意自己玩,还是愿意与朋友一起玩?
A. 自己玩　　B. 与朋友一起玩
9. 复习功课时,你喜欢听老师讲解,还是喜欢自己复习?
A. 喜欢听老师讲　　B. 喜欢自己复习
33. 为了感谢妈妈对你的照顾,你是想送点礼物表示你的心意,还是帮妈妈干点活,把房间打扫得干干净净?
A. 送点礼物　　B. 干点活
57. 开始做一项新工作时,你是愿意一口气把它做完,还是愿意留下一部分以后再干?
A. 一口气做完　　B. 留一部分以后再干
95. 争论某件事情时,你喜欢争论到底,还是愿意尽快停止争论?
A. 争论到底　　B. 尽快停止争论
121. 你喜欢只有几个朋友,还是喜欢有很多朋友?
A. 只有几个朋友　　B. 有很多朋友
130. 你是认为大人不好交往,还是认为多数大人是和蔼的?
A. 大人不好交往　　B. 多数大人是和蔼的

16PF的每一个题目都有三个供选择的答案,这就可以使被试有折中的选择,避免"二选一"不得不勉强作答的缺点。16PF可以个别测验,也可团体测验。拥有高中以上阅读能力者可以在45—60分钟内完成。

统计实验证明:16PF信度、效度较高,编制比较科学,测试比较简便。

16PF不仅能明确描绘出一个人的16种个性特质,而且还可以推算出许多描绘人格的双重因素。主要的双重人格因素类型如下:

(1) 适应—焦虑

公式:$(38+2L+3O+4Q_4-2C-2H-2Q_3)\div 10$

公式中的英文字母代表有关量表的标准分数(下同)。

(2) 内向—外向

公式:$(2A+3E+4F+5H-2Q_2-11)\div 10$

(3) 感情用事—安详机警

公式:$(77+2C+2E+2F+2N-4A-6I-2M)\div 10$

(4) 怯懦—果断

公式：$(4E + 3M + 4Q_1 + 4Q_2 - 3A - 2G) \div 10$

主要的双重个性因素的高分者、低分者的性格特征如表 10-8 所示。

表 10-8 主要双重人格因素类型的高分者、低分者的性格特征

双重个性因素类型	高分者特征	低分者特征
适应—焦虑	容易激动、焦虑	心满意足、生活适应顺利
内向—外向	善于交际、不拘小节、不受拘束	羞怯、审慎、与人相处拘谨不自然
感情用事—安详机警	刚毅、安详警觉、有进取精神、忽视生活情趣	感情用事、情绪困扰不安、对问题反复思考才能决定、含蓄、讲究生活艺术
怯懦—果断	独立、果断、有气魄、锋芒毕露、主动寻找机会表现创造性	依赖、人云亦云、优柔寡断、迁就别人

卡特尔等人除推算出上述双重因素的公式外，还确定了用于心理咨询和升学就业的公式。主要有下列几种：

1. 心理健康者的人格特质

情绪稳定(高 C)、轻松兴奋(高 F)、自信心强(低 O)和心平气和(低 Q_4)被认为是心理健康者的主要因素。

公式：$C + F + (11 - O) + (11 - Q_4)$

一般认为，担任艰巨工作的人应该具有较高的心理健康标准分。心理健康者标准分通常在 0—40 之间，均值为 22 分，低于 12 分者情绪不稳定。

2. 创造力强者的人格特质

缄默孤独(低 A)，聪慧、富有才识(高 B)，好强固执(高 E)，严肃审慎(低 F)，冒险敢为(高 H)，敏感、感情用事(高 I)，幻想、狂放不羁(高 M)，坦白直率(低 N)，自由、批评、激进(高 Q_1)，当机立断(高 Q_2)被认为是较高创造力的人的主要因素。

公式：$(11 - A) \times 2 + 2B + E + (11 - F) \times 2 + H + 2I + M + (11 - N) + Q_1 + 2Q_2$

由此公式得到的因素总分，用下面的表换算成相应的标准分。标准分越高，创造力越强。一般标准分在 7 分以上者，属创造力强的范围(如表 10-9 所示)。

表 10-9 因素总分与相当的标准分

因素总分	相当标准分	因素总分	相当标准分
15—62	1	83—87	6
63—67	2	88—92	7
68—72	3	93—97	8
73—77	4	98—102	9
78—82	5	103—150	10

除 16PF 外，卡特尔等人还设计了三个用于中学生、小学生、学前儿童的人格问卷和一些单一分数的问卷（如焦虑量表、抑制量表和神经症量表）。这三个儿童问卷是：①学前儿童人格问卷（PSPQ），适用于 4—6 岁的儿童；②学龄初期儿童人格问卷（ESPQ），适用于 6—8 岁的儿童；③儿童人格问卷（Children Personality Questionnaire，简称 CPQ），适用于 8—14 岁的儿童。

CPQ 由波特（R. Porter）和卡特尔等编制，它由 140 个测题构成，用来测量表现在儿童身上的 14 种主要人格因素（如表 10－10 所示），每一种人格因素都由 10 个测题来测量。

表 10－10　儿童 14 种主要的人格因素

因素	A	B	C	D	E	F	G	H	I	J	N	O	Q_3	Q_4
特质名称	乐群性	智慧性	稳定性	兴奋性	好强性	乐观性	有恒性	敢为性	敏感性	充沛性	世故性	忧虑性	控制性	紧张性

CPQ1987 年曾由李绍衣等人修订，经各地使用，证明其信度和效度较高。

四、艾森克人格问卷

艾森克人格问卷（Eysenck Personality Questionnaire，简称 EPQ）是英国心理学家艾森克与其夫人 1975 年在先前几个人格调查表的基础上编制而成的。EPQ 有成人问卷和少年问卷两种，分别调查 16 岁以上成人和 7—15 岁儿童的人格情况。成人版包括 101 项，儿童版包括 97 项。每种问卷包括四个量表：外内向量表（E）、神经质量表（N）、精神质量表（P）（ENP 是三个相互正交的维度）和效度量表（L）。EPQ 采用是非题形式，回答与规定答案相符合，得 1 分，否则得 0 分。根据记分键的得分，转化为 T 分数，然后在剖面图上找到各维度的 T 分数点，将各点相连，即成为一条被试的人格特征曲线。

EPQ 在我国有多种修订本。北方地区有陈仲庚教授等人的修订本。南方地区有龚耀先教授等人的修订本。两个版本都有较高的信度和效度。

艾森克人格（成人）问卷（陈仲庚等人修订）题目举例：

1. 你是否有广泛的爱好？ …………………………………………… 是　否
3. 你的情绪时常波动吗？ …………………………………………… 是　否
14. 你是一位易激怒的人吗？ ………………………………………… 是　否
42. 你担心自己的健康吗？ …………………………………………… 是　否
49. 别人问你话时，你是否对答如流？ ……………………………… 是　否
71. 你去赴约会或上班时，曾否迟到？ ……………………………… 是　否
76. 别人是否认为你是生气勃勃的？ ………………………………… 是　否

78. 你是否对有些事情易性急生气? …………………………… 是 否
80. 你是一个整洁严谨、有条不紊的人吗? ……………………… 是 否
85. 你是一个爱好交际的人吗? ………………………………… 是 否

艾森克人格(少年)问卷(陈仲庚等人修订)题目举例:
1. 你喜欢周围有许多热闹的事吗? …………………………… 是 否
6. 你总是立即按照别人的吩咐去做吗? ………………………… 是 否
25. 你能使一个联欢会开得很好吗? …………………………… 是 否
28. 是不是有人认为你做了对不起他们的事而要对你进行
报复? ……………………………………………………… 是 否
46. 你的父母对你是不是太严厉? ……………………………… 是 否
43. 在课堂上,你总是安静的吗?(甚至老师不在教室时也是
这样) ……………………………………………………… 是 否
64. 你是不是有时感到特别高兴,而在其他时间里又无缘无故地觉得
难过? ……………………………………………………… 是 否
66. 你认为自己是个无忧无虑的人吗? ………………………… 是 否
67. 你是不是喜欢乘坐开得很快的摩托车? …………………… 是 否
68. 有坏人想害你吗? ………………………………………… 是 否

王晓钧对 103 名大学生的 EPQ、MMPI、CPI、16PF 的测验成绩进行了因素分析研究。[①] 研究表明,从四种人格量表所涵盖的 46 个主要变量中可提取出 15 个共同因素。四种人格量表以 16PF 对 15 种共同因素贡献最大,MMPI、CPI 次之,EPQ 较小;在独立性方面,16PF、MMPI 独立性最好,EPQ 次之,CPI 较差;而在和 15 个共同因素一致性方面,EPQ 最好,16PF 次之,CPI 和 MMPI 较差(如表 10-11 所示)。

表 10-11 四种个性量表对共同因素的贡献率(%)

共同因素	EPQ	MMPI	CPI	16PF
1. 内外向	8.333	16.667	41.667	33.333
2. 责任感	12.500	0	87.500	0
3. 疑虑感	0	0	100.000	0
4. 抑郁感	0	100.000	0	0
5. 现实性	0	0	33.333	66.667

① 王晓钧. 四种人格量表的因素分析研究[J]. 心理科学,1991(03):36—41+58+66.

续 表

共同因素	EPQ	MMPI	CPI	16PF
6. 独立性	0	0	0	100. 000
7. 传统性	0	0	50. 000	50. 000
8. 聪慧性	0	0	0	100. 000
9. 世故性	0	0	0	100. 000
10. 狭隘性	0	100. 000	0	0
11. 主动性	0	100. 000	0	0
12. 敏感性	0	0	0	100. 000
13. 自律性	0	0	0	100. 000
14. 创新性	0	0	0	100. 000
15. 情绪性	25. 000	0	0	75. 000

五、 五因素模型的测量

(一) NEO 人格量表

卡斯塔和麦克雷于1980年代初开始编制用于测量三大个性维度——神经质、外倾性和开放性的NEO人格量表(1985年发表)。1992年,发表了修订后的NEO人格量表(NEO Personality Inventory-Revised,简称NEO PI－R),该量表加入了宜人性和责任感,从而包括了五个维度,每一维度下包括六个方面的具体内容。于是,可以依据每个因素的六个具体层面对每一个大五维度进行测量。下表是界定每一因素的六个层面以及高分者和低分者的特征(如表10－12所示)。

表10－12 NEO PI－R层面

大五维度	层面(相关的特质形容词)	高分者的特征	低分者的特征
E 外倾性 对 内倾性	乐群(善交际的) 自信(坚强的) 活跃(精力旺盛的) 寻求兴奋(爱冒险的) 正向情绪(热心的) 热情(开朗的)	好社交、活跃、健谈、乐群、乐观、好玩乐、重感情	谨慎、冷静、无精打采、冷淡、乐于做事、退让、少话
A 宜人性 对 敌对性	信任(宽大的) 坦率(不请求的) 利他(温暖的) 顺从(不顽固的) 谦逊(不炫耀的) 温柔(有同情心的)	心肠软、脾气好、信任人、宽宏大量、易轻信、直率	愤世嫉俗、粗鲁、多疑、不合作、报复心重、残忍、易怒、好操纵别人

续 表

大五维度	层面(相关的特质形容词)	高分者的特征	低分者的特征
C 责任感 对 散漫性	能力(有效率的) 条理性(有组织的) 责任心(不粗心的) 上进心(精益求精的) 自律(不懒惰的) 沉着(不冲动的)	有条理、可靠、勤奋、自律、准时、细心、整洁、有抱负、有毅力	无目标、不可靠、懒惰、粗心、松懈、不检点、意志弱、享乐
N 神经质 对 情绪稳定性	焦虑(紧张的) 愤怒敌意(易激怒的) 抑郁(不满足的) 自我意识(害羞的) 冲动(情绪化的) 脆弱(不自信的)	烦恼、紧张、情绪化、不安全、不准确、忧郁	平静、放松、不情绪化、果敢安全、自我陶醉
O 经验开放性 对 封闭性	观点(好奇的) 幻想(想象力丰富的) 审美(艺术的) 行动(兴趣广泛的) 情感(易兴奋的) 价值(非传统的)	好奇、兴趣广泛、有创造力、有创新性、富于想象、非传统的	习俗化、讲实际、兴趣少、无艺术性、非分析性

该量表共有240个题项，其中有106个题项是反向记分，每个特质量表均为八个题项，采用五级评分。研究表明该量表具有显著的内部一致性、时间稳定性，以及较高的效度。而且，30个层面的量表因素结构在许多语言和文化中都非常接近。

NEO人格量表题目举例：

1. 迫切的　5　4　3　2　1　冷静的
2. 群居的　5　4　3　2　1　独处的
3. 爱幻想的　5　4　3　2　1　现实的
4. 礼貌的　5　4　3　2　1　粗鲁的
5. 整洁的　5　4　3　2　1　混乱的

……

21. 易分心的　5　4　3　2　1　镇静的
22. 保守的　5　4　3　2　1　有思想的
23. 适宜折中的　5　4　3　2　1　分清是非的
24. 信任的　5　4　3　2　1　怀疑的
25. 守财的　5　4　3　2　1　拖延的

……

但对许多研究来说，240个题项稍显冗长，于是，卡斯塔和麦克雷1992年在对1985

年版本的 NEO 人格量表进行因素分析的基础上，得出了一套 60 个题项的 NEO-FFI 简版。NEO-FFI 简版的五个分量表各包括 12 个题项，每个分量表包括了因素分析中负荷最高的项目。操作手册中报告的信度较高，而且与 NEO PI－R 有显著相关。

一般来说，NEO 问卷是传统问卷中效度最好的大五测量工具，是西方国家使用最为广泛的人格评定量表之一，已被用于人格的测量和研究、临床心理学、工业与管理心理学等许多领域。目前已经有德国、葡萄牙、中国、韩国、日本、以色列等国的翻译本。

该量表具有跨时间的稳定性和跨文化的一致性。它的出版提高了人格心理学研究的进程。有些研究者称之为"心理学中静悄悄的革命"，并把这个模型作为人格心理学研究的标准。

(二) 大五量表

在五因素模型的测量方面，除了卡斯塔和麦克雷的 NEO 人格量表（NEO PI－R，1992）和 NEO-FFI 简版（1992）之外，较为常用的量表还有约翰（John）、多纳休（Donahue）和肯特尔（Kentle）1991 年发表的大五量表（Big Five Inventory，简称 BFI）。该量表有 44 个题项，施测仅需 5 分钟，效率较高。其特征是用短语来测量大五的核心特征，如外倾性维度的题项有"开朗、善社交"，宜人性维度的题项有"是乐于助人和不自私的"，开放性维度的题项有"是放松的，能很好地应付压力"等。BFI 量表的每个分量表都只有 8—10 个题项，信效度都较高。

大五量表题目举例：

我认为我……

1. 是健谈的。

5. 是独创性的，不断有新想法。

40. 喜欢反省，与观念打交道。

44. 擅长艺术、音乐或文学。

六、 中国人人格量表

中国人人格量表（QZPS）①是我国学者根据词汇学研究，在我国各地抽取大量样本，经过长期研究得出的含有 7 个分量表，180 题的量表。该量表具有良好的信度和效度（如表 10－13 所示）。为使用方便，他们还编制了简版量表。

① "QZPS"中的"QZ"是"青年中国"汉语拼音（Qingnian Zhongguo）的缩写，代表该量表是"中国人的"，且正处于上升、发展阶段；"PS"是英文"Personality Scale"（人格量表）的缩写。"QZPS"即代表"中国人人格量表"。

表 10－13 中国人人格量表的分量表

编号	分量表的名称和内容	
1	外向性	活跃、合群、乐观
2	善良	利他、诚信、重感情
3	行事风格	严谨、自制、沉稳
4	才干	决断、坚韧、机敏
5	情绪性	耐性、爽直
6	人际关系	宽和、热情
7	处世态度	自信、淡泊

中国人人格量表题目举例：

1. 在社交场合，我总是显得不够自然。 1 2 3 4 5①
2. 我有话就说，从来憋不住。 1 2 3 4 5
3. 在集体活动中，我总是表现得很活跃。 1 2 3 4 5
4. 我是表里如一的人。 1 2 3 4 5
5. 我做事总是坚持原则。 1 2 3 4 5

……

176. 我不喜欢无所事事的生活。 1 2 3 4 5
177. 我对未来充满信心。 1 2 3 4 5
178. 即使只有很少的好处，我也不想放弃。 1 2 3 4 5
179. 我喜欢多动脑筋。 1 2 3 4 5
180. 我会尽可能回避困难的任务。 1 2 3 4 5

七、Y－G 性格问卷

该问卷是由日本京都大学教授矢田部达郎等人以美国心理学家吉尔福特的三种性格测验为基础，根据日本人的特点编制的。“Y”是矢田部达郎姓氏读音“YATABUTATSROU”的第一个字母，“G”是美国心理学家吉尔福特姓氏的第一个字母。该量表测定 12 个人格特质，12 个人格特质的高分和低分特征如表 10－14 所示，每个特质有 10 个题目，共 120 题。

① “1”代表“明显错误或很不同意”；“2”代表“多半错误或不同意”；“3”代表“一半正确或一半同意”；“4”代表“多半正确或同意”；“5”代表“明显正确或很同意”。

表 10－14　12 个人格特质的高分和低分特征

特质	高　分	低　分
抑郁质 D	忧郁、悲观、有罪恶感、对什么都不感兴趣、常常感到疲劳、无精神	乐观、满足、感到充实、什么也不担心、有精神
循环性 C	情绪多变、常易激动、气量小、常把小事放在心上、经常担心	心情平静安定、不担心事
自卑感 I	缺乏自信、过低评价自己、不适应、感情强烈、畏首畏尾、优柔寡断	充满自信、心情开朗、积极
神经质 N	常担心事、神经过敏、易不满、容易焦虑	不担心事、开朗、乐观、爽快
主观性 O	好幻想、过敏、主观、不能冷静地客观地判断事物	现实主义、能冷静地客观地判断事物、乐观、安定、充实、稳健
非合作性 Co	牢骚多、不信任别人、不适应社会环境	设法与别人合作、善于与人合作
攻击性 Ag	攻击性强、具有社会活动性、不听从别人意见	有自卑感、无斗争性、处世采取保守态度
一般活动性 G	活泼、喜欢身体活动、动作敏捷、干事爽快效率高、乐观、人际关系好	认为自己无能、工作效率低、行动不活泼、比较忧郁
乐天性 R	开朗、活泼、快乐、冲动、随便、粗心大意	过于慎重、优柔寡断、不易下决心、稳重、不开朗
思维外向性 T	不爱沉思默想、无忧无虑、漫不经心、乐观、随和、爱交际、思维深度不够	常把小事放在心上、悲观、爱思考、行动不活泼
支配性 A	具有社会指导性、能领导他人、自信	不想指导别人、缺乏自信、爱沉思
社会外向性 S	外向、喜欢社会交往、社交活动多	不爱交际、喜欢独处、缺乏自信心

测验时，要求被试在与他实际情况相符合的问题后的“是”上画“○”；与他实际情况不相符合的问题后的“否”上画“○”；不能确定时则在“?”上画“○”。记分时，大多数题目(有小部分题目的记分相反)被试答“是”者记 2 分；答“否”者记 0 分；答“?”者记 1 分。

通过测验不仅可以显示出被试的人格特质，而且还能进一步评定被试的人格类型。他们将人格类型分为五类(如表 10－15 所示)。

表 10－15　典型性格类型的一般特征

类型	情绪性 D、C、 I、N	社会适 应性 O、Co、Ag	向性 G、R、 T、A、S	一般特征	标准曲线类型
A （平均型）	一般	一般	一般	不引人注意的平均类型。主导性弱。在智力低的情况下，往往表现为平凡，没有精力	平均型
B （不稳定积极型）	不稳定	不适应	外向	在人际关系方面易产生问题，在智力低的情况下特别如此	偏右型
C （稳定消极型）	稳定	适应	内向	平稳、被动、如果是领导者，则缺乏对别人的吸引力	偏左型
D （稳定积极型）	稳定	适应或一般	外向	人际关系方面较少产生问题，行动积极，有领导者的性格	右下型
E （不稳定消极型）	不稳定	不适应或一般	内向	退缩、消极、孤独，但不少人充满了内在的修养和高雅兴趣	左下型

表 10－15 中的“图形”是指 Y－G 性格问卷剖面图的五种标准曲线类型。图 10－7 是一张简化后的 Y－G 性格问卷剖面图(右下型)。

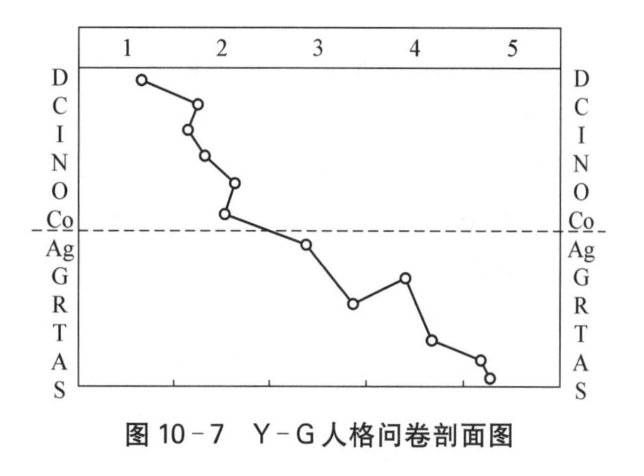

图 10－7　Y－G 人格问卷剖面图

Y－G 人格测验除测量特质外，还可以评定性格类型，它将性格类型划分为五大类 15 种(如表 10－16 所示)。五大类典型性类型的一般特征如表 10－17 所示。

表 10－16　15 种人格类型的记号

类型	A类	B类	C类	D类	E类
典型	A	B	C	D	E
次典型	A′	B′	C′	D′	E′
亚型(混合型)	A″	AB	AC	AD	AE

表 10－17　五类人格类型(典型)的一般特征

类型	情绪稳定性	社会适应性	向性	一般特征
A	一般	一般	一般	不引人注意的平均型。主导性弱。在智力低的情况下，往往表现为平凡、没有精力
B	不稳定	不适应	外向	不稳定积极的类型。在人际关系方面易产生问题，在智力低的情况下特别如此
C	稳定	适应	内向	稳定消极型。平稳、被动。如果是领导者，则表现为对别人缺乏吸引力
D	稳定	适应或一般	外向	稳定积极型。人际关系方面较少产生问题，行动积极，有领导者的性格
E	不稳定	不适应或一般	内向	不稳定消极型。退缩、消极、孤独，但不少人充满着内在的修养和高雅兴趣

近年来，我国不少地方进行了 Y－G 性格量表的应用研究。华东师范大学使用 Y－G 性格量表对 87—90 级本科新生约 5000 人进行了心理素质测量，结果表明，理想的性格类型(D 型)较多(占 51.6%和 41.1%)，不稳定消极型(E 型)虽占少数，但仍有一定数量(占 11.7%和 13.2%)。性格类型与心理健康水平有非常密切的关系，D 型性格的人中，心理健康者远多于其他类型；E 型性格的人中，心理不健康者则远多于其他类型(均为 $P<0.05$)。华东师范大学学生心理素质档案的初步建立为学校的学生工作、学生的自我认识和人格的健康发展发挥了积极作用。

目前，国际上流行的人格测验基本上都是根据特质论编制的，虽然可以测量各种人格特质，但缺乏对人格整体上的概括和评定。Y－G 性格问卷兼顾了类型论和特质论的优点，突破了它们各自的局限性。Y－G 性格测验日本原量表的信度是比较高的，其各分量表的内在一致性系数为 0.70—0.92；再测信度为 0.56—0.82。华东师范大学心理与认知科学学院孔克勤教授修订后的量表，其信度、效度仍是较高的。该问卷题目数量比较适中，施测方便，但也存在着一般问卷的缺点，如由于被试的自我防卫或其他原因而引起的虚假等。

Y－G 性格量表题目举例(孔克勤修订)：

1. 以结识各种各样的人为乐事吗？ ………………………………… 是　？　否

2. 在人群中总是退缩在后面吗? ………………………………… 是 ? 否
3. 喜欢思考困难的问题吗? ……………………………………… 是 ? 否
4. 不喜欢老是做一种固定的工作吗? ……………………………… 是 ? 否
5. 和周围的人合得来吗? ………………………………………… 是 ? 否
6. 一刻也不能清闲,总是不干点什么就觉得不舒服吗? ………… 是 ? 否
7. 世界上的人都是不管别人事情的吗? …………………………… 是 ? 否
8. 常常无缘无故地有时高兴有时悲伤吗? ………………………… 是 ? 否
9. 只要有人在旁观看就不能工作下去了吗? ……………………… 是 ? 否
10. 经常担心会不会失败吗? ……………………………………… 是 ? 否
11. 情绪经常流露在脸上吗? ……………………………………… 是 ? 否
12. 常常对什么都不感兴趣吗? …………………………………… 是 ? 否

八、内向—外向测验

内外向起初被认为是气质的主要维度,许多人格心理学家对研究内外向作出了贡献,有关的研究成果相当多。在人格的五因素模型中,许多学者都把它列为一个因素。内向—外向测验集中测试气质的一个维度,施测方便,已广泛应用于教育、医学、管理、人才选拔等领域。华东师范大学孔克勤教授等人修订了日本学者淡路的向性测验。

向性测验题目举例(孔克勤等修订):
1. 能留心注意细微小事吗? ……………………………… 是 ? (否)
2. 能立刻下决心吗? ……………………………………… (是) ? 否
3. 对于麻烦的事情也肯花功夫去做吗? ………………… 是 ? (否)
4. 能在下了决心以后再加以改变吗? …………………… (是) ? 否
5. 遇事经常认为“与其反复思考,还不如赶快行动”吗? …(是) ? 否
6. 常常感到心情忧郁吗? ………………………………… 是 ? (否)
7. 经常在遭到失败以后就不再尝试了吗? ……………… 是 ? (否)
8. 总是无忧无虑的吗? …………………………………… (是) ? 否
9. 不爱多说话吗? ………………………………………… 是 ? (否)
10. 经常将感情流于言表吗? ……………………………… (是) ? 否

从题目中可以看出:凡带括号的,代表外向;无括号的,代表内向。测验时,要求被试根据自己的实际情况,认真回答每个问题:如果与实际情况相符合,在“是”上画“○”;如果不符合,就在“否”上画“○”;如果不能确定,就在“?”上画“○”。记分时,括号上划“○”的记1分;“?”上画“○”的记0.5分。然后将分数相加,除以25,乘以100,即被试的

向性商数。

计分公式如下：

$$向性商数=\frac{外向性反应总数+\frac{1}{2}\times 不能确定的总数}{25}\times 100$$

一般以向性商数 100 为中心，被试得分在 100 以上，可以认为外向性占优势；得分在 100 以下，可以认为内向性占优势。

对部分青年进行测试研究，结果如表 10－18 所示。

表 10－18 不同性别中青年的向性商数

类型	男	女
外向Ⅱ型	143 以上	136 以上
外向Ⅰ型	122—142	115—135
中间型	100—121	95—114
内向Ⅰ型	78—99	75—94
内向Ⅱ型	77 以下	74 以下

九、中国学生性格问卷

该问卷由云南师范大学沙毓英教授和张锋教授共同编制，适合测量中国 11—18 岁中小学生的性格特征。该量表 1992 年通过专家委员会鉴定，1995 年完成云南省常模的编制。

该量表根据中国人性格层次结构理论，分为四个层次（如表 10－19 所示）。

表 10－19 中国学生性格问卷层次

<table>
<tr><td>第一层（整合层）</td><td colspan="5">性　格</td></tr>
<tr><td>第二层（集质层）</td><td>生活旨趣</td><td>认知风格</td><td>情绪特征</td><td>意志品质</td><td>态度倾向</td></tr>
<tr><td>第三层（特质层）</td><td>实惠性
知识性
支配性
奉献性</td><td>客观性
全面性
独立性
简略性
敏捷性</td><td>激活性
强烈性
持续性</td><td>自觉性
自制性
坚持性
果断性
敢为性</td><td>责任感
荣誉感
进取性
利他性
真诚性
攻击性
外倾性</td></tr>
<tr><td>第四层（行为层）</td><td colspan="5">每个项目之下是四种常见的典型行为反应（供被试选择）</td></tr>
</table>

施测时，主试根据被试的民族、性别和学段，将被试在每个分量表上的原始分数对

照常模表，转化成T分数，在剖面图上画出被试的性格特征曲线。

该量表的再测信度系数达到国际通行标准，特质之间的相关与构想比较一致，结构效度令人满意。

十、瑟斯顿气质量表

瑟斯顿等人在1953年对吉尔福特的几种人格测量进行因素分析，得出七种气质因素。然后，他们收集正常人、适应不良者和精神病人的行为资料，以信度分析法（即每一项目与全量表的相关）抽取出140题，构成气质问卷。每一个气质因素有20个测题，被试用“是”“否”“?”三选一的方式来回答。该问卷用百分等级来说明被试的测验分数，测验时间约30分钟。这个问卷在我国已有修订本。据修订者的研究，该量表效度很高。

瑟斯顿气质量表（Thustone Temperament Schedule）是最早建立在因素分析基础上的多变量气质量表。虽然该量表中七种因素不是垂直的，但各因素之间的相关很低。当时报告的分半信度为0.48—0.77。

瑟斯顿气质量表中的七种因素是：①因素A——活动性；②因素V——健壮性；③因素D——支配性；④因素E——稳定性；⑤因素S——社会性；⑥因素R——深思性；⑦因素I——冲动性。

瑟斯顿气质量表题目举例：
2. 你通常都是工作迅速而且精力充沛吗？（活动性）
7. 你爱体育活动吗？（健壮性）
16. 开会时，你喜欢做主席吗？（支配性）
18. 你能在嘈杂的房间里轻松地休息吗？（稳定性）
21. 你常常称赞和鼓励你的朋友吗？（社会性）
26. 你常因专心思考某一问题，以致忽略其他的事情吗？（深思性）
65. 你喜欢有竞争性的工作吗？（冲动性）

十一、吉尔福特—齐默尔曼气质调查表

在瑟斯顿的分析之后，吉尔福特等人对自己的材料进行因素分析，1956年发表了吉尔福特—齐默尔曼气质调查表（Guilford — Zimmerman Temperament Survey）。该量表共测量10种特质，每种特质有30题，整个调查表共有300题。

该量表中的10种特质是：①因素G——一般活动性；②因素R——约束性；③因素A——优势性；④因素S——社会性；⑤因素E——情绪稳定性；⑥因素O——客观性；⑦因素F——友好性；⑧因素T——思想性；⑨因素P——人际关系；⑩因素M——男性化。

吉尔福特—齐默尔曼气质调查表题目举例：

你经常情绪低落：

是 ？ 否

你总是满腔热情地开始实施新的计划：

是 ？ 否

你受人奚落已经不止一次了：

是 ？ 否

十二、五态性格测验量表

我国中医研究院薛崇成教授等人根据中医的气质理论，编制了测量气质的五态性格测验量表。该量表包括五个分量表，共103题（包括测谎题），每题负荷一个因素（如表10-20所示）。

表10-20 分量表及题数

分量表名称	题目数	分量表名称	题目数
太阳	20	少阴	21
少阳	22	太阴	22
阴阳和平	10	（测谎）	8

在量表制定过程中，他们先后四次取样本15 000余份，实际用来测定常模的样本11 351份。取样时考虑了区域、性别（男6375人、女4976人）、年龄（18—60岁）、受教育程度和职业的因素。

被试只能回答“是”或“否”，答“是”记1分，答“否”不记分。施测后，计算各个分量表的总分（原始分），再将其换成T分数，并制成剖面图。

薛崇成教授指出：“全体总分常模及各地区都以少阴得分最高，太阴最低。谨慎、细心、稳健、有节制等，是我们中华民族的主要性格，得分反映了实际情况；优柔寡断、悲观失望、孤独、内怀疑忌不是我们民族的主要性格，得分最低，反映的也是实际情况。”该量表是我国学者自己编制的，而且和医学实际紧密结合，为医疗事业作出了贡献。

十三、EAS气质问卷

巴斯和普洛明1984年编制了适合成年人的EAS气质问卷。按五级记分，把每一个亚结构得分加起来，可以得到五个分数（活动性、交际性、悲伤、恐惧和生气）。全问卷

20 题。测试时，被试在下列选项中进行选择：①根本不像我；②有些不像我；③既像我又不像我；④有些像我；⑤非常像我。

EAS 气质题目举例：

1. 我喜欢跟人打交道。（交际性）
7. 我喜欢总是忙忙碌碌。（活动性）
9. 我经常有挫折感。（悲伤）
13. 许多事情让我心烦。（生气）
19. 比起同龄人来，我很少害怕。（恐惧）

十四、 斯特里劳气质调查表[①]

斯特里劳根据巴甫洛夫学派关于神经过程基本特性的理论编制了斯特里劳气质调查表（Strelau Temperament Inventory，简称 STI）。在该研究的初期，他对每个神经过程的特性（兴奋过程的强度、抑制过程的强度、神经过程的灵活性）各选用了 50 个问题，全部问卷共 150 题，后来删除了 10 余个题目，剩下 134 题。其中兴奋强度有 44 题，抑制强度有 44 题，神经过程灵活性有 46 题。神经过程的平衡性没有单独项目。被试根据自己的情况回答："是""?""否"，然后统计得分。该调查表在国际上被广泛应用，已被译成中文、英文、俄文、德文、法文、西班牙文等。

斯特里劳气质调查表题目举例：

3. 短时间的休息就能消除你的工作疲劳吗？（兴奋过程强度）
5. 讨论时，你能控制无理的、情绪性的争论吗？（抑制过程强度）
11. 你能够十分容易恢复一项停止了几周或几个月的工作吗？（神经过程灵活性）
51. 噪声会干扰你的工作吗？（兴奋过程强度）
64. 你转换工作容易吗？（神经过程灵活性）
90. 如果某人工作很慢，你能适应他吗？（抑制过程强度）

斯特里劳等人还编制了幼儿园儿童反应评定量表（RRS_1）、小学生反应评定量表（RRS_2）、中学生反应评定量表（RRS_3）和时间特质调查表（SSI）。

十五、 陈会昌的气质调查表

陈会昌等人根据四种气质类型编制了气质调查表，每种气质类型 15 题，共 60 题。

---

① Strelau, J. Temperament Personality Activity. London: Academic Press, 1983.

测验方式是自陈式，计分采用数字等级制。记分时，很符合自己情况的记 2 分；比较符合的记 1 分；介于符合不符合之间的记 0 分；比较不符合的记负 1 分；完全不符合的记负 2 分。根据得分确定气质类型。该调查表简便易行，信度和效度均较高。

陈会昌气质调查表题目举例：

1. 做事力求稳妥，不做无把握的事。
2. 遇到可气的事就怒不可遏，想把心里话全说出来才痛快。
3. 宁肯一个人干事，不愿很多人在一起。
4. 到一个新环境很快就能适应。

……

21. 对学习、工作、事业怀有很高的热情。
22. 能够长时间做枯燥、单调的工作。
23. 符合兴趣的事情，干起来劲头十足，否则就不想干。
24. 一点小事就能引起情绪波动。

……

45. 认为墨守成规比冒风险强些。
46. 能够同时注意几件事物。
47. 当我烦闷的时候，别人很难使我高兴起来。
48. 爱看情节起伏跌宕，激动人心的小说。

……

57. 喜欢有条理而不甚麻烦的工作。
58. 兴奋的事常常使我失眠。
59. 老师讲新概念，常常听不懂，但是弄懂以后就很难忘记。
60. 假如工作枯燥无味，马上就会情绪低落。

十六、 安菲莫夫检查表

安菲莫夫（Анфимов）检查表由大量的俄文字母组成。在测试时，被试在表格上从左向右一行一行看下去，凡看到规定的字母，如 H，便把它划去。第一个测试 5 分钟结束，休息 1 分钟，再进行第二个 5 分钟的测试。后 5 分钟测试时，增加一个条件，除了把“H”划掉外，凡碰到“ИH”在一起时，“H”不划掉。

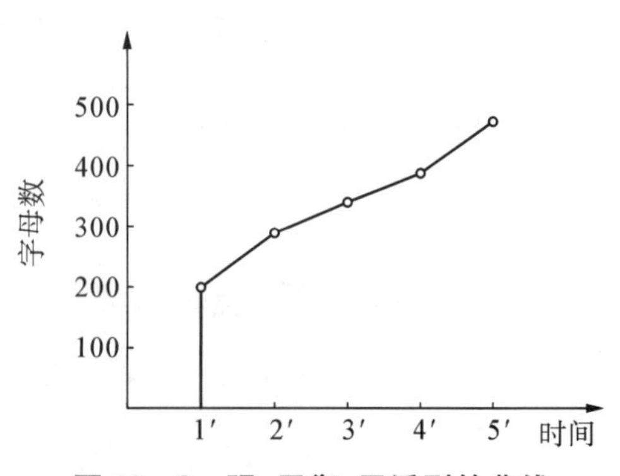

图 10-8 强、平衡、灵活型的曲线

研究者根据被试的划试结果分析其神经过程特性和神经类型(如图 10-8 所示)。

(1) 划去的总字母数,可以反映被试的神经过程的强度。划去 1400 个字母以上者为强型,1200—1400 个为中等强度,1200 个字母以下者为较弱型。

(2) 由 5 分钟所划字母的曲线形式可分析被试的神经活动类型。例如,曲线一直上升的,被试可能是强、平衡、灵活型。

(3) 由错误的多少分析被试的分化抑制能力。凡错(漏)字母在 5 个以上者为平衡性差;凡错(漏)划字母在 3—5 个者为中等平衡性;凡错(漏)在 3 个以下者为平衡性好。

安菲莫夫检查表举例:

Е И С Х Н О С Н А Г С Х В И С Г П С С П Д М Н С И С Ф Е В С А Ш О
Н Н Н Г Х О С Н С С Н И С ф Е И Е О А П С О С Е Н Н Н С М Х О П С
И С Н З Н А Г ф Ш Н И С И Х Н С О Н И ф А О С И О Н С И Х Ш И А
Х М Х И С Н И Г С С К Н И И Н О З К С ф М И Н С Е П Х М З К З С Н
И С К П А И С З Е К П Я Д Ш С О Р Ш Д С Н З К А О А И Н К С ф О П
И С Е ф Х С Д У С П Р К С Н Ш

十七、罗萨诺夫的气质问卷

罗萨诺夫根据涅贝利岑的观点,进一步分离出气质结构的八个方面:①对象活力性;②社会活动动力性;③可塑性;④社会可塑性;⑤速度;⑥社会速度;⑦激情;⑧社会激情。

全问卷共计 105 题,其中每个方面 12 题,加上测谎题 9 题。

测试时,研究者要求被试根据头脑中出现的第一个真实的答案回答,回答要快而精确。如果符合实际情况的,在"是"上画"+"或打个"✓";不符合实际情况的,在"否"上画"+"或打"✓"。

罗萨诺夫指出,专家评价与自我评价有高相关(相关系数为 0.6—0.8),因而可以认为此精心设计的问卷有高效度。

罗萨诺夫气质问卷题目举例:

1. 您是一个好动的人吗?(速度、肯定题)

10. 谈话者急速的言语会刺激您吗?(社会速度、否定题)

18. 在谈话时您的思维是否经常从一个话题跳到另一个话题?(社会可塑性、肯定题)

41. 当您的亲近人指出您的缺点时，您容易感到委屈吗？（社会激情、肯定题）

58. 您一般感到自己有过剩的力量，并且想从事一些有难度的事情吗？（对象动力性、肯定题）

第四节 能 力 测 验

能力测验可以有不同的分类，按能力种类来分，有智力测验、特殊能力测验和创造力测验；按测验方式来分，有个人测验和团体测验；按测验内容的表述形式分，有非文字测验和文字测验。

智力测验是通过测验的方法来衡量人的智力水平高低的一种科学方法。由于人们通常将智力看作人的各种基本能力的综合，因此智力测验又称普通能力测验。在心理测验中影响最大的是智力测验。

智力测验的思想在我国古代学者的著作中就有所反映。孟子说："权，然后知轻重；度，然后知长短。物皆然，心为甚。"①孟子认为心与物皆具有一种可测量的特性。三国时代的刘劭在《人物志》一书中指出，"观其感变以审常度"，意思是根据一个人的行为变化可以推测他的心理特点。他还提出通过词，以回答法为手段来观察人的智力。我国自古以来就有七巧板、九连环等智力测验工具。虽然智力测验的思想源远流长，判断一个人智愚的方法也有许多种，但是用科学方法把测验编制成量表来测量一个人的智力是从法国心理学家比纳开始的。正如美国心理学家平特纳指出的：在心理学史上，假如我们称冯特为实验心理的鼻祖，那么，我们不得不称比纳为智力测验的鼻祖，他和西蒙编制了世界上第一个智力测验量表，即比纳—西蒙量表。后来，美国心理学家韦克斯勒等人对智力测验也都作出了重大的贡献。当前国际上常用的智力测验有两种：斯坦福—比纳智力测验和韦克斯勒智力测验。

一、 斯坦福—比纳智力量表

比纳和西蒙合作，于1905年为鉴定低能儿童的需要编制了一套智力测验，称比纳—西蒙量表。它共有三个量表，每一个新量表都是在前一个量表的基础上改编和修订的。

比纳和西蒙的第一个智力量表于1905年出版，共有30个问题。问题由易到难排列。该量表可以测量智力的多方面表现，但主要是判断、理解和推理能力，即比纳所认

① 《孟子·梁惠王》。

为的智力的基本成分。量表中虽然也有感知觉的测验项目，但言语部分所占的比例比当时其他测验所占的比例要大。

比纳和西蒙的第二个智力量表发表于1908年，测验项目增加到59个，适用的年龄范围从3岁至13岁。该量表还启用了智力年龄(mental age)这一概念，这是比纳对智力测验的重要贡献。此量表为第一个年龄量表。

比纳和西蒙的第三个智力量表发表于1911年。它与1908年的量表相比变动不大，在每个年龄组的测验项目上略有增删，并增设了一个成人组。

自比纳—西蒙量表发表后，许多人翻译和改编了这个量表。其中最负盛名的修订本是斯坦福大学心理学家推孟作的，称斯坦福—比纳智力量表。该量表于1916年出版，又于1937、1960、1972、1986和2003年作了几次修订。

(一) 1916年量表

该量表共90个项目，其中39个项目是新的，一些老项目有的被修改，有的被删去，有的被重新安置在不同的年龄水平上。这个量表在标准化过程中对施测规定了详细的指导语和记分标准。该量表首次采用了智商的概念以表示智力的水平。智商是德国心理学家斯腾在1912年首先提出的。智商是智力年龄与实足年龄的比率，为了避免计算中的小数，将商数乘以100。其公式为：

$$\text{IQ(智商)} = \frac{\text{MA(智力年龄)}}{\text{CA(实足年龄)}} \times 100$$

在测验时，一个实足年龄为10岁的儿童，如果他的智力年龄是11岁，他的智商 = $\frac{11}{10} \times 100 = 110$；如果他的智力年龄是9岁，他的智商 = $\frac{9}{10} \times 100 = 90$。

该量表的标准化样本没有经过认真的选择，并不能反映美国人口的比例。成人样本太小(只有100名)，儿童样本年龄偏低，缺乏可供重测的复本。1937年，推孟和梅里尔对该量表作了修订。

(二) 1937年量表

该量表与1916年量表相比，所测年龄范围扩大了，1916年量表的范围为3—13岁，1937年量表的范围为2—18岁。另外，他们编制了测验复本，分别为L型和M型，并且重新选择了样本的代表性，使量表的信度和效度符合编制要求。该量表分层取样，1岁半到5岁半，每半岁间隔各选取100名儿童；6岁到14岁，每1岁间隔各选取200名儿童；15岁到18岁，每1岁间隔各选取100名儿童。样本选自美国11个州17个地区的3184名儿童，其中男女各占半数。但由于样本还是偏重于社会经济地位较高家庭的儿童，而且局限于白种人，故仍未能全面反映当时的美国人口状况。

(三) 1960 年量表

该量表的项目是从 1937 年量表的 L 型和 M 型中挑选出最好的项目，并改编为单一量表，称 LM 型。LM 型虽然没有增加新的项目，但删去了其中一些过时的或质量较差的项目，在内容上作了更新(如服装、汽车的式样)。在项目选择时，以 1950—1954 年间接受过 1937 年的 L 型或 M 型测验的 4498 名被试的反应为依据。另外，测验对儿童的社会经济不同的阶层作了区别，保证测验项目的公平。测验材料包括：一盒标准玩具(测量幼儿时用)、两册图片、一本指导手册和一本反应记录本。

1960 年量表中的一个重大变化是把比率智商改为离差智商(deviation IQ)，但旧的比率智商在手册中也能查到。

(四) 1972 年量表

1972 年推孟和梅里尔对斯坦福—比纳量表作了第三次修订，他们根据美国人口状况进行分层抽样，选择了 2100 名儿童(2—5 岁半，每半岁选取 100 名；6—8 岁，每 1 岁选取 100 名)实施测验。1972 年量表的测验内容不变，但常模是从更具代表性的新样本中得到的，而且信度和效度稳定。该量表在 1973 年出版，在许多国家得到了广泛应用。

(五) 1986 年量表

美国著名心理学家桑代克、黑根(E. Hagen)和沙特勒(J. Sattler)等人把卡特尔的流体智力和晶体智力理论与他们自编的认知能力测验结合起来，形成了该量表的理论框架——认知能力模式。这是一个包含三个层次水平的智力结构模式。修订工作自 1979 年开始，至 1986 年才完成，历时 8 年。这是一个新颖而现代化的测验工具。

该量表分三个层次：

第一层次：G 因素。即一般智力，它是指个人用来解决新问题的能力。

第二层次：晶体能力、流体智力和短时记忆。

第三层次：言语推理、数量推理和抽象/视觉推理。

每一个推理下都有几个分测验(如表 10 - 21 所示)。

表 10 - 21　斯坦福—比纳量表(第四版)的结构

一级水平	二级水平	三级水平	分测验
G 因素	1. 晶体智力	(1) 言语推理	① 词汇
			② 理解
			③ 谬误
			④ 语词关系

续 表

一级水平	二级水平	三级水平	分测验
		（2）数量推理	① 算术
			② 数列关系
			③ 等式
	2. 流体智力	抽象/视觉推理	① 图形分析
			② 临摹
			③ 矩阵
			④ 折纸和剪纸
	3. 短时记忆		① Bead 记忆测验
			② 语句测验
			③ 数字记忆
			④ 物品记忆

（资料来源：Thorndike et al.，1986）

该量表有15个分测验：①词汇；②理解；③谬误；④语词关系；⑤算术；⑥数列关系；⑦等式；⑧图形分析；⑨临摹；⑩矩阵；⑪折纸和剪纸；⑫Bead 记忆测验；⑬语句测验；⑭数字记忆；⑮物品记忆。

该量表突破了早期测量偏重于语言的倾向，大大地扩大了测量的范围，能够获得被试认知功能和信息处理技能方面的详细资料。通过测量，不仅能提供代表一般推理能力的总分，还可以获得四个领域的分数，四个领域中任何组合的分数以及15个分测验的分数。

该量表将“年龄量表”改为“分测验”的形式，把相同类型的测验题目组成分测验，而每一个分测验至少可以测得一项主要的智力因素。

被试只需做适合于他本身的8—13个分测验，这样就保证了测验的信度和效度。新版本测验的范围很广，适用于两岁幼儿至不同水平的成人。因此，它能评估智力发展最高和最低两极的人；可以区别智力落后儿童和学习上有障碍的儿童；能够鉴定超常儿童；能够研究两岁至成人的认知发展过程；并可了解学生在学习上为何有特殊困难等。

该量表有很好的信度和效度。常模样本5000人，取自美国47个州和哥伦比亚地区，采取分层取样而制成。

有人认为，该量表的缺点是复合分未统一，并且缺乏适用于各个年龄的测验，缺乏24岁以上被试的常模，所以它的因素结构还有待进一步完善。

(六) 2003 年量表

美国根据2000年人口普查结果，样本由4800个被试组成，修订了斯坦福和比纳的智力量表，称为斯坦福—比纳智力量表第五版。经研究使用，被称为“最有威望的量表”。斯坦福—比纳量表第五版，适合年龄 2—85 岁的被试，信度和效度都相当高。

该量表包括非言语的和言语的两个方面、五个因素（工作记忆、视觉空间处理、定量推理、常识、流体推理）（如图 10－9 所示）。

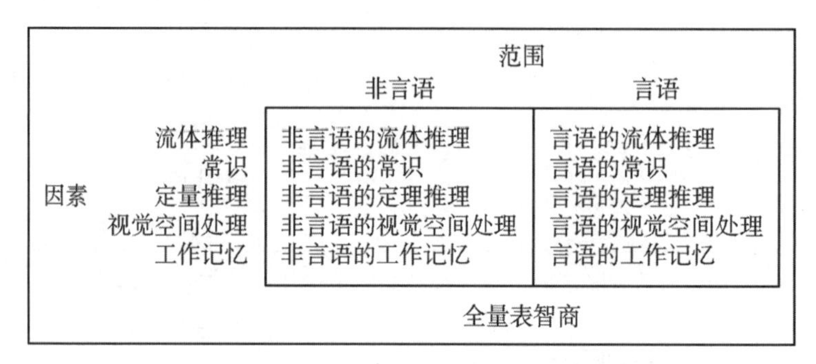

图 10－9　斯坦福—比纳 2003 量表

（资料来源：陆德《斯坦福—比纳智力测验第五版》，2002 年）

（七）斯坦福—比纳智力量表在中国的修订

1924 年陆志韦发表了他根据 1916 年斯坦福—比纳智力量表修订的中国比纳—西蒙智力测验，它适合江浙儿童使用。

1936 年陆志韦又与吴天敏进行了第二次修订。修订本采用的是年龄量表，适用于 3—18 岁的被试。使用范围扩大到北方。该量表共包括 75 个项目，其中 3—11 岁，每 1 岁有 6 个项目，每个项目代表两个月智龄；12—13 岁，每 1 岁有 3 个项目，每个项目代表 4 个月智龄；14—15 岁，共有 6 个项目，每个项目代表 4 个月智龄；16—18 岁，共有 9 个项目，每个项目代表 4 个月智龄。

1982 年吴天敏对“第二次订正中国比纳—西蒙测验”再修订，称为中国比纳测验。这次修订在项目上删改了一部分试题，也增加了一部分试题。她将项目每 1 岁改成 3 个，从 2 岁至 18 岁共有 51 题（如表 10－22 所示），在成绩评定上也作了更改，把比率智商改为以个人成绩与他所在群体的中常成绩相比较的结果。

表 10－22　第三次修订中国比纳测验

1. 比大小圆形	7. 问手指数	13. 心算（一）	19. 寻找图样
2. 说出物名	8. 上午和下午	14. 说反义词（一）	20. 对比
3. 比长短线	9. 简单迷津	15. 推断情景	21. 造句
4. 拼长方形	10. 解说图画	16. 指出缺乏	22. 正确答案
5. 辨别图形	11. 寻找失物	17. 心算（二）	23. 对答问句
6. 数钮扣 13 个	12. 倒数 20 至 1	18. 寻找数目	24. 描画图样

续 表

25. 剪纸	32. 填字	39. 倒背数目	46. 填数
26. 指出谬误	33. 盒子计算	40. 说反义词（二）	47. 语句重组
27. 数学巧术	34. 对比关系	41. 拼字	48. 校对错误
28. 方形分析（一）	35. 方形分析（二）	42. 评判语句	49. 解释成语
29. 心算（三）	36. 记故事	43. 数立方体	50. 明确对比关系
30. 迷津	37. 说出共同点	44. 几何形分析	51. 区别词义
31. 时间计算	38. 语句重组	45. 说明含义	

二、韦克斯勒智力量表

韦克斯勒(D. Wechsler)1896 年出生于罗马尼亚，1916 年毕业于纽约学院，次年获心理学硕士学位，1925 年获哥伦比亚大学博士学位，他的博士论文是《情绪反应的测量》。1919 年，韦克斯勒在英国伦敦受斯皮尔曼和皮尔逊的影响，感到斯坦福—比纳智力量表不适合成年精神病患者，所以从 1934 年开始自编智力量表。他认为，智力是有目的地行动、合理地思考、有效地处理环境的个人的综合能力。这些能力虽不是完全独立，但是它们彼此之间有质的区别。因此，他编制的智力量表包括言语量表和操作量表，这两种量表都包括几个分测验。他用分测验的形式代替了比纳的分散各年龄组的混合形式。韦克斯勒首创离差智商，并用它来代替比纳量表中的比率智商。韦克斯勒所编制的几套量表适用的年龄范围从幼年到老年，是西方国家中最常用的智力量表。

(一) 韦氏成人智力量表(Wechsler Adult Intelligence Scale，简称 WAIS)

韦氏成人量表适用于 16—74 岁的成年人(如表 10－23 所示)。

表 10－23 韦克斯勒成人智力量表的名称和内容

测验名称	测验内容
言语量表	
知识	知识的保持和广度
理解	实际知识和理解与判断能力
算术	算术推理能力
相似性	抽象概括能力
数字记忆广度	注意力和机械记忆能力
词汇	语词知识的广度
操作量表	
译码	学习和书写速度
图画补缺	视觉记忆和视觉理解能力
积木图案	视觉的分析综合能力
图片排列	对故事情境的理解能力
物体拼配	处理部分与整体关系的能力

韦氏成人智力量表修订本(WAIS－R)是稳定、可靠的智力量表。WAIS－R标准化过程中的再测信度在0.82以上,各年龄组的信度相关在0.96—0.98之间,言语智商相关在0.90以上,操作智商相关在0.88—0.94之间。它的效度检验与斯坦福—比纳智力量表的相关系数在0.80以上。

韦克斯勒的智力量表包括言语量表和操作量表,设立了几个分测验,因此,通过韦克斯勒智力量表的施测,不仅可以算出被试的全量表智商(Full Scale Intelligence Quotient,简称FIQ),而且还可以算出被试的言语智商(Verbal Intelligencc Quotient,简称VIQ)和操作智商(Pertormance Intelligence Quotient,简称PIQ)以及各种分测验的量表分。这样,通过韦克斯勒智力量表的施测,不仅可以了解被试的一般智力高低,而且还可以了解被试各种智力的高低,这就可以在人与人之间进行具体的比较,了解一个人的智力结构。由于量表中有相当比重的操作测验,因此它适用于非英语的被试和文盲。韦克斯勒智力量表在临床实践中也显示了它的应用价值,可以用来诊断疾病。如果被试某项(某部分)测验分数特别低,那就有助于临床诊断作为分析病因的参考。美国心理学家雷坦(Reitan)等人发现在韦克斯勒智力测验中,如果VIQ显著低于PIQ,可作为左半球受到损害的诊断标志;相反,如果PIQ显著低于VIQ,则表示右半球受到损害。当然,VIQ与PIQ的差别必须显著才有意义,因为普通人倾向于VIQ高于PIQ,一些聪明人和有成就的人也倾向于VIQ高于PIQ。只有VIQ或PIQ处于较低水平时,这种差异才具有临床上的意义。

韦克斯勒智力量表废弃了智龄的概念,保留了智商的概念,但韦氏量表中用的智商已不是比率智商(ratio IQ),而是离差智商(deviation IQ)。传统的比率智商和实龄是直线比例关系,即智龄随实龄不断增长,但是,实际上到了一定年龄,智龄不再随实龄增长了。若按传统的比率智商计算,20岁时智商为100是正常的,但到了40岁时智商则会降为50,就成为白痴了,这个结论无疑是荒谬的。离差智商就解决了这个矛盾。通过离差智商的计算,可以确定被试的智力在同龄人中的相对位置,确定他的智力是超常、常态或低常。离差智商实质上就是一个人的成绩和同年龄组被试的平均成绩比较而得出来的相对分数。人们的智商服从平均数为100和标准差为15的正态分布。离差智商的计算公式是:

$$\text{离差智商} = 100 + 15Z$$

$$\text{其中 } Z = \frac{X - \overline{X}}{S}$$

公式中的Z代表标准分数,X代表个体测验得分,$\overline{X}$代表团体的平均分数,S代表团体分数的标准差。

如果知道了某人的测验分数、他的团体分数和团体分数的标准差,就可以用上述公式计算出他的离差智商。例如,某个年龄组的平均分数为80分,标准差是10分,A得

90分，他的标准分数为 $\frac{90-80}{10}=+1$，代入公式：

$$离差智商=100+15\times(+1)=115$$

又如，B 得70分，他的标准分数为 $\frac{70-80}{10}=-1$ 代入公式：

$$离差智商=100+15\times(-1)=85$$

(二) 韦氏儿童智力量表(Wechsler Intelligence Scale for Children，简称WISC)

韦氏儿童智力量表适用于6—16岁的儿童。

1. 1949年和1974年量表

WISC初版发表于1949年，其修订本(WISC-R)出版于1974年。

WISC-R的标准化是将6岁半至16岁半的儿童划分为11个年龄组，每组各取100名男孩和100名女孩，根据性别、种族、地区、父母职业、城乡等标准分层取样。完成WISC-R整个测验约需1小时，实施顺序是先做一个言语测验，再做一个操作测验，交替进行，以增加被试的兴趣，集中儿童的注意，避免疲劳和厌倦。WISC-R是国际心理学家和医学家公认的优秀量表，常常作为鉴定新编制的智力量表效度的效标。

2. 韦克斯勒儿童智力量表第三版(WISC-Ⅲ)

美国心理公司对WISC-R进行了修订。主要是建立了最新的常模，增加了分测验，补充了测题，以期提供更多关于被试的有效信息。① 该量表于1991年出版。

增加的一个分测验，称符号搜索，用于测量儿童的"加工速度"(如表10-24所示)。

表10-24 韦克斯勒儿童智力量表第三版

因素Ⅰ：言语理解	因素Ⅱ：知觉组织	因素Ⅲ：注意力集中或克服分心	因素Ⅳ：加工速度
常识	填图		
类同	排列	算术	译码
词汇	积木	背数	符号搜索
理解	拼配		

3. 韦克斯勒儿童智力量表第四版(WISC-Ⅳ)

2003年韦氏儿童智力量表出版，称韦氏儿童智力量表第四版(WISC-Ⅳ)。由珠海京美测验公司与美国原出版公司合作，北京师范大学张厚粲教授主持修订，2007年完成修订版工作。通过鉴定，各项指标均达到心理测量学标准。新的量表"测验内容变化很

① 金瑜. 心理测量[M]. 上海：华东师范大学出版社，2001：70—71.

大，结果除总智商外，还通过合成分数组成言语理解、知觉推理、工作记忆和加工速度四个指数，并有特殊群体研究，支持临床应用。……功能与原版一致”①。

（三）韦氏幼儿智力量表

韦氏幼儿智力量表（Wechsler Preschool Primary Scale of Intelligence，简称WPPSI）于1967年出版，它适用于4—6岁的儿童。WPPSI是WISC向低年龄幼儿的延伸。它在WISC的基础上发展了三个新测验（句子、动物房子和几何图形），取消了WISC中的三个测验（背数、图片排列和物体拼凑），在施测时，语言和操作各个分测验交替进行。1989年对此量表进行修订，称WPPSI－R，保留了WPPSI的11个分测验，增加了一个操作测验，即物体拼凑。常模样本共取1700名儿童。

（四）韦氏智力量表在中国的修订

1981年由龚耀先主持，湖南省精神病院等56个单位协作，修订WAIS使其适用于我国。这个修订的量表称韦氏成人智力量表中国修订本（Wechsler Adult Intelligence Scale-Chinese Revised Edition，简称WAIS－RC）。它除了修改原量表的大部分测验内容外，还将词汇测验全部更换。修订时，考虑到我国目前城市人口和农村人口在文化、教育方面的差异，采用城市式和农村式，并且建立两式常模。

林传鼎、张厚粲主修韦氏儿童智力量表。他们参照澳大利亚的WISC－R修订本，经过分析，调整项目顺序，试用并修订出适合我国儿童使用的智力量表。目前，中国WISC－R标准化手续已经完成，常模已经建立，具有一定的信度和效度。

韦氏儿童智力量表（1981年中国第一次修订本，主修人林传鼎、张厚粲）包括语言测验、操作测验各六个。②

1. 语言测验

（1）常识，从一般问题到史、地、自然等问题30个。例如：“一年分为哪四季？”“是谁领导革命推翻清王朝的？”“什么东西使铁生锈？”，由被试口答。

（2）类同，要求被试说出两物（两事）的相同点。例如，说出香蕉与苹果、愤怒与喜悦、49与121的类同点等，共17对。

（3）算术，从简单的计数到被试自己读题心算作答，共19道题。

（4）词汇，32个词从易到难按顺序同时通过视听两种渠道显示出来，被试要说出每个词的意义。

（5）理解，共17道题，例如：“把小朋友的皮球弄丢了，应该怎么办？”“为什么说必须守信用？”“写信为什么要贴邮票？”……以探测被试运用实际知识解决个人和社会问题

---

① 张厚粲．韦氏儿童智力量表第四版（WISC－Ⅳ）中文版的修订[J]．心理科学，2009，32（05）：1177—1179．

② 林传鼎．智力开发的心理学问题[M]．北京：知识出版社，1985：42—43．

的能力。

(6) 背数,主试朗读 3—10 位的数字表,被试跟着背。测验的后半部分要求被试倒背 2—8 位的数字表。

2. 操作测验

(7) 填图,26 张图片,每张画着一个图,其中缺少某一部分,被试要说出每张图上缺少了什么东西。

(8) 图片排列,共 13 套图片,被试要把每套图片按正确的顺序排列起来,连成一个小故事。

(9) 积木,需用 11 张红、白图案和九块边长一寸的立方体,每一块立方体是两面红色、两面白色,另两面按对角线分成红、白两色。被试每次用一个图案,按图案的要求摆好积木。

(10) 拼图,共四个图,被试要把每个图的组块拼接起来组成一个完整的图像。

(11) 译码,分甲、乙两种:甲,图形符号交替测验,为 8 岁以下的儿童用;乙,数字符号交替测验,为 8 岁及更大的儿童用。

(12) 迷津,用铅笔跑迷津,从易到难共九个。被试应在规定时间内走出迷津,以表明知觉的速度和准确度。

以上(6)背数和(12)迷津为备用测验。

我国古代就有关于智力测验的思想和方法。燕国材教授等指出:《大戴礼记·文王官人》篇可以说是我国古代探讨心理测验问题的一篇专门文献。① 智力测验从简单的感觉测验发展到复杂的智力测验,特别是对思维的测验;由测验个人发展到团体测验;测验内容从单一的测验发展到多方面的综合测验。

第五节　投 射 测 验

投射测验是向被试提供无确定意义的刺激,让被试在不知不觉中把自己的思想感情投射出来,以确定其人格特征。

投射测验的原理与精神分析理论密切相关。精神分析理论强调人格结构中的潜意识,认为个人无法凭意识来说明自己,因此问卷法无法了解人格特质,必须借助某种无确定意义的刺激,使个人的潜意识不自觉地投射出来。英国《心理学词典》(1958)中写道,投射测验是一种发现一个人行为特征模式的方法,即观察这个人对外在情境引起或强迫他作出一种反应的方法。罗夏墨迹测验这种经典投射测验虽然 1921 年就已经问世,但尚未引起人们的足够重视。投射技术(projective technique)这个名词 1939 年首先由弗兰克(L. K. Frank)提出。他明确表述了投射技术的重要性:投射技术能唤醒被

① 燕国材,卞军凤.《大戴礼记》的心理测验思想[J]. 心理科学,2009,32(05):1026—1029.

试的内心世界或人格的不同表现形式，使其在反应中“投射”出这种内在的需要和状态。

一、投射技术的特点

（一）测验材料无结构

测验使用的材料无结构、含糊、模棱两可，指导语也比较简单，目的是让被试在不受限制的情况下自由作出反应。通常，被试会在不知不觉中表露出自己的人格特征。许多潜意识的东西在问卷测验中不易显露出来，但在投射测验中显露出来了。有些研究者认为，刺激材料越不具有结构，被试的反应就越能代表他的真正人格。

（二）测验目的隐蔽

在投射测验中，被试不知道测验的目的，最多对目的有一些猜测，从而减少了测验中的伪装和掩盖。

（三）解释具有整体性

投射技术关注对被试整个人格的评估，而不是测量单个或几个人格特质。他们认为，一个人的人格结构，大部分处于潜意识之中，通过回答明确的问题，被试很难表达自己的感受，而对意义不明确的刺激随意作出反应，可以使潜意识中的欲望、需要、心理冲突流露出来，从而可以了解被试的人格整体。

二、投射测验的种类

林赛根据被试的反应方式，将投射测验分为五种类型：①联想测验。要求被试根据主试提供的刺激说出自己联想的内容，例如荣格的词语联想测验和罗夏墨迹测验中的联想等。②构想测验。要求被试根据主试提供的刺激，编出一个包括过去、现在和未来发展的故事，例如主题统觉测验、图片故事测验等。③填补测验。要求被试对一些不完整的句子、故事等进行自由补充，使之完整，从中探测其人格，例如语句完成测验等。④排选测验。要求被试在一些事物中进行选择，或按自己的偏好进行各种排列，例如汤姆金斯—霍恩图片排列测验（Tomkins-Horn Picture Arrangement Test）。⑤表达测验。要求被试用某种方法（绘画、游戏、心理剧等）自由地表露自己的想法，例如画人测验、对儿童的游戏分析等。

（一）罗夏墨迹测验

罗夏墨迹测验（Rorschach Inkblot Test）是瑞士精神科医生罗夏（H. Rorshach）创造的。1921 年，他正式出版专著《心理诊断学》（*Psychodiagnostik*），这种诊断学是用作测验认知特别是想象的认知，以后才用于投射测验。1885 年，比纳等人曾在他们的智力测验中融进了墨迹图。1910 年，惠普尔（G. M. Whipple）提出标准墨迹图，主要用于想象测验。1916年,英国剑桥大学实验室将墨迹作为研究知觉和想象过程的工具。罗夏的父亲是美术教师,罗夏想知道精神障碍对知觉有何影响,于是开始用大量画片对病人进行测验,以后在布洛伊勒(E. Bleuler)的指导下,改用墨迹方法做论文。罗夏认为,精神病人在知觉上有特殊性,用主题清楚的刺激,不易发现他们的知觉特点,因此应该采用无主题、无结构的墨迹图。墨迹图制作过程:先在一张纸的中间滴上墨汁,然后将纸对折,用力压一下,墨汁便向四面八方流动,形成对称但形状不定的图形。罗夏发现,不同类型的精神病人对墨迹图的反应是不同的,并将这些反应与正常人、艺术家、低能者等人的反应作比较,然后从成千张图片中选出10张,作为测验材料,并确定记分方法和解释反应的原则等。

罗夏墨迹测验是1921年正式发表的,《心理诊断学》一书1992年被译成英文,在使用英语的国家中流传开来。虽然罗夏编制该项测验源于精神分析思想,但他的解释却有浓厚的经验主义色彩。根据罗夏本人的意见,被试的想法是通过记忆痕迹和刺激图像引起的感觉综合而成的,是在意识中进行匹配的(记忆痕迹与刺激的感觉相匹配)。他认为这是一种联想过程,否定有潜意识的参与,认为其中很少或没有想象,但被试的修饰回答可能有想象参与。这就反映了想象的创造性功能。该测验原来是作为一种临床测验,现已发展成为一种重要的人格测验。

1. 测验的材料和方法

罗夏墨迹测验的瑞士版由10张图片构成。这10张图片上都是没有意义与内容的墨迹,其中5张(1、4、5、6、7)为黑白的,3张(8、9、10)为彩色的,2张(2、3)是黑白和鲜红的。

测验是个别进行,不能集体施测。测验应该在安静、光线充足、温度适宜的房间内由一位经过严格训练的主试对一位被试进行,要求被试充分合作。主试可以按顺序将图片一张一张地交到被试手中,问:“你看到了什么?”对被试的回答不限制时间和数目,也可以转动图片,让被试从不同角度观看,一直到没有回答时再换另一张。看完10张后,开始第二阶段,即再从头对每一个回答都询问一遍。然后问被试,看到的是整体还是部分?为什么说这些部位像他所说的内容?并将被试所指的部位与回答的内容均记录下来。在整个施测过程中,主试还要把被试从看每一张图片到第一次出现反应需要的时间、反应之间较长的停顿时间、对每张图片作出反应所需的时间以及被试的附带动作和其他重要表现等记下来。被试的这些回答要逐字逐句地标记在记录纸上,标明回答所指的部分。最后对施测结果进行分析和解释。在施测过程中主试与被试处于平等地位,要尽量鼓励被试大胆回答,并告诉被试没有“是”“非”之分。如果施测前主试对被试有初步的了解,那么测验便容易深入。

在对罗夏墨迹测验的方法上,当代大体上有六个记分系统:①贝克(B. Beck)系统;②克洛普弗(B. Klopfer)系统;③赫兹(M. Hertz)系统;④彼得罗夫斯基(Z. Piotrowski)系统;⑤拉帕波特—谢弗(D. Rapaport-Schafer)系统;⑥埃克斯纳(J.

E. Exner)综合系统。

2. 测验的记分方法和结果解释

罗夏墨迹测验一般从四个方面进行记分和解释：①反应的部位。被试对墨迹图的反应着重在什么部位？是全体、部分、小部分、细节还是空白？W(整体反应)指被试对墨迹全部或接近全部进行反应。W 分数过高，表示被试的思维可能有过分概括的倾向或愿望过高；W 分数过低或没有，表示被试缺乏综合能力。D(普通大部分反应)指被试对被墨迹图的空白、浓淡或色彩隔开来的大部分进行反应。D 答案数量较多，可能表示被试有良好的常识。d(普通小部分反应)指被试对被墨迹图的空白、浓淡或色彩隔开来的小部分进行反应。Dd(异常部分反应)指被试对墨迹的极小部分或以不同一般的方式分割的部分进行反应。Dd 分数高，可能提示被试思维刻板或不依习俗。S(空白部分反应)指被试将墨迹部分作为背景，将空白部分作为知觉对象，对白色空间进行反应。②反应的决定因素。影响被试对墨迹图进行反应的，一般有形状、运动、色彩反应和阴影反应四个因素。F(形状)指知觉由形状或形式决定。被试的知觉与墨迹形状的相似程度可以分为 F^+、F、F^-。F^+ 指被试的反应与墨迹形状甚为接近，通常被认为具有现实思维；F^- 则相反，极差的外形相似性可能意味着被试思维过程混乱。M(运动)指被试在墨迹中看到人或动物在运动。M 是内向性的符号。M 分高，表示情感丰富；M 分低，可能意味着被试人际关系差。C(色彩反应)指被试的反应由墨迹的色彩决定。C 分高，表示外向，情绪不稳定。K(阴影反应)指被试的反应决定于墨迹的阴影部分。这被认为是焦虑的指标。③反应内容。罗夏墨迹测验的反应内容如表 10－25 所示。④反应的独创和从众。被试的反应与一般人相近，为从众；若不平常，为独创。罗夏认为，一般被试中有 1/3 的人对同一墨迹作出同样反应的为从众；在一百次反应中只出现一次的，可视为独创。作出特殊反应的被试，其反应可能是出于创造性联想，也可能是病态思维的象征。对此，只有经验丰富的主试才能作出正确区分。

表 10－25 罗夏墨迹测验反应内容

记号	意　义	记号	意　义
H	人	(A)	非现实动物
(H)	非现实的人	Ad	动物部分
Hd	人的部分	(Ad)	非现实动物部分
(Hd)	非现实人的部分	Aobj	动物制品
At	人的解剖	A. At	动物解剖
Sex	性	Pl	植物
A	动物	Na	自然

续 表

记号	意　义	记号	意　义
Obj	物体	Abst	抽象
Arch	建筑物	Bl	血液
Map	地图	Cl	云、烟
Lds	风景	Fire	火
Art	艺术	Exp	爆发

罗夏墨迹测验的评分很困难，极为费时费力，只有训练有素、有丰富经验的人才能掌握这种方法。对测验结果必须从多方面作综合解释，不能单凭一个结果来判断一个人的人格。美国学者埃克斯纳 1972 年在调查中发现，经常使用该测验的临床工作者中，约有 25%的人并不对被试的反应作出正式评分，另外 75%的人虽然对被试的反应加以评分，但缺少一种固定的评分系统，只是依据个人经验，采用直观方式对被试的反应进行解释，这难免有主观成分，影响效度。后来，研究者发展了该测验的评分程序和系统。

3. 实例：被试对图版Ⅱ的反应（如图 10－10 所示）

主试出示该图版后，被试回答：有两只熊，熊掌贴着熊掌，好像在拍掌玩，也可能在打架，红色（原版图上有几块红色）是打架流出的血。

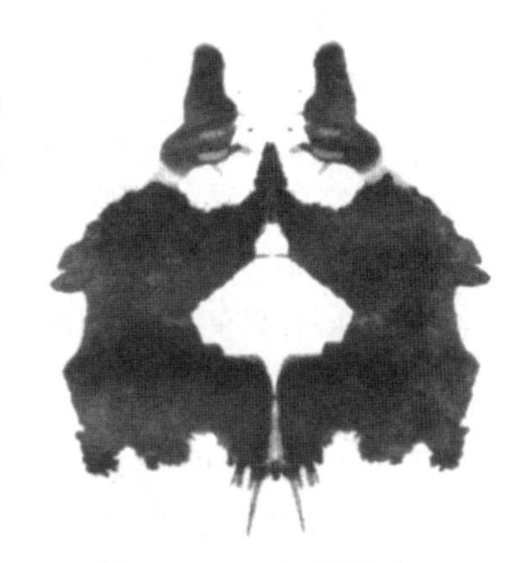

图 10－10　罗夏墨迹图

计分：DFM，CAP

位置：D＝大部分

决定因素：FM＝在动的动物

C＝红色，表示血

内容：A＝动物

反应的普遍性：P＝普遍反应（看见两只熊，这是对该卡片的普遍反应）

解释：被试一开始的反应即为“动物”，说看见两只熊，这是一个普遍反应；指出熊在玩拍掌，表示被试喜欢嬉戏，行为幼稚；接着是敌意的反应，把颜色与血联系起来（原图片上有几块红色），显示他可能不易克制对环境的反应。他是否用嬉戏、幼稚的外表来掩饰敌意和破坏的感觉？这种感觉可能会影响他对环境的处理。[①]

4. 评价与发展

罗夏墨迹测验是心理测验中的一大创举，已被译成多国文字。这一测验性能广泛，

---

① 实例出自 Personality：Theory，Assessment and Research.

主要用于精神医学的临床诊断，可以整体评估人格，也可以评估一个人认知方面的潜能，可以作为跨文化研究的一种工具。有人认为，这种测验在研究潜意识上特别有效，有利于防止被试的掩饰。该测验从 1921 年起至今，已发展了五个记分系统，在 20 世纪 50 年代用得很多，60 年代有所减少，到了 80 年代，它的最高位置已为 MMPI 所替代，但仍是一种普遍使用、有效的临床心理工具。有关罗夏墨迹测验的研究不下 600 种，主要是对其信度和效度有争议。它的计分和施测比较复杂，还有一部分原因是记分系统不同，对评分结果有影响。有人用同一记分系统对测验人员进行训练，在 11 000 份回答中，两个记分者之间的记分符合率高达 93%。

近年来，儿童和青少年的有关资料被建立起来了。美国学者埃姆斯（L. B. Ames）等人已经建立了 2—10 岁儿童的常模和 10—16 岁青年的常模。霍尔茨曼（W. H. Holtzman）对罗夏墨迹测验进行了改编，于 1958 年第一次发表，1975 年修订。这种测验有 A、B 两种版本，每种 45 张，共 90 张，彩色和黑白图片都有，适用于 5 岁至成人的各种被试。

（二）主题统觉测验

主题统觉测验（Thematic Apperception Test，简称 TAT）是另一种著名的投射测验，是美国心理学家默里和摩根（C. D. Morgan）等人编制的。它的理论基础是默里的“需要—压力”理论。默里早期接受精神分析的熏陶，与荣格有过广泛的交往。默里的精神分析倾向表现在主题统觉测验中，他把需要作为人格的基本成分，最终确定了人的 27 种心因性需要。他认为，需要与压力的相互作用决定个体的行为。美国学者贝拉克（L. Bellak）称默里是“美国出生的最重要的人格测验之父”。1935 年，此测验用于哈佛心理诊所。1943 年，默里在哈佛大学出版《主题统觉测验》一书。后经多次修订，此测验逐渐被推广，成为一种著名的投射测验。

1. 测验的材料和方法

主题统觉测验也有一些图片，但与罗夏墨迹测验不同，主题统觉测验有一定的主题，不是完全无结构的。

主题统觉测验的第一个版本出现于 1935 年，现在通用的是 1943 年版，包括 31 张图片，其中黑白图片 30 张和空白卡 1 张。

30 张黑白图片上印有人物或风景。有些图有比较明显的结构，有些是模糊、阴暗和抽象的。有的图片背后印有英文字母、数字，有些只标有数字，表示该图片适合任何年龄或性别的人。“BM”表示该图片可用于男孩和较大年龄的男人，“GF”表示该图片可用于女孩和较大年龄的女人；“B”表示该图片只能用于男孩，“G”表示该图片只能用于女孩；“BG”表示该图片只能用于男孩和女孩。“M”表示该图片只适用于 14 岁以上的男子，“F”表示该图片只适用于 14 岁以上的女子；“MF”表示该图片适用于 14 岁以上的男子和女子。

14 岁以上的被试分为男子组(male)和女子组(female);14 岁以下的被试分为男孩组(boy)和女孩组(girl)。

根据内容和性质,31 张图片可分为九类(如表 10 - 26 所示)。

表 10 - 26　主题统觉测验图片分类

性质	图 片 标 号	图片张数
公用图片	1、2、4、5、10、11、14、15、16(白卡)、19、20	11
男孩专用图片	13B	1
女孩专用图片	13G	1
男孩女孩共用图片	12BG	1
男孩男子共用图片	3BM、6BM、7BM、8BM、9BM、17BM、18BM	7
女孩女子共用图片	3GF、6GF、7GF、8GF、9GF、17GF、18GF	7
男子专用图片	12M	1
女子专用图片	12F	1
男子女子共用图片	13MF	1

许多学者对图片的价值进行了研究。一种意见认为,对男性被试来说,基本图片是1、2、3BM、4、6BM、7BM、11、12M 和 13MF;对女性被试来说,基本图片是 1、2、3GF、4、6GF、7GF、11 和 13MF。1969 年,哈特曼(A. H. Hartman)请 90 位心理学家对标准的主题统觉测验图片进行排序,结果是 13MF、1、6BM、4、7BM、2、3BM、10、12M 和 8BM。华东师范大学陈明杰的进一步研究表明,图片 11 的使用价值并不是很大,可用较为有效率的 8BM 和 10 代替。一般认为,基本的最常用的主题统觉测验图片是 1、2、3BM、4、6BM、7BM、13MF 和 8BM。

测验时,为每组被试选取适合其年龄、性别的图片 20 张(其中必须有 1 张白卡),图片分为每组 10 张的两个系列。第二系列的图片设计得较为独特,比第一系列更富有戏剧性、更离奇古怪。测验分两次进行,第一次需要 1 小时左右,第二次需要 1 天左右。两次测验间至少应间隔 1 天,要使被试的想象力充分发挥。测验要在安静的环境和友好的气氛中进行,需要被试合作,主试要对被试进行鼓励和赞许。

对青少年和一般成人被试的指导语是:“我将向你呈现一些图片,你要尽你所能,编一个富有戏剧性的故事,说明是什么导致图片上出现的事情,现在正在发生什么,图上的人物正在想什么,感觉到什么,结果怎么样。因为有 50 分钟用于看 10 张图片,所以请你用 5 分钟讲述一个故事。这是第一张图片。”一般情况下,成人被试根据每张图片讲一个大约 300 字的故事,10 岁左右的儿童讲述的故事一般在 150 字左右。正常成人如果讲述的故事不足 140 字,就被认为缺乏合作态度。在被试缺乏合作态度,讲得太快甚至拒讲、缺乏自我投入精神的情况下，一般不计分，不加分析。主题统觉测验中有一张白卡，先要求被试想象卡片上有一幅图画，然后根据想象中的图画编一个故事。

测验后，主试要及时与被试进行一次谈话，以便了解和理清故事的内容。测验通常个别进行，也可团体测试，由主试录音或记录，也可以要求被试把故事写出来。测验时，根据要求也可以只选用其中几张图片。

2. 测验结果解释

被试所编故事的内容虽然受当时知觉的影响，但其想象部分包含了个人的意识和潜意识。编故事时，被试常常不自觉地把隐藏在内心的冲动、欲望等人格特征投射到故事中去。

默里提出可以从六个角度对故事进行分析：①主人公。在被试所编的故事中，主人公形象能反映被试自己的特征。故事中的主人公如果是个领袖，就说明被试可能有管理欲望；如果是犯罪分子，就说明被试可能有较强的自卑感。有时故事中会出现多个主人公，如两个"合成主人公""主要主人公""次要主人公"，有时甚至会出现辨别不清的独立主人公等。②主人公的动机倾向和情感。故事中主人公的行为和情绪体验如屈辱、成功、冲突、激动、失意等，可能是被试自己的心境。主人公身上表现出来的每一种需要和每一种情绪，均可按其强度、持续程度、重复次数和重要性，列成五级量表。1943 年，在将测验结果量化时，默里介绍用五级量表，五级为最大。例如，强烈的反应（如暴怒）或中等程度的发怒连续发生或重复发生，记 5 分；2 分、3 分、4 分则表示中等程度。③主人公的环境压力。压力来源于环境。环境也可以分五级评定。故事中主人公周围人的行为如拒绝、表扬、伤害等给他的压力，可能说明被试自己周围的环境对他有压力。④结果。根据故事的结果，可以将主人公的力量与环境力量进行对比，看故事中主人公奋斗或妥协的结果如何，是成功还是失败，其间经历了多少挫折，主人公是快乐还是沮丧等。默里解释系统的一个有效分析是主人公的需要与环境压力，看看是需要统治压力，还是压力统治需要。⑤主题。主人公的需要与环境压力的相互作用与故事结局一起，构成故事的主题。这实际上是前面四种因素的组合，主题标明一个事件的抽象动力结构（或称为故事情节、基本的戏剧特点），主试要从中分析出被试最严重、最普遍的难题是来自环境压力，还是来自自身需要。⑥兴趣与情操。被试对图片中各种人物的比喻，有的表现为正面人物，有的表现为反面人物。例如，经常将老年妇女比喻为母亲，将老年男人比喻为父亲等。

图 10－11 TAT 12F

3. 实例：被试对主题统觉测验中 12F 的反应

图 10－11 是一张女子专用图片。画面上有一位青年女子的头像，后面有一个正在做鬼脸的老妇人。被试看了

这张图片后编造故事:这是一位多疑的女子。她正在照镜子,后面的老妇人是她想象中自己老年时的样子,但她又忍受不了这种反差,就发疯了。她摔掉镜子,冲出屋子,在精神病院度过余生。①

4. 评价与发展

主题统觉测验是很著名的人格测验,在发展心理学和跨文化研究方面也能广泛应用。默里等人指出,主题统觉测验是一种窥探一些主要的动机、情绪、人格的方法,它的特殊价值在于测量被试潜在的、被抑制的倾向。主题统觉测验的优点还在于能整体描述人格。但其施测和记分都比较复杂,信度和效度有待提高。对主题统觉测验,各学派都有自己的实施、记分和解释方法,各自记分之间的结果符合率不高。

我国浙江省精神卫生研究所张同延等人1993年将主题统觉测验修改为联想选择投射法,即每张图片都有固定数量的描述短句,供被试选用,为避免文化差异的影响,还将图片上的人物形象全部改为中国人,画面场景也按中国的社会文化背景进行了适当的修改。该修订版具有一定的信度和效度,并建立了浙江省的常模。

5. 儿童统觉测验

儿童统觉测验(Children Apperception Test,简称CAT)是心理学家为了测量儿童人格而编制的投射测验。儿童统觉测验是直接从主题统觉测验派生出来的。

1949年前的儿童统觉测验采用的都是动物图片。一般认为,儿童喜欢动物,容易对动物产生认同;与人物图片相比,动物图片可以避免文化差异所带来的影响。但是,祖宾(J. Zubin)发现,儿童对人物图片的反应比对动物图片的反应更为丰富、活跃,能够表现出更多的感情。有些研究表明,对7—10岁的被试,动物图片并无明显优势,10岁以上的被试会觉得动物图片太幼稚,他们会喜欢人物图片。20世纪50年代,儿童统觉测验已经广泛发展为测量儿童人格的工具,主试从被试所编的故事中可以分析儿童对父母、兄弟、姐妹和吃、睡的态度,以及他们的竞争性、攻击性、清洁卫生训练等。儿童统觉测验不适用于4岁以下的儿童,因为幼儿缺乏编造故事的能力。

美国学者贝拉克等人编的儿童统觉测验有三个版本,适用于3—10岁儿童:①儿童统觉测验(CAT),10张动物图片。②儿童统觉测验补充(CAT-S),10张动物图片,用来补充儿童统觉测验。③儿童统觉测验(人形)(CAT-H),10张人物图片,将儿童统觉测验中的动物变成人形,情境照旧,是儿童统觉测验的平行本。

儿童统觉测验的实施方法、记分和解释等与主题统觉测验相似,但图片数目减少,故事要求也短,还有待积累经验,进一步改进。

例如,贝拉克等人编制的儿童统觉测验中的图片9:画面是从近处明亮的房间通过打开的门,可以看见另一间黑暗的房间。黑暗的房间里有一张儿童用的床,床上一只小兔子正注视着门的方向。被试在面对这幅画时一般会表现出对黑暗、独处和被父母遗

---

① 陈仲庚,张雨新.人格心理学[M].沈阳:辽宁人民出版社,1986:369.

弃的恐惧，以及对另一间屋里发生什么事会产生强烈的好奇心等。

6. 其他统觉测验

从主题统觉测验发展出来的统觉测验数量较多，主要有以下两种：①密西西比主题统觉测验。该测验由里茨勒(B. A. Ritzler)等人所编制，设计时应用了较多的现代心理测量学方法，选用的图片也更广泛。该测验揭示的能量和活动水平较主题统觉测验广泛，并在故事内容的悲喜主题间进行了调整。在主题统觉测验中，故事主题多含悲剧色彩。②密执安图片测验。该测验是哈特(M. L. Hutt)等人编制的，适用于8—14岁的儿童。该测验共有16张图片(8张男女共用，4张男子用，4张女子用)，在标准化和信度方面都作了改进和努力。

(三) 其他投射测验

罗夏墨迹测验和主题统觉测验是两种主要的投射测验，此外还有下列五种。

1. 词语联想测验

该测验一般是主试读一个词，让被试自由回答，主试把被试的反应时间和内容记录下来。

许多研究者编制了联想刺激词表，作为研究工具。例如，荣格提出、阿德勒修订的100词表，由于要通过词的联想来寻找情结，因此其中情绪词较多。

2. 语句完成测验

该测验在临床诊断和研究上应用很广泛，施测也比较方便。这是一种半投射测验，因为句子的语干已经由主试提供，很清楚，是有结构的。当被试完成一个句子时，他的潜意识就会被投射出来，可以判断被试的人格特征。

该测验有限制选择式和自由完成式两种。限制选择式，即未完成句子的后面列有几个短句，供被试选择一个能表达其情感的短句作答；自由完成式，即要求被试将未完成的句子补充完整，以表达他的真实情感。测验所用的句子都是第一人称，可个别施测，也可团体施测。个别施测时，可以同时观察被试的情绪反应及其他。

自由完成式主要有下列两种：①罗特编的未完成语句测验。该测验包括40道题，句干都很简单，读写时有较多的自由，有7个评分等级。综合起来，每一个被试可以得到一个总的分数。例如：我觉得________________。我喜欢________________。我恨____________________。我想知道____________________。②萨克斯(J. W. Sacks)编的萨氏语句完成测验。我国学者曾对其进行修订。该测验与罗特的未完成语句测验性质相同，但方式不一样。罗氏测验中提供的每个句子的字数较少，被试的反应差异大，不容易统计和数量化。萨氏语句完成测验包括60个问题，分为四类，内容都与日常生活密切联系。例如：我认为婚姻生活________________________。我的朋友不知道我在怕____________________。这类测验一般没有时间限制，大约需要半小时，可个别测验，也可团体测验。

3. 绘画测验

绘画测验属于表露型测验。一般认为，作品，尤其是绘画作品，常常能够表露出创作者的内心世界。主要有画人测验和画树测验两种。

画人测验是绘画测验中最重要的一种，可用来测验人格，也可用来测验智力。古迪纳夫(F. L. Goodenough)首先把画人测验用于测验智力。麦科维尔(K. Machover)把画人测验用于测验人格。测验时，让被试一张白纸和一支笔，要求他“画一个人”，画完后讲一下；然后要求被试画一个与先前性别不同的人，再根据这两个人讲一个故事。画人测验评分重视质的方面，对各个项目的解释都有自己的标准，有许多评分手册。但对人形画与人格的关系，还没有统一的标准。有人认为，把头部画得大，代表智慧和权威。麦科维尔认为，如果被试把人形画在纸的下方，就说明他具有抑郁的性格；如果把人画在纸的左方，就表示被试是自我中心的等。

画树测验是最简单的投射测验，是瑞士心理学家卡尔柯契所创。测验时，让被试随意画一棵树，然后把被试画的树与卡尔柯契的标准相匹配，看被试画的树与卡尔柯契的哪一棵标准树最接近，便可发现被试的人格特征。

卡尔柯契的 20 项标准如下：①树有根：表示被试执着于尘世，稳重，不投机，不做轻率之举。②树无根且无横线表示地面：表示被试缺乏自觉，行动无一定之规，喜欢投机。③树立于形似山岭的地面上：被试孤立自己或有孤立之感，社会关系陷入扰乱不安的境地。④树干短且树冠大：有强烈的自觉，富有雄心，有获得别人赞许的欲望，骄傲。⑤树干长且树冠小：发育迟滞。⑥树干由两条平行直线构成：斤斤计较，实事求是，少想象，倔强固执。⑦树干由两条处处等距而被动的线条构成：活泼，有生气，易于适应环境。⑧树干由断续平整的短线构成：敏感易怒，思考问题凭直觉，很少使用推理。⑨树干左边有阴影：性格内向，拘谨。⑩树干右边有阴影：性格外向，乐于与外界接触。⑪树冠扁平：由于外界压力而变得拘谨，有自卑感，智力较迟钝。⑫树冠由同心圆组成：富有神秘性，缺乏活力，自我满足，性格内向。⑬树冠由环列的树枝构成：勤勉，进取，富有创造力，性格外向。⑭树冠似云：富有想象，多梦想，易激动，缺乏活力。⑮树冠由一簇均圈构成：热忱，坦白无稳，好交际，健谈。⑯树形似棚(由平整树枝构成的棚架或凉亭)：墨守传统，拘泥形式，善自制，有建筑才能和艺术才能。⑰树倾向右边：好交际，易激动，对将来充满信心，善表现，擅长于活动。⑱树倾向左边：节制、含蓄、小心、自大，对将来充满恐惧。⑲树上有果实：善于观察，非常重视物质享受，现实主义。⑳树叶或果实落到地下：敏感，理解力强，缺乏毅力，听天由命。

根据程法泌教授的试用结果，由画树显示的人格与被试自评结果完全符合者占44%；部分符合者占 41%；完全不符合者占 15%。

这类测验使用简便，时间经济，虽其信度和效度没有得到很好的研究，但在实际生活中仍为人们所应用。

4. 逆境对话测验

该测验由罗森茨韦格(S. Rosenzweig)根据他的挫折攻击理论编制，也是半投射测验。他认为，被试面对挫折情境时，会将其人格特征投射到逆境对话中去，据此可分析被试的人格特征，并预测被试遇到类似挫折情境时会产生的攻击行为。

该测验有成人(18岁以上)、少年(12—18岁)、儿童(4—13岁)三种。每种都有24张图，每张图上有两个人，左边的人说一些挫伤右边人的话。主试宣读指导语后，要被试把回答写在受挫人头顶上的白框内(如图10-12所示)。假定被试是受挫者，他会代替图中的受挫者作出反应。等被试将全部图片填写好后，主试再进行询问和记分。

图10-12 逆境对话测验

该测验把反应方式分为三种(为自己辩护、强调障碍所在和建设性地解决问题)，把攻击方向也分为三种(外向攻击、内向攻击、想象攻击即逃避或无攻击表现)，将反应归结为九种类型(3×3=9)，作为评分依据。

这种测验项目少，有比较客观的评分标准，统计简易，可以建立常模，求出信度和效度，被认为是投射测验中标准化最好的一个。许多心理学家根据这种测验加以修订，用来测验各种问题。例如，史密斯(Smith)用这种测验来研究消费者对各种产品的意见。

5. 团体人格投射测验

上述投射测验中，有几种可以团体施测。卡斯尔(R. N. Cassell)等人编制的团体人格测验(Group Personality Projective Test，简称GPPT)共有90张图片，图画均由很简单的线条组成。每张图片都有5个答案，供被试选择，例如图10-13。该图中的问题和供选择的答案如下：

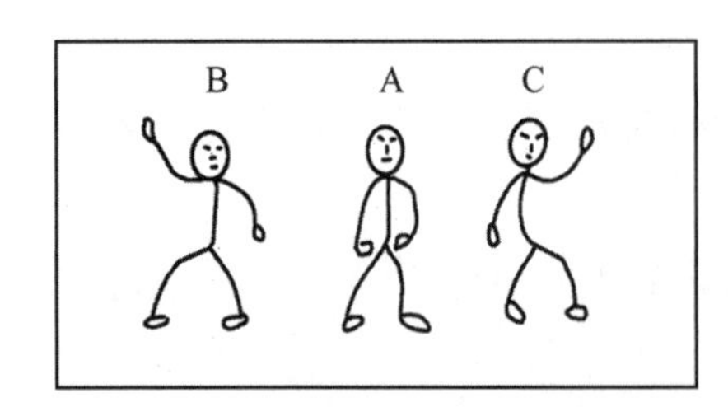

图10-13 团体人格投射测验图

图中究竟是怎么回事？

(1) 宴会上有三个朋友。

(2) A 是 B、C 两人的上级，正在对他们讲话。

(3) A 希望调解 B、C 两人的争论。

(4) A、B 和 C 三人是一家人。

(5) A 是 B、C 两人的母亲。

主要参考书目

中文部分

1. 高觉敷. 西方近代心理学史 [M]. 北京:人民教育出版社,1982 .
2. 林崇德. 遗传与环境在儿童性格发展上的作用——双生子的心理学研究(续)[J]. 北京师范大学学报,1982(01):14—21.
3. 高觉敷. 中国心理学史[M]. 北京:人民教育出版社,1985.
4. 陈仲庚, 张雨新. 人格心理学[M]. 沈阳:辽宁人民出版社,1986.
5. 荆其诚,等. 人类的视觉[M]. 北京:科学出版社,1987.
6. 郑雪. 人格心理学[M]. 广州:暨南大学出版社,2007.
7. 林崇德. 品德发展心理学[M]. 上海:上海教育出版社,1989.
8. 朱智贤. 心理学文选[M]. 北京:人民教育出版社,1989.
9. 朱智贤. 心理学大词典[M]. 北京:北京师范大学出版社,1989.
10. 荆其诚. 现代心理学发展趋势[M]. 北京:中国人民大学出版社,1990.
11. 中国大百科全书总编辑委员会《心理学》编辑委员会,中国大百科全书出版社编辑部. 中国大百科全书·心理学[M]. 北京:中国大百科全书出版社,1991.
12. 申继亮,等. 当代儿童青少年心理学进展[M]. 杭州:浙江教育出版社,1993.
13. 申继亮, 方晓义. 关于儿童心理发展中敏感期的问题[J]. 北京师范大学学报(社会科学版), 1992(1):62—62.
14. 林崇德. 发展心理学[M]. 北京:人民教育出版社,1995.
15. 燕国材. 中国心理学史[M]. 杭州:浙江教育出版社,1998.
16. 杨雄里. 脑科学的现代进展[M]. 上海:上海科技教育出版社,1998.
17. 查尔斯·爱德华·斯皮尔曼(Charles Edward Spearman). 人的能力[M]. 袁军,译. 杭州:浙江教育出版社,1999.

18. R. J. 斯滕伯格(R. J. Sternberg). 成功智力[M]. 吴国宏,钱文,译. 上海:华东师范大学出版社,1999.

19. R. J. 斯滕伯格. 超越 IQ[M]. 俞晓琳,吴国宏,译. 上海:华东师范大学出版社,2000.

20. 黄希庭. 人格心理学[M]. 杭州:浙江教育出版社,2002.

21. Lawrence A. Pervin, Oliver P. John. 人格手册:理论与研究[M]. 黄希庭,主译. 上海:华东师范大学出版社,2003.

22. 白学军. 智力发展心理学[M]. 合肥:安徽教育出版社,2004.

23. 罗伯特·弗雷格(Robert Frager),詹姆斯·法迪曼(James Fadiman). 人格心理学:人格与自我成长[M]. 胡军生,译 . 北京:中国人民大学出版社,2005.

24. 王登峰,崔红. 解读中国人的人格[M]. 北京:社会科学文献出版社,2005.

25. 叶浩生. 心理学通史[M]. 北京:北京师范大学出版社,2006 .

26. 林崇德. 思维心理学研究的几点回顾[J]. 北京师范大学学报(社会科学版),2006(05):35—42.

27. Robert Sternberg. 心理学职业生涯[M]. 郭秀艳,李荆广,等,译. 上海:华东师范大学出版社,2008.

28. David R. Shaffer, Katherine Kipp. 发展心理学:儿童与青少年[M]. 邹泓,等,译. 北京:中国轻工业出版社,2009.

29. 赵静波. 人格与健康[M]. 北京:人民卫生出版社,2009.

30. 车文博. 中外心理学比较思想史(第一卷—第三卷)[M]. 上海:上海教育出版社,2009.

31. Jerry M. Burger. 人格心理学 [M]. 陈会昌,译. 北京:中国轻工业出版社,2014.

32. 郑雪. 积极心理学[M]. 北京:北京师范大学出版社,2014.

33. 杨丽珠. 儿童青少年人格发展与教育[M]. 北京:中国人民大学出版社,2014.

34. William Damon,等. 儿童心理学手册(第六版)第三卷:社会、情绪和人格发展(上下册)[M]. 林崇德,李其维,董奇,译. 上海:华东师范大学出版社,2015.

35. 玛丽安·米瑟兰迪诺(Marianne Miserandino). 人格心理学:基础与发现[M]. 黄

子岚，何昊，译. 上海：上海社会科学院出版社，2015.

36. 傅小兰. 情绪心理学[M]. 上海：华东师范大学出版社，2016.

37. 杜安·舒尔茨（Duane P. Schultz），西德尼·艾伦·舒尔茨（Sydney Ellen Schultz）. 人格心理学：全面、科学的人性思考[M]. 张登浩，李森，译. 北京：机械工业出版社，2016.

38. 罗伯特·伍德沃斯（Robert Sessions Woodworth）. 动力心理学[M]. 北京：中国人民大学出版社，2017.

39. 阿尔弗雷德·阿德勒. 儿童人格形成及培养[M]. 张晓晨，译. 上海：上海三联书店，2017.

40. 阿尔弗雷德·阿德勒. 儿童的人格教育[M]. 张庆宗，译. 上海：华东师范大学出版社，2017.

41. 卡尔·古斯塔夫·荣格. 人格的发展[M]. 胡清莹，译. 北京：中华书局，2017.

42. 罗伯特 S. 费尔德曼（Robert S. Feldman）. 发展心理学：探索人生发展的轨迹[M]. 苏彦捷，等，译. 北京：机械工业出版社，2017.

43. 马修·H. 奥尔森（Matthew H. Olson），B. R. 赫根汉（B. R. Hergenhahn）. 人格心理学入门[M]. 陈会昌，苏玲，译. 北京：中国人民大学出版社，2018.

44. 汉斯-乔治·威尔曼（Hans-Georg Willmann）. 意志力心理学[M]. 马博，译. 北京：中国人民大学出版社，2018.

45. 塞缪尔·E. 伍德（Samuel E. Wood），埃伦·格林·伍德（Ellen Green Wood），丹妮斯·博伊德（Denise Boyd）. 心理学的世界 [M]. 陈莉，译. 上海：上海社会科学院出版社，2018.

46. 大卫·范德（David Funder）. 人格心理学：人与人有何不同[M]. 许燕，邹丹，等，译. 北京：世界图书出版有限公司北京分公司，2018.

47. 马克·杜兰德，戴维·巴洛. 异常心理学[M]. 张宁，孙越异，译. 北京：中国人民大学出版社，2018.

48. 埃里克·H. 埃里克森. 同一性：青少年认同机制[M]. 孙名之，译. 北京：中央编译出版社，2018.

49. 郭永玉. 人格心理学纲要[M]. 北京：教育科学出版社，2018.

50. 胡耿丹,许全成. 网络成瘾心理学[M]. 北京:北京师范大学出版社,2019 .

51. 郭本禹. 西方心理学史[M]. 北京: 人民卫生出版社,2019.

52. 郭永玉. 人格研究[M]. 上海:华东师范大学出版社,2019.

53. 埃伦・伯斯奇德,帕梅拉・丽甘 . 人际关系心理学[M]. 李小平,李智勇,译. 上海:上海教育出版社有限公司,2019.

54. 陈建文. 进化人格心理学[M]. 上海:上海教育出版社有限公司,2019.

55. 高觉敷. 心理学史论丛[M]. 北京:商务印书馆,2019 .

56. B. R. 赫根汉(B. R. Hergenhahn). 心理学史导论. [M]. 郭本禹,等,译. 上海:华东师范大学出版社,2020.

57. 爱德华・伯克利(Edward Burkley),梅利莎・伯克利(Melissa Burkley). 动机心理学[M]. 郭书彩,译. 北京:人民邮电出版社,2020.

58. 伍新春,张军. 儿童发展与教育心理学[M]. 北京:高等教育出版社,2020.

59. 张耀祥. 情绪心理学[M]. 哈尔滨: 哈尔滨出版社,2020.

60. 叶奕乾,祝蓓里,谭和平. 心理学(第六版)[M]. 上海:华东师范大学出版社,2021.

61. 叶奕乾,何存道,梁宁建. 普通心理学[M]. 上海:华东师范大学出版社,2021.

英文部分

1. Ashton, Michael C. *Individual Differences and Personality* (3rd ed) [M]. Amsterdam Boston: Academic Press, 2017.

2. Blanton, Hart, Krosnick, Jon A. *Research Methods in Social Psychology* [M]. New York, NY: Routledge, 2019.

3. Boyle, Gregory John, Saklofske, Donald H. , Matthews, Gerald. *Measures of Personality and Social Psychological Constructs* [M]. London; San Diego: Academic Press, 2015.

4. Brennan, James F. , Houde, Keith A. *History and Systems of Psychology* (7th ed) [M]. Cambridge: Cambridge University Press, 2018.

5. Byrne, Tim. *Introduction to Health Psychology* [M]. New York: Larsen & Keller, 2018.

6. Church, A. Timothy. *The Praeger Handbook of Personality Across Cultures* [M]. Santa Barbara, California: Praeger, LLC, 2017.

7. Colman, Andrew M. *A Dictionary of Psychology* (4th ed) [M]. Oxford, United Kingdom: Oxford University Press, 2015.

8. Compton, William C., Hoffman, Edward. *Positive Psychology: The Science of Happiness and Flourishing* (3rd ed) [M]. Los Angeles: SAGE, 2020.

9. Corr, Philip. *Personality and Individual Differences* [M]. Los Angeles: SAGE, 2019.

10. Eccleston, Tom. *Behavioral Psychology: Understanding Human Behavior* [M]. New York: Clanrye International, 2018.

11. Emmelkamp, Paul M. G. *Personality Disorders* (2nd ed) [M]. Hove [England] New York: Psychology Press, 2019.

12. Eysenck, H. J. *Dimensions of Personality* [M]. New York: Routledge, Taylor & Francis Group, 2017.

13. Fileva, Iskra. *Questions of Character* [M]. New York, NY: Oxford University Press, 2017.

14. Fischer, Ronald. *Personality, Values, Culture: An Evolutionary Approach* [M]. Cambridge, United Kingdom New York, N. Y.: Cambridge University Press, 2018.

15. Garcia, Danilo, Archer, Trevor, Kostrzewa, Richard M. *Personality and Brain Disorders — Associations and Interventions* [M]. Springer International Publishing, 2019.

16. Gunter, Barrie. *Personality Traits in Online Communication* [M]. Abingdon, Oxon; New York, N. Y.: Routledge, Taylor & Francis Group, 2019.

17. Hampson, Sarah E. *The Construction of Personality: An Introduction* (2nd ed) [M]. Abingdon, Oxon: Routledge, Taylor & Francis Group, 2019.

18. Harry T. Reis, Charles M. Judd. *Handbook of Research Methods in Social and Personality Psychology* (2nd ed) [M]. New York, N. Y.: Cambridge University Press, 2014.

19. Hawkins, Judy. *Personality Traits and Types: Perceptions, Gender Differences and Impact on Behavior* [M]. New York: Nova Science Publishers, Inc, 2015.

20. Hoffman, Edward, Compton, William C. *Positive Psychology: A Workbook for Personal Growth and Well-being* [M]. Thousand Oaks, California: SAGE, 2020.

21. Hogg, Michael, Vaughan, Graham. *Social Psychology* (8th ed) [M]. Boston: Pearson, 2018.

22. Hojjat, Mahzad, Moyer Anne. *The Psychology of Friendship* [M]. Oxford; New York: Oxford University Press, C2017.

23. Horowitz, Mardi Jon. *Adult Personality Growth in Psychotherapy* [M]. Cambridge, United Kingdom: Cambridge University Press, 2016.

24. Kalat, James W. *Biological Psychology* (13th ed) [M]. Boston, MA, USA: Cengage, 2019.

25. Marasco, Robyn. *The Authoritarian Personality* [M]. Durham, NC: Duke University Press, 2018.

26. McAdams, Dan P., Shiner, Rebecca L., Tackett, Jennifer L. *Handbook of Personality Development* (2nd ed). New York, N. Y.: The Guilford Press, 2019.

27. McAdams, Dan P. *The Art and Science of Personality Development* [M]. New York: Guilford Press, C2015.

28. McBride, Dawn M. *The Process of Research in Psychology* (4th ed) [M]. Los Angeles: SAGE, 2020.

29. Miserandino Marianne. *Personality Psychology* [M]. Upper Saddle River, N. J.: Pearson, C2012.

30. Myers, David G. , DeWall, C. Nathan. *Psychology* (11th ed) [M]. New York, N. Y. : Worth Publishers, 2015.

31. Neil R. Bockian, Julia Christine Smith, Arthur E. Jongsma Jr. *The Personality Disorders Treatment Planner* (2nd ed) [M]. Hoboken, New Jersey: John Wiley & Sons, 2016.

32. Nucci, Larry P. , Krettenauer, Tobias. *Handbook of Moral and Character Education* (2nd ed) [M]. New York, N. Y. : Routledge, 2014.

33. Revenson, Tracey A. , Gurung, Regan A. R. *Handbook of Health Psychology* [M]. New York, N. Y. : Routledge, 2018.

34. Roberson, Eleanor. *Psychology of Individual Differences: New Research* [M]. New York: Nova Publishers, 2016.

35. Rotenberg, Ken J. *The Psychology of Interpersonal Trust: Theory and Research*. Abingdon, Oxon; New York, N. Y. : Routledge, 2020.

36. Sanderson, Catherine A. *Real World Psychology* (2nd ed) [M]. Hoboken, N. J. : John Wiley & Sons, 2017.

37. Saugstad, Per. *A History of Modern Psychology* [M]. New York: Cambridge University Press, 2018.

38. Schaie, K. Warner, Willis, Sherry L. *Handbook of the Psychology of Aging* (8th ed) [M]. London, UK: Academic Press, 2015.

39. Slater, Alan, Bremner, Gavin. *An Introduction to Developmental Psychology* (3rd ed) [M]. Hoboken: John Wiley & Sons Inc. , 2017.

40. Smith, Steven R. , Krishnamurthy, Radhika. *Diversity - sensitive Personality Assessment* [M]. New York, N. Y. : Routledge, 2018.

41. Specht, Jule. *Personality Development Across the Lifespan* [M]. Cambridge, MA: Academic Press, 2017.

42. Tett, Robert. *Handbook of Personality at Work* [M]. New York, N. Y. : Brunner-Routledge, 2013.

43. Vallacher, Robin R. *Social Psychology: Exploring the Dynamics of Human*

Experience [M]. New York, N. Y. : Routledge, 2020.

44. Vroom, Victor Harold. *Some Personality Determinants of the Effects of Participation* [M]. Abingdon, Oxon: Routledge, Taylor & Francis Group, 2019.

45. Wade, Carole, Tavris, Carol, Swinkels, Alan (2018). *Psychology* (12th ed). Boston: Pearson.

46. Walborn, Frederick S. *Religion in Personality Theory* [M]. London, UK; Waltham, MA: Academic Press, 2014.

47. Weiner, Irving B. *Handbook of Personality Assessment* (2nd ed) [M]. Hoboken, New Jersey: John Wiley & Sons, Inc. , 2017.

48. Whitebread, David. *The Sage Handbook of Developmental Psychology and Early Childhood Education* [M]. Thousand Oaks, CA: SAGE, 2019.

49. Winter, David A. , Reed, Nick. *The Wiley Handbook of Personal Construct Psychology* [M]. Chichester: Wiley Blackwell, 2020.

50. Yawalikar, Hemant B. *The Dynamics of Personality and Motivational Patterns Amongst Athletes* [M]. Nagpur, India: Dattsons, 2017.

罗夏墨迹测验图片示例（一）

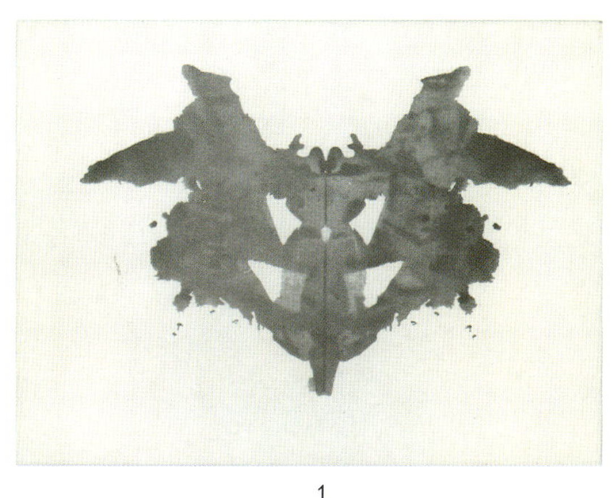

1

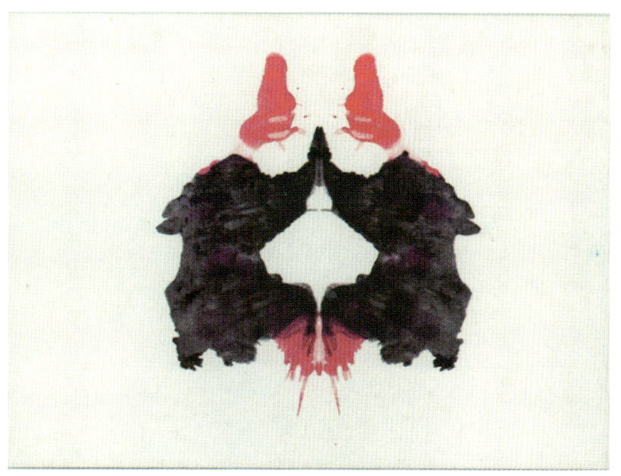

2

3

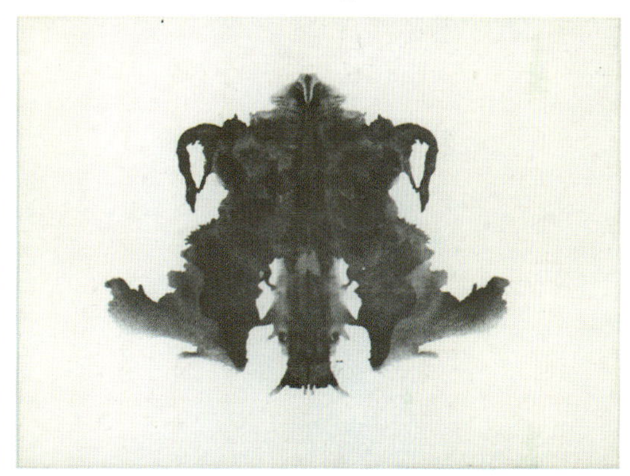

4

5

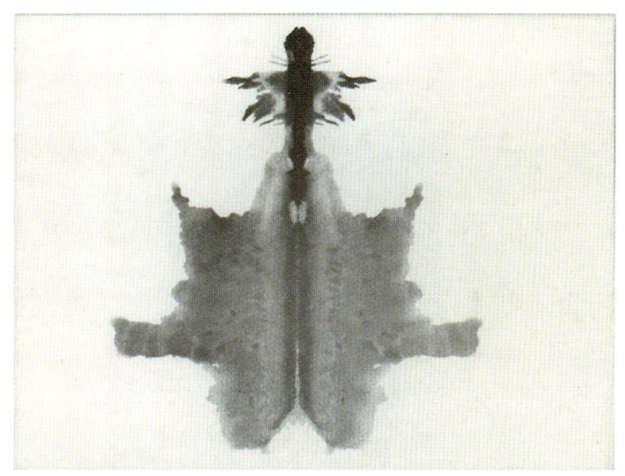

6

罗夏墨迹测验图片示例（二）

7　8　9　10

主题统觉测验图片示例（一）

TAT 4　　　　TAT 5

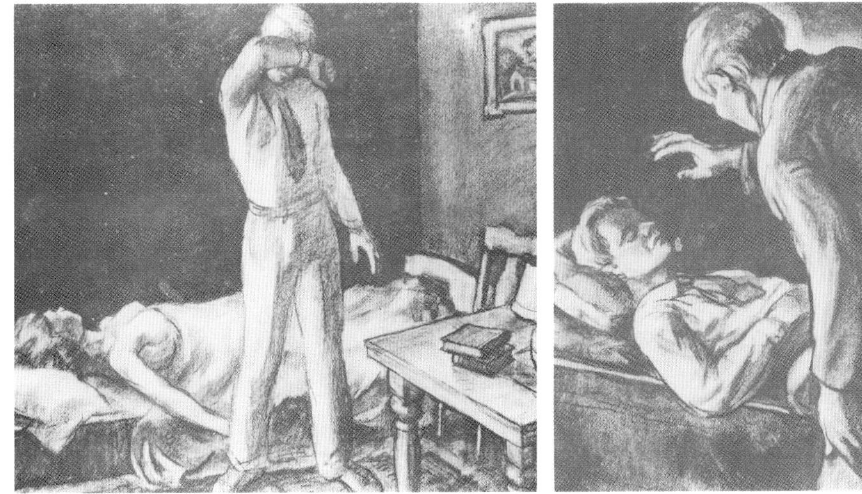

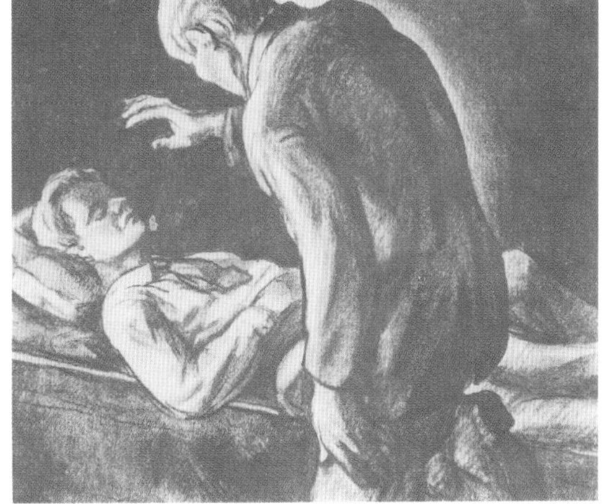

TAT 13MF　　　　TAT 12M

TAT 12BG

主题统觉测验图片示例（二）

TAT 7BM

TAT 7GF

TAT 12F

TAT 13B

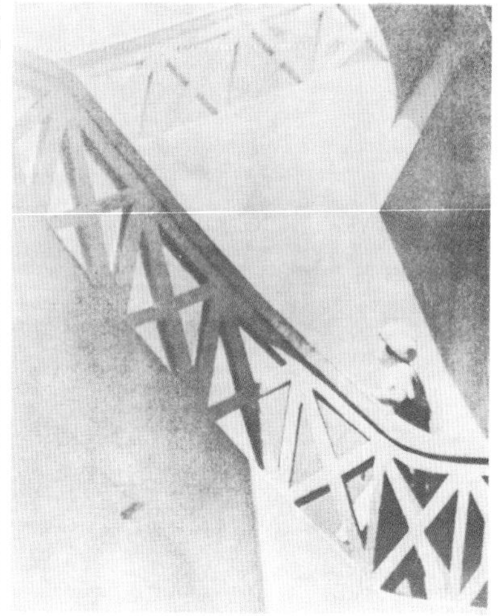

TAT 13G